自然灾害应急管理
基于"一案三制"视角

李世祥　郭海湘
李先敏　史见汝 ◎编著

中国社会科学出版社

图书在版编目（CIP）数据

自然灾害应急管理：基于"一案三制"视角 / 李世祥等编著. -- 北京：中国社会科学出版社，2024. 12.
ISBN 978-7-5227-3808-6

Ⅰ．X43

中国国家版本馆 CIP 数据核字第 2024DL3654 号

出 版 人	赵剑英
责任编辑	黄　晗
责任校对	王佳玉
责任印制	张雪娇

出　　版	中国社会科学出版社
社　　址	北京鼓楼西大街甲 158 号
邮　　编	100720
网　　址	http://www.csspw.cn
发 行 部	010-84083685
门 市 部	010-84029450
经　　销	新华书店及其他书店
印　　刷	北京明恒达印务有限公司
装　　订	廊坊市广阳区广增装订厂
版　　次	2024 年 12 月第 1 版
印　　次	2024 年 12 月第 1 次印刷
开　　本	710×1000　1/16
印　　张	23.25
插　　页	2
字　　数	299 千字
定　　价	138.00 元

凡购买中国社会科学出版社图书，如有质量问题请与本社营销中心联系调换
电话：010-84083683
版权所有　侵权必究

前　言

　　同自然灾害抗争是人类生存发展的永恒课题，随着全球气候变化程度加剧和世界经济发展进程加快，自然灾害的形成机制、时空演化规律正在经历深刻变化，影响的维度和深度不断延展，严重威胁着人类生存安全和经济社会发展。党的十八大以来，以习近平同志为核心的党中央在精准把握国家安全形势和总结国家安全工作历史经验的基础上，创造性地提出总体国家安全观，强调构建国家安全体系，走中国特色国家安全道路。党的十九届六中全会指出，面对世界百年未有之大变局，需提高全党应对风险挑战的能力，推进应急管理体系和能力现代化。当前，中国发展环境正面临深刻复杂的变化，新形势、新挑战、新风险不断涌现，构建中国特色自然灾害应急管理体系，强化自然灾害风险应对能力是新发展阶段的必然要求。"总体国家安全观""应急管理体系和能力现代化"的提出，为新时代自然灾害应急管理工作指明了方向，明确了目标要求。

　　纵观学术界和实务界的相关探讨，关于自然灾害应急管理的研究尚不够系统和深入，少见从"一案三制"的系统视角对自然灾害应急管理开展应用基础研究。因此，本书基于"一案三制"的中国特色应急管理体系，以自然灾害为研究对象和切入视角，深入探讨自然灾害应急管理的体制、机制、法制及预案建设概况和发展路径，以期为新时代贯彻总体国家安全观、推动应急管理体系和能力现代化提供借鉴思考。从内容体系看，本书共分七章，开篇两章为全书的研究基础，从实践层面和理论层面解读自然灾害应急管理研究的时代背景和理论基础；第三章至第六章为全书的主体部分，按照"一案三制"的逻辑主线，分别从自然灾害应急管理体制、机制、法制和预案开展理论研究及实践研究；第七章为本书的总结与展望部分，概述中国应急管理的发展趋势。具体而言，第一章为导论部分，从全球视角及中国视角，梳理自然灾害应急管理的实践演变历程及理论研究进展，解读分析其形成的时代背景和研究基础，并结合中国特色社会主义新时代国情，探寻自然灾害应急管理的新方向。第二章为自然灾害应急管理的核心概念和基本理论部分，剖析了自然灾害的基本概况，并捋清了自然灾害应急管理的基本概论及理论渊源。第三章为自然灾害应急体制部分，在对体制进行系统概述的基础上，深入探讨自然灾害应急管理体制演化、新时代自然灾害应急管理体制改革及展望、应急救援队伍建设等。第四章为自然灾害应急管理机制部分，围绕应急运行机制的主要环节，即预防与应急准备、监测与预警、应急处置与救援、恢复与重建等开展研究。第五章为自然灾害应急管理法制部分，在自然灾害应急管理法制概述及现状分析的基础上，进行自然灾害应急管理法制中外对比及展望探究。第六章为自然灾害应急预案部分，就自然灾害应急预案概述、自然灾害应急预案编制、自然灾害应急预案动态管理、自然灾害应急预案中外对比进行梳理分析。第七章为中国应急管理的发展趋势，就当前中国应急管理实践面临的主要挑战、可能的解决方案和发展路径、对未来的展望等方面进行分析。

总体来看，本书的特点主要体现在三个方面：一是聚焦新时代中国自然灾害应急管理工作新要求，跟踪并分析了最新的政策文件和实践发展，这对于深入贯彻落实党的十九大、十九届历次全会及党的二十大精神，深刻阐述习近平总书记关于自然灾害防治、做好防灾减灾救灾工作发表的系列重要讲话精神，提升新时代中国自然灾害应急管理水平，具有重要意义。二是注重自然灾害应急管理的应用基础研究，遵循"理论与实践相结合"的研究思路，系统梳理自然灾害应急管理的时代背景、理论渊源及实践演变历程，最终落脚自然灾害应急管理体制、机制、法制及预案建设，形成了从"理论之思"的基础、"现实之需"的背景，到自然灾害应急管理"实践之解"的逻辑链，对于丰富和完善应急管理理论具有重要价值。三是立足"一案三制"的中国特色应急管理体系，并对标新时代"总体国家安全观""应急管理体系和能力现代化"目标要求，探寻自然灾害应急管理新方向、新路径，拓展了自然灾害应急管理体系新的时代内涵和要义，对中国自然灾害应急管理政策实践具有参考价值。

目 录

第一章 导论 ·· 1
   第一节 自然灾害应急管理提出背景 ··· 1
   第二节 自然灾害应急管理相关研究进展 ·· 18
   第三节 本书内容体系与研究方法 ··· 34
   第四节 本书的主要观点 ·· 39

第二章 自然灾害应急管理的核心概念及基本理论 ························· 43
   第一节 自然灾害概述 ··· 43
   第二节 应急管理概述 ··· 59
   第三节 自然灾害应急管理三维结构模型 ······································· 72

第三章 自然灾害应急管理体制 ·· 84
   第一节 自然灾害应急管理体制概述 ··· 84
   第二节 中国自然灾害应急管理体制演化 ······································· 97
   第三节 应急救援队伍建设 ··· 121

第四章 自然灾害应急管理机制 ·· 132
   第一节 预防与应急准备机制 ·· 132

第二节　监测与预警机制 …………………………………… 147
　　第三节　应急处置与救援机制 ……………………………… 163
　　第四节　恢复与重建机制 …………………………………… 179

第五章　自然灾害应急管理法制 …………………………………… 197
　　第一节　自然灾害应急法制的概念和属性 ………………… 197
　　第二节　中国自然灾害应急管理法制现状 ………………… 204
　　第三节　自然灾害应急管理法制中外对比 ………………… 218

第六章　自然灾害应急预案 ………………………………………… 234
　　第一节　自然灾害应急预案概述 …………………………… 234
　　第二节　自然灾害应急预案的编制 ………………………… 247
　　第三节　自然灾害应急预案的动态管理 …………………… 268
　　第四节　国外自然灾害应急预案实践及启示 ……………… 289

第七章　中国自然灾害应急管理的发展趋势 ……………………… 297
　　第一节　当前面临的主要挑战 ……………………………… 297
　　第二节　可能的解决方案和发展路径 ……………………… 310
　　第三节　对未来的展望 ……………………………………… 338

参考文献 ……………………………………………………………… 346

后　记 ………………………………………………………………… 363

第一章　导论

随着全球气候变化程度加剧和世界经济发展进程加快，自然灾害的形成机制、时空演化规律正在经历深刻变化，影响的维度和深度不断延展，严重威胁着人类生存安全和经济社会发展。因此，同自然灾害抗争是人类生存发展的永恒课题。本章在综合审视自然灾害全球现状及中国现状的基础上，回顾自然灾害应急管理的实践演变历程及理论研究进展，解读其形成的时代背景和研究基础，明确"一案三制"的中国特色自然灾害应急管理体系核心框架，并对标新时代"总体国家安全观""应急管理体系和能力现代化"目标要求，探寻自然灾害应急管理新方向、新路径，从而拓展自然灾害应急管理体系新的时代内涵和要义。

第一节　自然灾害应急管理提出背景

本节基于全球视角和中国视角，分别探讨自然灾害的形成现状及影响效应，凸显自然灾害应急管理的必要性和紧迫性，并结合中国特色社会主义新时代国情，探寻自然灾害应急管理的新方向和新路径。

一 全球视角

(一) 全球自然灾害状况

人类社会发展史就是一部与多种自然灾害不断抗争的历史。自然灾害作为全球性重大问题之一，严重威胁人类基本生存，并深刻影响经济、社会的可持续发展。随着社会发展程度加快与人类活动强度加深，自然灾害增多增强趋势明显，影响维度和广度持续扩大，已为人类文明拉响了"红色警报"。世界经济论坛（World Economic Forum, WEF）发布的《2022年全球风险报告》指出，"气候变化""极端天气"等自然灾害诱因事件将成为未来10年全球面临的长期风险和首要挑战。

全球自然灾害形势复杂，灾种多样，发生广泛，影响深远。据《全球自然灾害评估报告》（中国应急管理部，2021）显示，仅2020年全球共发生自然灾害313次，洪水灾害、地质灾害、气象灾害等灾种层出不穷，波及近120个国家和地区，影响近1亿人口，直接经济损失高达1500千亿元。为深入分析全球自然灾害状况及时空演化规律，根据联合国统计资料和中国应急管理部统计数据，节选1992—2021年的全球自然灾害数据进行整理观测。

从灾种类型看，洪涝灾害、热带风暴灾害和地震灾害为全球高发性自然灾害，占比近85%，如图1-1所示。

从发生频次及影响人数看，全球自然灾害发生频率高、强度大，平均每年发生频次达300次，且波及范围广，平均每年受灾人数近2亿人，如图1-2所示。

从直接经济损失及其所占GDP的比重看，全球自然灾害所致直接经济损失平均每年高达1万亿美元，占GDP的比重约为20%，如图1-3所示。

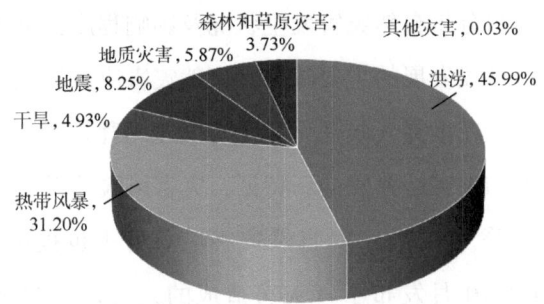

图1-1 全球自然灾害灾种类型

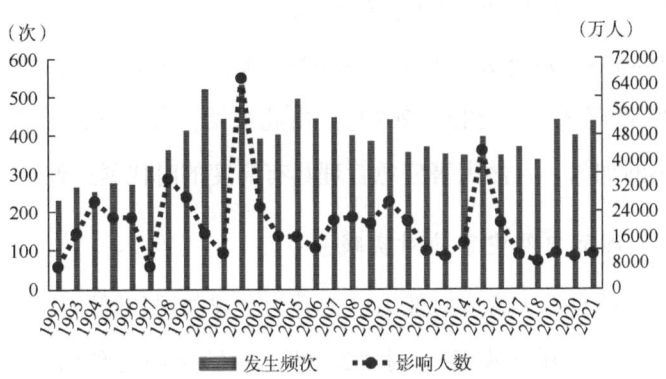

图1-2 全球自然灾害发生频次及影响人数

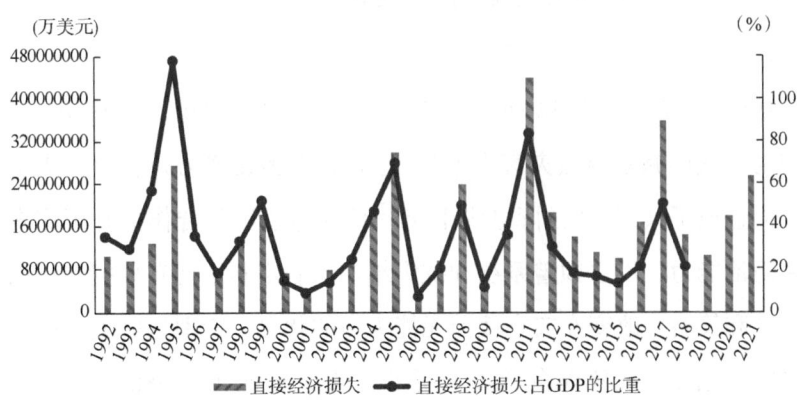

图1-3 全球自然灾害直接经济损失及其所占GDP的比重

注：2019—2021年直接经济损失占GDP的比重目前无官方公布数据。

基于全球视角分析自然灾害发生状况及影响程度，可知自然灾害已成为制约全球可持续发展的主要障碍，自然灾害应急管理已成为国际社会的共同主题。且在世界气候变化和经济全球化背景下，全球自然灾害呈现多灾种集聚和灾害链并发的新特征，灾害风险的系统性、复杂性持续加剧（张晓宁等，2022），对自然灾害应急管理也提出了新的要求。联合国于2020年10月发布了《灾害造成的人类损失2000—2019》报告，指出2000—2019年，全球共发生7348次自然灾害，造成123万人死亡，受灾人口高达40亿人，给全球造成严重经济损失。与之相比，全球在1980—1999年发生自然灾害4212次，造成119万人死亡，受灾总人口约30亿人（王建刚，2020）。由此可见，自然灾害影响程度随时间发展不断加深，自然灾害应急管理具有高度的时代紧迫性。

（二）国际自然灾害应对实践

切实提高自然灾害应对能力已上升为全球共识和国际战略。从"国际减灾十年及国际减灾日"到"21世纪的国际减灾路线"（李扬译，2000；许厚德，2000；李学举等，2005；李宁和吴吉东，2011；郝静，2015），体现了全球减灾宏观思路和减灾实践的不断转变。

1. 国际减灾十年及国际减灾日

1987年12月，第42届联合国大会通过169号决议，把1990—2000年定为"国际减轻自然灾害十年"，标志着人类在努力减轻自然灾害损失方面达成了共识。"国际减灾十年"旨在通过国际合作提升国家自然灾害防治能力，设立预警系统和抗灾结构，制定利用现有科技知识的适当方针和策略，改变在灾害面前无能为力的状况，特别是努力减少发展中国家由地震、气象等自然灾害所带来的负面影响。1988年2月，联合国在作出"国际减灾十年"决议后，宣布成立"国际减灾十年"指导委员会，由联合国开发计划署（The United Nations Development Programme，UNDP）、联合国环境规划署（United Nations Environment Programme，UNEP）、联合国科学与技术发展委员会（Commission on Science and Technology for Development，CSTD）、国际电信联盟（International Telecommunication Union，ITU）等组织人员构成。

1989年的第44届联合国大会进一步推进了"国际减灾十年"进程，审议通过了"国际减灾十年的决议案"和"国际减轻自然灾害十年国际行动纲领"，并将"国际减灾日"定于每年10月第二个星期的星期三，以此将减灾作为一项长期的、战略性的行动开展下去，截至2021年，已开展32个国际减灾日，其最新主题是构建灾害风险适应性和抗灾力，从侧面反映了对自然灾害认识的逐步加深和抗灾意识的逐步提升。国际减灾十年和国际减灾日的确定，极大提升了各国对防灾减灾工作的重视程度，有效推动了全球防灾减灾实践进程。

2. 世界减灾大会

1994年5月，第一届世界减灾大会［又名"联合国世界减灾10年（横滨）会议"］在日本横滨开幕，总计130个国家的政府机构代表和2000余名防灾专家出席。大会以破坏损失、影响人口、死亡人数为标准重新定义重大灾害类型，审议通过了《横滨声明》和《减灾行动计划》，呼吁通过国际合作，携手应对自然灾害，共建更安全的人类生存环境。第二届世界减灾大会于2005年1月在日本神户召开，大会审查了《横滨战略和行动计划》的执行情况，总结了国际社会减灾应对经验，并通过了《兵库行动框架》和《兵库宣言》。《兵库行动框架》确定了2005—2015年的减灾战略目标和行动重点，提出在今后的发展中持续输入减灾观念，重视减灾体系的构建和灾后重建风险的降低。《兵库宣言》强调将《兵库行动框架》在各级转化成实际行动，通过各方在减灾方面进行合作和互动、建立经验教训和技术信息共享机制等具体手段，共创更加安全的世界，并指出加强21世纪全球减灾活动，强调各国应在国家政策中优先安排减少灾害风险,国际社会应加强双边、区域及国际合作。中国代表在会上发出了《建立应对重大自然灾害的监测、预防和评估区域机制》倡议,就自然灾害风险应对表明了中方态度,并倡导帮助发展中国家强化灾害预警能力建设。2015年3月,第三届世界减灾大会在日本仙台召开,大会在审议《兵库行动框架》执行情况的基础上,交流了各国各地区在科技减灾、灾后重建等方面的减灾成果,通过《2015—2030年仙台减灾框架》,明确了下一阶段的全球目标与优先事项,包括到2030年大幅降低灾害死亡率、减少全球受灾人数及直接经济损失等,并呼吁各国持续加大减灾投入力度,从而有效降低自然灾害风险。这是联合国首次提出具体项目和期限的全球性防灾减灾目标,标志着全球减灾新框架的建立。

3. 联合国国际减灾战略

联合国国际减灾战略(United Nations International Strategy for Disaster Reduction,UNISDR)作为联合国系统中完全聚焦于减灾事务的实体,其职能为协调联合国系统、区域组织、相关国家地区在减轻灾害风险、社会经济与人道主义事务等领域的活动。其源于1999年11月24日的联合国第54届大会,基于对国际减灾十年开创性工作继续深入推进和新的千年战略"21世纪,一个更安全的世界:减轻风险和灾害"的思考,大会的1999/63号决议提出将"国际减灾十年"活动拓展为"国际减灾战略"活动,在《横滨战略和行动计划》的基础上,通过全球性战略的构建,促使广泛、跨部门和多领域的合作关系,从而推动全球减灾活动。该战略旨在提升自然、技术及环境灾害的抗御能力,以达到降低经济社会综合风险的目的,并通过在可持续发展中全面纳入风险预防战略的举措,促使全球减灾从灾害抗御向风险管理转变。实施国际减灾战略后,联合国成立了国际减灾战略秘书处,并于2001年通过第56/195号决议,丰富其职能内涵,并将其作为联合国系统协调减灾战略和计划的联络点，致力于支持减灾政策、推进减灾文化、传播减灾战略信息等。随着时间的推进和国际需求的更新，国际减灾战略得以不断丰富和拓展，除包含相关机构、部门、团体外，还涵盖了全球减轻灾害风险平台、区域减灾平台等。

4.21世纪的国际减灾

国际减灾活动的目前导向是基于2015年第三届世界减灾大会的《2015—2030年仙台减灾框架》。《2015—2030年仙台减灾框架》绘制了全球减灾和抗灾能力建设的蓝图，重点关注预防产生新风险、减少现有风险，减少灾害的暴露性和受灾脆弱性，加强应急和恢复准备，从而提高居民、企业、社区和国家在未来10年的抗灾能力，体现了以人为本的理念。2021年，《联合国减灾办公室战略框架（2022—2025）》发布，明确了实现《2015—2030年仙台减灾框架》的战略目标和驱动因素，四项战略目标分别为各国利用准确有效的风险信息和分析减轻风险并为发展决策提供理据支撑；加强全球、区域、国家和地方减灾治理；通过利益相关方参与和伙伴关系推动减轻灾害风险投资和行动；通过倡导和知识共享，动员政府和其他利益相关方将减轻灾害风险作为可持续发展的核心。一项驱动因素为提高组织工作能力。减灾框架的不断完善为21世纪的国际减灾提供了新的方向引领和路径选择。

二 中国视角

（一）中国自然灾害状况

中国是世界上自然灾害最严重的国家之一，灾害种类多，分布地域广，发生频率高，造成损失重，这是一个基本国情。联合国减灾办（United Nations Office for Disaster Risk Reduction, UNDRR）《灾害的代价》，揭示2000—2019年全球受灾情况中，亚洲受灾最为严重，全球十个受灾最多的国家有八个位于亚洲，其中，中国受灾次数最多，居全球首位。

中国特殊的地理位置和自然条件决定了中国的自然灾害时空格局和区域特征。首先，中国处于全球两大自然灾害带重叠交汇处（北半球中纬度环球自然灾害带、环太平洋自然灾害带），灾害多发、灾型多样，全球多种自然灾害在中国都有发生，尤以地震、干旱、洪涝、台风、风暴潮的危害最为严重。其次，以山区为主的地貌和受季风影响的气候使得地震、地质自然灾害和气象、水文灾害频发。最后，人类不合理的生产活动诱发自然灾害在空间上蔓延、时间上加剧，加重了自然灾害的严峻程度。为摸清中国的自然灾害状况及时空演化规律，根据中国应急管理部官方数据，节选1992—2021年的中国自然灾害数据进行整理观测。

从发生频次及影响人数看，中国自然灾害频率高、受灾面广，平均每年自然灾害频次为25次，影响近9000万人，如图1-4所示。

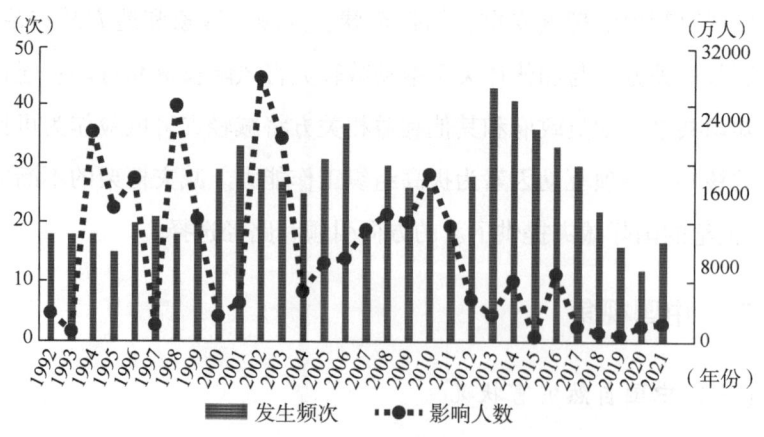

图1-4 中国自然灾害发生频次及影响人数

从直接经济损失及其所占GDP的比重看，中国自然灾害灾情严重，受损程度高，平均每年自然灾害所致的直接经济损失高达2千万美元，占GDP的比重高达35%，如图1-5所示。

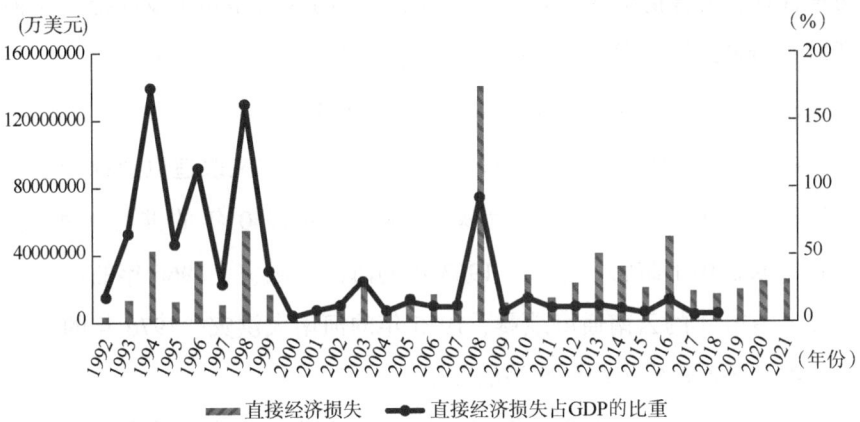

图1-5 中国自然灾害直接经济损失及其所占GDP的比重

注：2019—2021年直接经济损失占GDP的比重目前无官方公布数据。

基于中国视角看待自然灾害问题，可知自然灾害逐渐成为中国经济社会主战场遇到的重要障碍和顽疾，自然灾害应急管理已成为现实之需（唐乾敬、孙婷婷，2022）。且在全球气候变暖和中国经济建设进入高速发展轨道的背景下，中国进入新的灾害多发期，极端灾害事件发生频次增加、损失加重。中国应急管理部于2022年1月发布了"2021年全国自然灾害基本情况"，全年各种自然灾害共造成1.07亿人次受灾，直接经济损失高达3340.2亿元。

（二）中国自然灾害应对实践

自然灾害应急管理在中国具有迫切而广泛的现实需要，加强中国自然灾害应急管理工作意义重大。新中国成立以来，在与自然灾害的抗争历程中取得了显著成效，积累了丰富经验，应急管理理念和应急管理体系随着时代不断更新，逐步形成了具有中国特色的"一案三制"综合应急管理体系，为自然灾害减灾工作奠定了基础、提供了明确的行动指南。梳理中国的自然灾害应急管理实践历程，大致可分为三个阶段，因历史背景、灾害情况的不同，显现出不同的时代烙印和阶段性特征（钟开斌，2009；胡鞍钢，2017；刘智勇等，2019；包笑，2020）。

1. 自然灾害应急管理体系起步阶段（1949—1977 年）

这一阶段为国家初建、国民经济恢复、社会主义改造以及社会主义建设时期，洪水、地震等自然灾害频发，如 1950 年的淮河大洪灾、1954 年长江中下游特大水灾、1963 年的海河大洪灾、1966 年的邢台大地震、1970 年的云南通海地震、1975 年的河南大洪灾、1976 年的唐山大地震，严重阻碍了国民经济的发展。

此阶段的自然灾害应急管理工作主要呈现"党的一元化领导"特点，偏重对自然灾害的应急处置，重视群众路线和处置的综合影响。此阶段可细分为两个时期。

一是新中国成立至"文化大革命"前（1949—1965 年）。在党的"一元化"领导体制下，政府需经中央决定或批准后，才能执行相关事项，具体执行在国务院的统一领导下，经内务部协调，由"减灾机构+相关部门"联动实施。1956 年，在国务院领导下，中央救灾委员会成为减灾救灾领导机构，其他部门如地震局、水利部、林业部等，承担其专业领域和管辖范围的防灾减灾。

二是"文化大革命"至改革开放前（1966—1977 年）。国家虽处于动乱中，但党中央对于自然灾害应急管理工作仍然十分重视，管理方式坚持"一元化"领导，沿用之前做法，但基于社会大背景，应急机构遭受剧烈冲击，于 1969 年撤销了承担应急管理具体工作的内务部，将救灾、救济和优抚工作转交财政部，"文化大革命"后，党委和政府的职能得以恢复。全国重大自然灾害应对工作由中央农业委员会负责统筹，临时性机构加以辅助。如 1976 年唐山大地震时，由中共中央、国务院、河北省分别成立抗震救灾指挥部、抗震救灾办公室、抗震救灾前线指挥部及抗震救灾后勤指挥部等，并让军队领导进入了各级救灾指挥机构中，军队发挥着比以往更为重要的自然灾害应急作用；同时，该时期地震、气象灾害强调"以预防为主"，依靠"人治"和运动式的应急管理模式被发挥到极致。

总体而言，该阶段的自然灾害应急管理工作仍然被看作政府日常工作的一部分，处于经验化、零碎化阶段，还没有形成与固有的政府常态管理体系相区别的、专门应对自然灾害的应急管理体系。

2. 现代自然灾害应急管理体系快速建设阶段（1978—2007年）

这一阶段为改革开放、社会转型、政府职能转变时期，干旱、洪水等自然灾害时有发生，如1978—1983年的北方连续大旱、1998年的长江中下游特大洪灾等，给国民经济和社会发展带来了严峻挑战。

此阶段随着政治体制改革的推进、政府职能的转变以及国际合作的开展，自然灾害应急管理不断朝着规范化、专业化、科学化的方向演变，以综合性为特征的现代应急管理体制开始出现。此阶段可细化为两个时期。

一是改革开放至"非典"时期（1978—2002年）。1978年12月，党的十一届三中全会召开，开启了中国改革开放的新时期。改革开放初期，国家经济贸易委员会、国家计划委员会先后承担全国抗灾救灾工作。1989年，中央国家机关机构改革后，国家计委安全生产调度局、民政部救灾救济司、国家地震局灾害防御司涉足全国灾害管理工作。1991年，国务院设立全国救灾工作领导小组，并先后设立了国务院抗旱领导小组、国家防汛总指挥部等若干临时性灾害应急机构。1989年，在联合国"国际减灾十年"活动倡导下，为推动中国救灾工作与国际步调保持一致（与国际接轨），中国设立了中国国际减灾十年委员会，后于2000年更名为中国国际减灾委员会。

二是"非典"到汶川地震前（2003—2007年）。进入21世纪后，中国灾害应急管理体制建设进程不断加快。2003年的"非典"事件成为中国应急管理工作的一个转变契机。"非典"事件虽不属于自然灾害事件范畴，但其促使过去分散协调、临时响应的应急管理模式发生转变，为后期应急管理体系和自然灾害应急管理奠定了基础，故在此讨论。2003年7月，国务院明确提出"中国突发事件应急机制不健全，处理和管理危机能力不强"，同年11月，国务院办公厅正式设立应急预案工作小组，这标志着以制定、修订应急预案和建立健全应急体制、机制、法制为核心的中国应急管理体系建设全面起步。应急预案方面，2005年《国家自然灾害救助应急预案》《国家突发公共事件总体应急预案》出台，一些市、区（县）也制定了相应的应急预案，截至2007年年底，全国自然灾害应急预案框架体系初步形成。应急体制方面，2006年5月，国务院成立了应急管理办公室，该办公室直接对总理负责，这一举措被认为是中国应急管理走向常态化、专门化的标志。截至2007年，中国灾害应急管理体制基本建立，应急管理领导机构实现了省市级政府的全覆盖，应急管理办事机构实现了省级政府的全覆盖、市级政府的九成覆盖、县级政府的八成覆盖。应急管理机制方面，党的十六届四中全会强调"建立健全社会预警体系，形成统一指挥、功能齐全、反应灵敏、运转高效的应急机制，提高保障公共安全和处置突发公共事件的能力"。随后，涉及完善突发事件事前、事中、事后多个环节应急机制的相关政策文件相继发布，引导建立了预警预测机制、信息发布与舆论引导机制、分级负责与响应机制、应急处置救援机制、恢复重建善后机制等，为各类灾害应急实践提供了有效指导。应急管理法制方面，2007年，《中华人民共和国突发事件应对法》正式实行，该法作为中国应急管理领域的一部基本法，其制定和实施成为应急管理法治化的标志，表明中国应急管理工作在规范化、制度化和法治化的道路上迈出了关键的一步，截至2007年年底，中国的应急管理法制体系初步建立，形成了以《中华人民共和国突发事件应对法》为核心、以中央各部门及地方制定的涉及应急管理领域和社会安全管理领域的多部法律法规为配套的应急管理法制体系，确保灾害应对的全过程有章可循、有法可依。应急管理科技方面，中国应急实践的显著成效便是在构建"一案三制"应急管理综合体系的基础上，注重将相应的建设成果及时转化。

总体而言，此阶段中国自然灾害应急管理经历了从局部推进到全面规划的迅速发展阶段，建立了以"一案三制"为核心的中国综合应急管理体系。

3. 自然灾害应急管理体系完善阶段（2008年至今）

这一阶段为社会主义现代化建设、中国特色社会主义新时代时期，地震、气象、洪水等自然灾害频发，如2008年的汶川地震、2012年的华北地区特大暴雨、2013年的芦山地震、2017年的九寨沟地震，使经济社会发展面临变局。

此阶段，自然灾害应急管理体系逐步完善，"一案三制"应急管理综合体系建设持续推进，应急管理能力不断提升。尤其是2008年汶川地震后，中国针对突发灾害事件加强了应急管理工作，同年，国务院郑重宣布"全国应急管理体系基本建立"，至此，"一案三制"对中国自然灾害应急管理体系的发展和完善提供了行动指南。

自然灾害应急管理体制方面，汶川地震后，体制层面侧重界定与整合多个参与主体的职能，并进行条块关系协调。纵向上，注重基层应急管理体制建设，应急管理重心下移成效显著，如2013年芦山地震，国家与地方层面均成立了抗震救灾指挥部，但在应急响应组织网络中，国家适度"退后"，由"四川省抗震救灾指挥部"扮演主要角色，负责抢险救援事宜，显著提升了应急管理效率；横向上，加大职责整合力度的同时，注重碎片化问题的有效解决，一些地方率先进行探索，如深圳市设立具有"大应急"性质功能的"深圳市突发事件应急委员会"。在学术界和实务部门的共同努力下，新一轮党和国家机构改革于2018年开展，应急管理部"应运而生"，总揽中国应急管理与防灾减灾救灾工作，随后，地方应急管理专门机构也相应建立，这是中国应急管理体制改革创新的重大突破和成果，标志着中国开始迈入现代国家应急治理和中国现代特色应急管理的新阶段。

自然灾害应急管理机制方面，注重多部门、多区域联动，完善应急管理的多个环节。2008年8月，广东、香港地区共同签署《粤港应急管理合作协议》，同年12月广东又与澳门地区签署《粤澳应急管理合作协议》，以粤港、粤澳为代表的应急管理联动机制建设取得实质性进展。2009年9月，广东、江西、贵州等9省（区）在国务院应急管理办公室的统筹协调下，共同签署合作协议，建立全国首个省级区域性的应急管理联动机制。此外，长三角区域、陕晋蒙豫四省区等地的应急管理联动机制建设也取得一定成效。这些实践和探索都为进一步推动中国应急管理区域合作积累了经验。同时，中国就危机监测预警机制、调查评估机制以及问责追究机制等薄弱环节进行重点攻克，深入贯彻预防与应急并重、常态与非常态相结合的指导方针，牢牢把握应对灾害事件的主动权。

自然灾害应急管理法制方面，持续推进相关法规、制度、政策的完善。2008年《中华人民共和国防震减灾法》修订，新增防震减灾规划和监督管理两章内容。2010年《自然灾害救助条例》颁布，有效整合社会多样救助力量。2013年，党的十八届三中全会明确提出"建立巨灾保险制度"，强化了金融手段在灾害应对中的作用与成效，随后一年，国务院确立了"建立巨灾保险制度"的指导意见。此后，地震保险、火灾保险、洪灾保险等多个灾害险种相继推出，深圳、广东等28个省市陆续进行巨灾保险试点实践，取得了较好成效。2022年，国家减灾委员会印发了《"十四五"国家综合防灾减灾规划》，进一步从法制层面上对中国灾害应急实践提供了支撑保障。

自然灾害应急预案方面，中国在增加应急预案数量的基础上，更注重对应急预案质量的把控,并推动应急预案编制标准由"类法律"向"类技术"规范转变。2011年,从救灾实际需求出发,国家首次修订《国家自然灾害救助应急预案》。2012年,国务院对《国家地震应急预案》进行修订,调整细化了国务院抗震救灾指挥机构的组成和职责,规定了统一的地震应急四级响应机制和地震应急措施。2013年,国务院办公厅出台《突发事件应急预案管理办法》,明晰了应急预案的概念和管理原则,规范了应急预案的基本内容和编制程序,建立了应急预案的持续改进机制,有效提升了应急预案的实用性。2016年,国务院对《国家自然灾害救助应急预案》进行修订,着重完善预案适用范围、应急响应程序及措施等方面的内容,进一步提高了预案的针对性和可操作性。

自然灾害应急管理科技方面,注重应急管理科技支撑体系的建设,以平台为依托,以产业为媒介,不断提升中国防灾、减灾、救灾能力的"科技含量"。在国家政策和社会需求的双向驱动下,全国各省市积极开展应急科技支撑体系构建工作,涌现出了一批典型的实践案例。如2008年广东省科学技术厅、广东省人民政府应急管理办公室共同成立了广东省突发事件应急技术研究中心,并依托高校、科研机构等成立子中心,截至2015年,致力于自然灾害、防灾减灾等方面研究的子中心达25个。随着新兴技术的深入发展与实践应用,"大数据""互联网+"被融入应急平台体系建设中,在应急预防、救援、重建等阶段发挥了重要作用。目前,中国已构建了多类型多层次的应急平台体系,并在吸纳汶川地震、舟曲泥石流等自然灾害应急实践经验的基础上,相继成立了国家应急广播中心平台(2013年)、国家预警信息发布中心平台(2015年),自然灾害应急管理能力不断提升。

总体而言,此阶段自然灾害应急管理体系随时代发展和实践需要不断完善,加强自然灾害应急管理体系建设已上升为国家意志,中国特色应急管理体系基本形成,"一案三制"已成为自然灾害应急管理工作的核心框架和行动指南。

三 新时代中国自然灾害应急管理

当前,中国正经历百年未有之大变局,新形势、新挑战、新风险不断涌现,建设中国特色应急管理体系、走中国特色国家安全道路,是新时代"中国之治"制度优势的必然要求。因此,如何在"一案三制"综合应急体系的基础上贯彻总体国家安全观,提高中国应急管理体系和应急管理能力现代化是新时代下的新命题和新目标(陈立旭,2014;童星,2018;黄明,2020;张小明,2020;陈向阳,2021;钟开斌,2021;张旭,2022)。

(一)总体国家安全观

总体国家安全观的提出为"一案三制"自然灾害综合应急管理体系提供了战略支撑和评价标准。2014年,习近平在中央国家安全委员会第一次会议中明确提出,要准确把握国家安全形势变化新特点新趋势,坚持总体国家安全观,以人民安全为宗旨,以政治安全为根本,以经济安全为基础,以军事、文化、社会安全为保障,以促进国际安全为依托,走出一条中国特色国家安全道路。这标志着中国开始从国家战略的高度来决策部署应急管理工作,自此,中国进入了以总体国家安全观为统领的应急管理体系全面建设的新时期,该时期的典型特征是进一步深化、完善应急管理体系的"一案三制",编织全方位、立体化的公共安全网,从而统筹应对中国全灾种、全领域、全过程的灾害风险。2015年,习近平总书记在党的十八届五中全会上强调,新形势下,中国将面临经济、社会及自然等一系列风险,应急处置不当可能影响国家安全,必须把防范风险摆在突出位置,坚决贯彻落实总体国家安全观,有效应对各类灾害事故,最大限度减少人民群众生命财产损失。2017年,党的十九大将"坚持总体国家安全观"作为新时代坚持和发展中国特色社会主义的基本方略之一。2019年,习近平总书记再次强调,坚持总体国家安全观,统筹发展和安全,建立健全国家安全风险研判、防控协同、防范化解机制。2021年,习近平总书记在庆祝中国共产党成立100周年大会上提出坚持总体国家安全观,走中国特色国家安全道路。总体国家安全观为应急管理赋予了"公共安全治理"的新定义,并将"生命至上、安全第一"作为应急管理原则,从而为自然灾害应急管理提供了评价和检验效果的标准。

（二）应急管理体系和能力现代化

应急管理体系和应急管理能力现代化为"一案三制"自然灾害综合应急管理体系提供了方向指引。2019年,党的十九届四中全会通过了《中共中央关于坚持和完善中国特色社会主义制度、推进国家治理体系和治理能力现代化若干重大问题的决定》,强调构建统一指挥、专常兼备、反应灵敏、上下联动的应急管理体制,优化国家应急管理能力体系建设,提高防灾减灾救灾能力。2020年,党的十九届五中全会强调推进国家治理体系和治理能力现代化,坚持总体国家安全观,实施国家安全战略,防范和化解影响中国现代化进程的各种风险。2021年,党的十九届六中全会指出面对世界百年未有之大变局,需直面新形势、新风险和新挑战,坚持中国道路,提高全党应对风险挑战的能力,推进应急管理体系和能力现代化。2022年,《"十四五"国家综合防灾减灾规划》印发,明确了2035年的远景目标之一便是基本实现自然灾害防治体系和防治能力现代化,更加有力有序有效地应对重特大灾害。

中国特色自然灾害应急管理体系在长期实践中已充分展现其特色和优势,新时代下,以总体国家安全观为统领,以应急管理体系和能力现代化为指引,以"一案三制"为基石,以科技产业为支撑,运用中国特色应急管理优势应对自然灾害风险挑战既是一项紧迫的长期任务,也是一条有效的"中国新路径"。

第二节　自然灾害应急管理相关研究进展

本节基于中国知网和 Web of Science（WOS）数据库，借助 CiteSpace 软件对 2000—2022 年国内外自然灾害应急管理的文献进行发文量统计、作者和机构合作网络、研究重点、研究热点与演进的可视化分析，以厘清自然灾害应急管理的理论研究与实践发展脉络，并直观呈现自然灾害应急管理相关研究的发展趋势，为深入探析自然灾害应急管理的主题提供有益参考与信息基础。

一　自然灾害应急管理研究的时空分布分析

（一）数据来源与时间变化分析

1. 数据来源

选取中国知网（CNKI）和 Web of Science（WOS）核心合集两个中英文数据库作为数据来源，检索时间区间为 2000—2022 年。

（1）CNKI 检索

以"自然灾害""应急管理""灾害管理"为主题词进行检索，选取期刊来源包括北大核心期刊、CSSCI、CSCD 和 EI 等，共检索出 1068 篇文献，再剔除咨询和记者评论等非学术性研究文献，最终获得 986 篇自然灾害应急管理研究的国内样本文献。

（2）WOS 检索

以"natural disaster""contingency management""disaster management"为主题词进行检索，选择 WOS 中的 SCI 和 SSCI 数据库，共检索出 1262 篇文献，设定文献类型为学术论文，最终获得 1060 篇自然灾害应急管理研究的国际样本文献。

2. 时间变化分析

根据发文量的时间变化趋势，可以看出历年来国内外学者对该研究领域的关注程度的变化趋势，并进一步分析其变化原因。2000—2022年，国内关于自然灾害应急管理的文献数量总体呈现"缓慢增加—爆发式增长—快速减少"的变化趋势。缓慢增加阶段为2000—2017年，这一阶段文献数量增加相对平缓。2003年，在"非典事件"的催化下，"一案三制"随之产生，中国应急管理体系开始步入正轨，国内学者也逐渐开始关注这一研究领域，由于理论基础的不足，发文量有所增加，但增速较为缓慢。在2008年汶川地震后，学者们对于自然灾害的应急管理关注增多，文献数量明显增加。爆发式增长阶段为2017—2021年，这一阶段文献数量快速增长，在2021年达到了顶峰。2017年九寨沟地震再次引发学者们对地震应急管理的高度关注。2019年年末新冠疫情的暴发给中国应急管理体系和能力建设带来了挑战，促使中国学者们对应急管理的相关研究也更加深入和具体。快速减少阶段为2021—2022年，这一阶段文献数量快速减少，2022年的发文数量回到爆发式增长阶段前的平均每年发文数量，如图1-6所示。

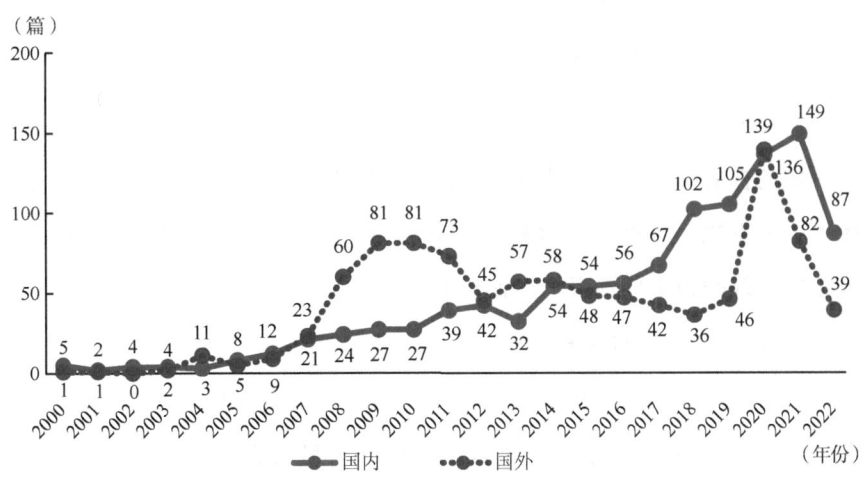

图1-6 自然灾害应急管理研究发文量变化趋势（2000—2022年）

国外关于自然灾害应急管理的文献数量总体则呈现"平稳递增—爆发式增长—快速减少"的变化趋势。平稳递增阶段为2000—2018年，这一阶段文献数量呈现较为平缓的上升趋势，随着城镇化的发展和人口密度的增长，灾害事件也变得更加复杂，特别是城市灾害的突发性、多样性、复杂性和连锁性，给自然灾害应急管理体系带来严峻的挑战，国外学者始终关注此领域并产生了相关研究。尤其是2011年，东日本地震引发了海啸、核泄漏等多重灾难，对日本以及全球的经济和环境等各方面造成了巨大的影响，使各国进一步重新审视现代灾害和应急管理体系的更新，可以看到2011—2018年学界对此领域的研究也是与日俱新。爆发式增长阶段为2019—2020年，这一阶段文献数量显著增加。这与新冠疫情的持续性、广泛性和常态化密不可分。快速减少阶段为2021—2022年，这一阶段文献数量快速减少，与国内发文数量趋势相似，2022年的发文数量回到爆发式增长阶段前的平均每年发文数量。

由此可以看出，随着突发事件的发生，自然灾害应急管理越来越受到学术界的关注，理论体系日渐成熟，同时，应急管理研究受到重大突发事件的影响，每当有重大突发事件发生时，发文量也会随之迅速增长。

（二）作者与机构合作网络分析

利用CiteSpace软件制作科学网络图谱，以发现自然灾害应急管理研究领域的核心作者与研究机构，以及作者之间和研究机构之间的关系。图谱中节点数、节点大小分别表示作者和机构出现的频数、频次高低，线条数、线条粗细分别表示作者和机构间的合作关系和合作密切程度。

1. 作者合作网络分析

如图1-7所示，图谱中有475个节点（图中N值）、247个连接线条（图中E值），网络密度（实际关系数与最大理论关系数之比）为0.0022。在986篇国内文献样本中，有475个国内学者发表了关于自然灾害应急管理的文章。其中，卢文刚（14次）发表次数最多，其次是张海波（9次）和姚乐野（6次）。从合作网络和强度来看，最大子网络成员达30个节点，自然灾害应急管理领域已形成了不少团队，并呈现"小集中、大分散"的合作网络分布特征。

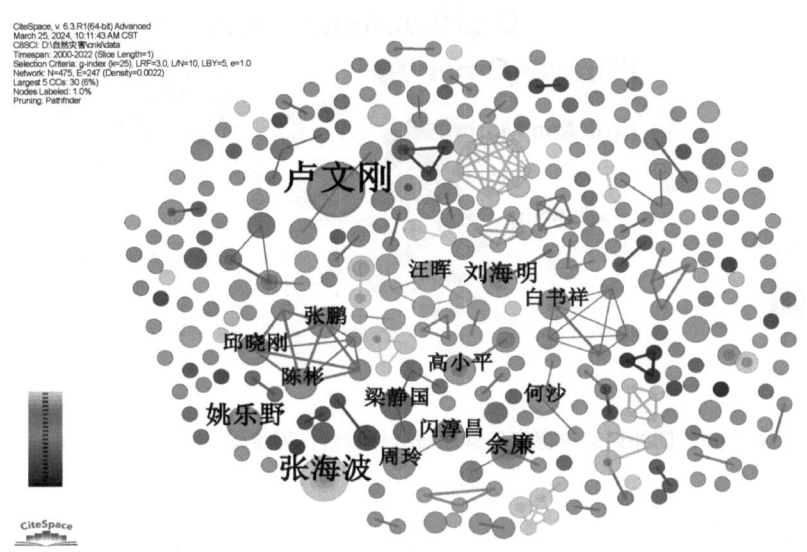

图1-7　国内自然灾害应急管理研究作者合作网络图（2000—2022年）

图1-8中有602个节点、655个连接线条，网络密度为0.0031。在1060篇国外文献样本中，有602名国外学者发表了关于自然灾害应急管理的文章。其中Khaled Elrayes（6次）发表次数最多，其次是Amr Elnashai和Omar Elanwar，均为5次。从合作网络和强度来看，最大子网络成员为14个节点，较国内作者合作更加密切，合作团队人数也更多，但各团队之间联系较少，同样呈现"小集中、大分散"的合作网络分布特征。

2. 机构合作网络分析

如图1-9所示，图谱中有408个节点、125个连接线条、网络密度为0.0015。可以看出，在986篇国内文献样本中，有408个研究机构发

自然灾害应急管理：基于"一案三制"视角

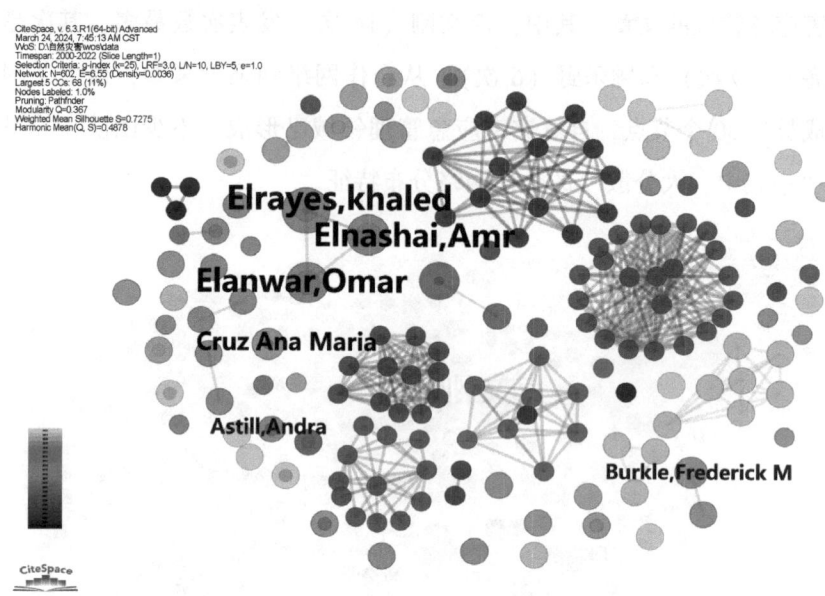

图1-8　国外自然灾害应急管理研究作者合作网络图（2000—2022年）

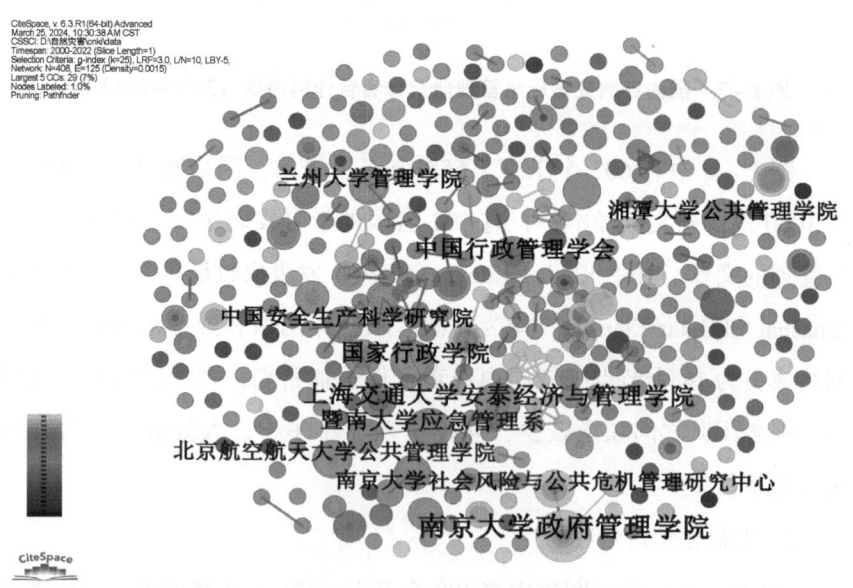

图1-9　国内自然灾害应急管理研究机构合作网络图（2000—2022年）

表了关于自然灾害应急管理的文章。其中南京大学政府管理学院（11次）发表最多，其次是上海交通大学安泰经济与管理学院（8次）和中国行政管理学会（7次）。从合作网络和强度来看，408个节点大于125个连线，最大子网络成员达29个节点，占比7%，说明这一领域国内的合作关系较少。

如图1-10所示，图谱中有451个节点、243个连接线条，网络密度为0.0024。此外，在1060篇国外文献样本中，有451个研究机构发表了关于自然灾害应急管理的文章，其中中国科学院（17次）发表最多，其次是得克萨斯农工大学（11次）和伊利诺伊大学（10次）。从合作网络和强度来看，451个节点大于243个连线，最大子网络成员达81个节点，占比17%，由此可见，国外自然灾害应急管理研究的机构合作相比国内要更为密切。目前已形成了以中国科学院、得克萨斯农工大学、伊利诺伊大学为核心的三个较大的科研团队。

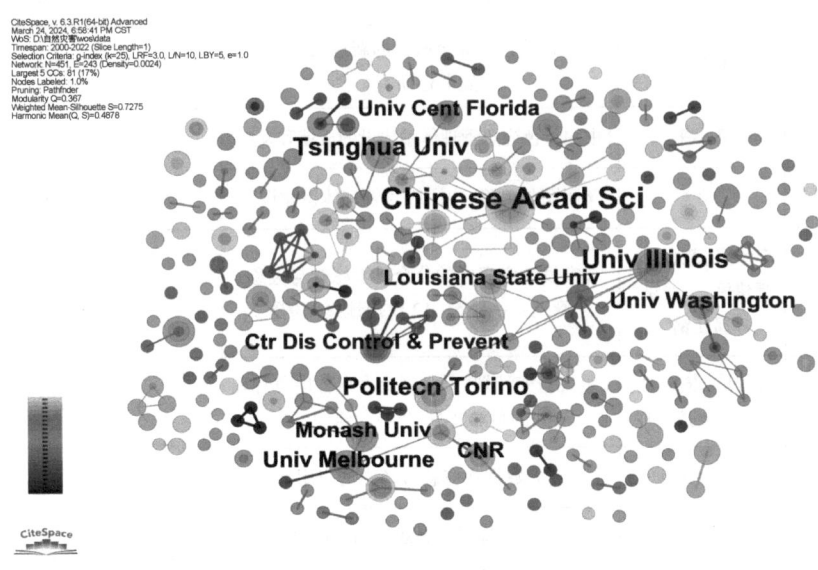

图1-10　国外自然灾害应急管理研究机构合作网络图（2000—2022年）

· 23 ·

二 自然灾害应急管理研究重点分析

(一) 国内自然灾害应急管理研究重点

由于无法通过 CiteSpace 软件对 CNKI 数据库进行文献的共被引分析，国内自然灾害应急管理领域的研究重点内容可以通过被引用频次高、具有代表性的文献来反映。按照被引频次高低选取前 10 篇国内文献形成表 1-1，并根据这些文献内容进一步分析国内自然灾害应急管理研究重点。

表 1-1　　国内自然灾害应急管理研究高被引文献

序号	作者	题目	被引频次（次）	发表年份
1	范维澄	《国家突发公共事件应急管理中科学问题的思考和建议》	548	2007
2	张海波、童星	《中国应急管理结构变化及其理论概化》	384	2015
3	商彦蕊	《自然灾害综合研究的新进展——脆弱性研究》	378	2000
4	高小平	《中国特色应急管理体系建设的成就和发展》	319	2008
5	钟开斌	《回顾与前瞻：中国应急管理体系建设》	260	2009
6	李华强、范春梅、贾建民、王顺洪、郝辽钢	《突发性灾害中的公众风险感知与应急管理——以 5·12 汶川地震为例》	247	2009
7	韩智勇、翁文国、张维、杨列勋	《重大研究计划"非常规突发事件应急管理研究"的科学背景、目标与组织管理》	233	2009
8	马奔、毛庆铎	《大数据在应急管理中的应用》	206	2015
9	闪淳昌、周玲、方曼	《美国应急管理机制建设的发展过程及对我国的启示》	205	2010
10	郭太生	《美国公共安全危机事件应急管理研究》	200	2003

1. 自然灾害应急管理理论研究

自联合国开展国际减灾十年活动以来，学界对于灾害问题的研究也更加规范化和系统化，"灾害科学"作为新的综合性多学科交叉的科学出现，灾害链、灾害群、灾害风险评估、灾害脆弱性评估、灾害系统动力学成为灾害科学研究的主要问题（史培军，2002）。随后，由政府、企业、社区组成的区域自然灾害系统理论框架得到了学界的广泛使用。有学者就在区域自然灾害系统理论下，评价了广东地区的台风灾害人口和经济风险，得出风险及形成机理的空间分异规律（余瀚等，2022）。在2008年汶川地震、2017年九寨沟地震、2021年河南郑州"7·20"特大暴雨灾害等重大自然灾害事件发生后，学者们针对这些事件进行了许多案例研究，开展灾害风险评估（蒋新宇等，2009）、灾害脆弱性研究（尹占娥，2011）、灾害损失评估（张鹏等，2012）、灾后恢复（吴吉东等，2013）等方面的研究。目前，通过综合减灾，防范重大灾害风险已在世界各国达成共识，这一举措同时也成为可持续发展战略实施的重要支撑。

2. 自然灾害应急管理体系建设

2003年"非典事件"之后，许多学者对我国应急管理体系的转变与重构展开了大量研究。被引频次最高的文献，将应急管理体系的复杂性科学问题作为应急管理基础亟须解决的关键科学问题之一（范维澄，2007）。众多学者将预案、体制、机制、法制作为应急管理体系建设的核心内容；在建设上，具有综合性、制度化、开放性、保障性特点（钟开斌，2009）。此外，对于应急管理体系的建设，还存在应急预案操作性不强、突发事件的分类分级管理不够细化、层级与部门之间信息不畅通、应急法制不完善等问题（高小平，2008）。

3. 基于突发性灾害事件的案例研究

前文有关历年文献发文量的变化趋势可以看到，发文量的增长往往伴随着重大突发性灾害事件的发生。因此，这也催生了一大批基于突发性灾害的单个案例或多案例研究的成果。有学者以"汶川地震"为研究案例，以分析人们在突发性灾害事件中的风险感知特征（李华强等，2009）。还有的学者以河南郑州"7·20"特大暴雨灾害为例，提出了任务驱动型灾害应急组织模式，以提高政府对灾害的适应能力和协调组织能力（黄纪心等，2022）。也有学者选取2003—2013年发生的重大灾害事件，通过对多个案例的比较分析，可以得出应急管理体系的结构性变迁（张海波等，2015）。

4. 国外自然灾害应急管理经验研究

他山之石，可以攻玉。国外应急管理体系较我国发展时间更长、发展程度更为完善，许多学者通过研究国外自然灾害应急管理，为我国自然灾害应急管理体系的完善提供可参考的经验。通过梳理国外其他国家应急管理体系建设历程，提出我国可建立标准化、法制化、协调统一、区域联动的应急管理体制（闪淳昌等，2010），并针对社区对风险的投入、灾后应急反应人员和受难者的心理恢复等问题进行讨论与思考（郭太生，2003）。

5. 大数据在自然灾害应急管理中的应用研究

在数字时代，大数据被广泛应用于各个领域。大数据的应用方式主要分为大数据技术和大数据思维，在自然灾害应急管理领域中产生了重大影响，而在自然灾害应急管理的事前、事中、事后不同阶段中，大数据也发挥着不同的作用（马奔等，2015）。传统的灾害预警手段无法及时捕捉和发布预警信息，而大数据所具有的全样本、多样性、快速性的特征得以在短时间内有效获取大量的灾害预警信息，使灾害预警变得精细化（周利敏等，2017）。在灾害响应阶段，通过社交媒体传感器，整合了各类型的数据信息，在普通民众、政府和受灾者之间建立了用数据搭起的沟通桥梁，这使决策者能够制定出更符合实际情况的应急策略

（周利敏等，2019）。利用这些信息，应急处理者在救援工作中可以获得最优救援路径，以更快的速度进行救援工作（马奔等，2015）。

（二）国外自然灾害应急管理研究重点

根据国外自然灾害应急管理研究共被引文献，如图 1-11 所示，可知在此研究领域的国外高被引文献，并根据这些文献内容进一步分析国外自然灾害应急管理研究重点。

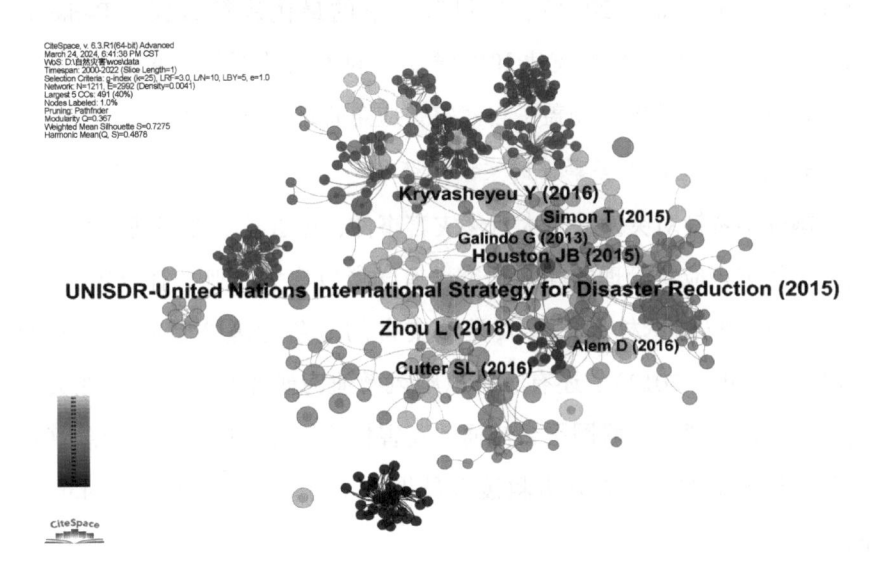

图 1-11 国外自然灾害应急管理研究共被引文献共现图谱

1. 自然灾害应急管理理论研究

国外学者在自然灾害应急管理理论研究方面侧重于研究灾害对于社会的影响，通过对社会脆弱性的时空演变特征的分析（Cutter et al.，2008）、社区韧性对于提高应对灾害的能力的研究（Aldrich et al.，2015），以完善自然灾害应急体系。此外，学者们更倾向于将定量的方法引入自然灾害应急管理的相关研究中。有学者使用决策试验法和评价试验法（DEMATEL）来判断影响自然灾害应急管理成功进行的关键因素

（Zhou et al.，2011）；也有学者通过设计自然灾害韧性指数，研究得出了一个可以测算区域自然灾害韧性的评估模型（Parsons et al.，2016）。

2. 自然灾害应急管理体系建设

国外学者在自然灾害应急管理体系方面较多从社区视角出发，以提升社区应急能力和居民的响应能力（Kapucu，2008）。也有学者强调不同层级部门之间的协同合作（Waugh et al.，2006）、危机沟通的内部协调（Longstaff et al.，2008）、危机管理下的最优决策方案（Berke et al.，2015）、对区域应对灾害和气候变化的脆弱性评估（Wang et al.，2015）等，研究基本上涵盖了自然灾害应急管理的全过程。

3. 基于突发性灾害事件的案例研究

国外学者针对突发性重大自然灾害事件，也进行了许多基于案例分析的自然灾害应急管理的相关研究。有学者以澳大利亚丛林火灾为例，探讨应对与防范丛林火灾及其类似灾害的应急管理体系的适应转变（O'Neill et al.，2012）。还有学者以飓风桑迪为研究案例，研究在灾害的不同阶段，通过互联网平台流通的灾害相关信息对自然灾害应急管理起到了积极影响，并为灾害救援人员提供了有效信息（Pourebrahim et al.，2019）。

4. 大数据在自然灾害应急管理中的应用研究

随着信息化与数字化的发展，国外学者对于大数据在自然灾害应急管理中的应用展开了广泛的研究。基于大数据技术，海量的数据可以得到有效的处理，通过收集与分析城市数据，测算城市各社区的区域灾害恢复能力指数，可为政府提供危机资源分配决策的有益参考（Kontokosta et al.，2018）。此外，社交平台和移动网络的兴起带来了大量有价值的数据信息，当出现突发性灾害事件时，对社交网络中的数据请求进行分类与判断，可以给需要帮助的受灾者提供及时的援助，对发生灾害的区域进行快速有效的应急响应（Ragini et al.，2018）。

三 国内外自然灾害应急管理研究热点与演进对比分析

(一) 研究热点分析

关键词是对文献的研究主题、创新论点进行集中描述、高度概括的词或词组。包含高频共被引的关键词成员越多、规模越大的聚类，越能反映该研究领域的热点。因此，对关键词进行共现聚类分析可洞悉自然灾害应急管理领域的研究热点。

2000—2022年国内自然灾害应急管理研究的关键词如图1-12所示，关键词共现时间线如图1-13所示。图中模块度值$Q=0.6189$（大于0.3），表明聚类结构显著；加权平均轮廓系数$S=0.987$（大于0.7），表明聚类分布均匀，且聚类结果具有高度可信性。将652个关键词按共现频次高低排序，可知热点关键词依次是应急管理（876次）、突发事件（118次）、应急预案（27次）、危机管理（16次）、大数据

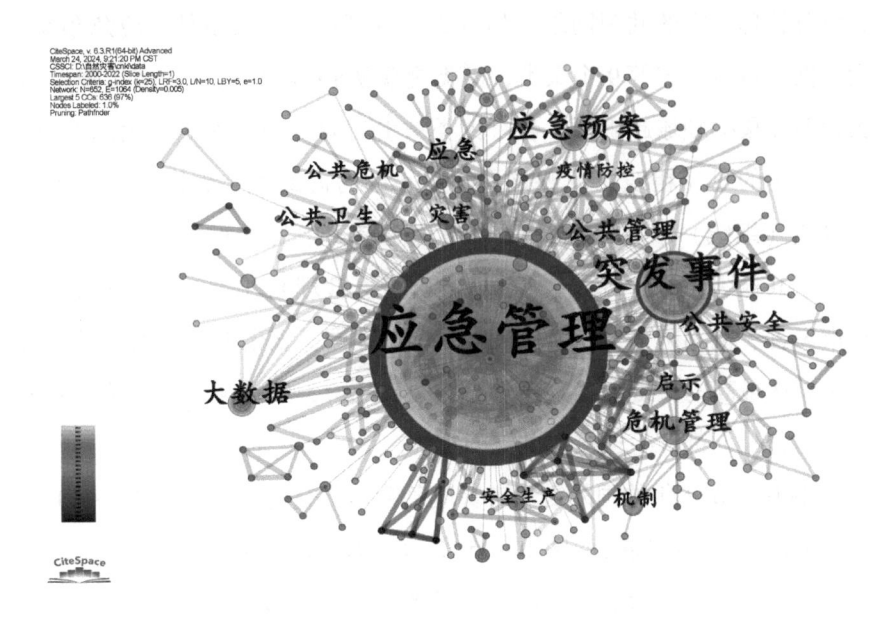

图1-12 国内自然灾害应急管理关键词共现图谱

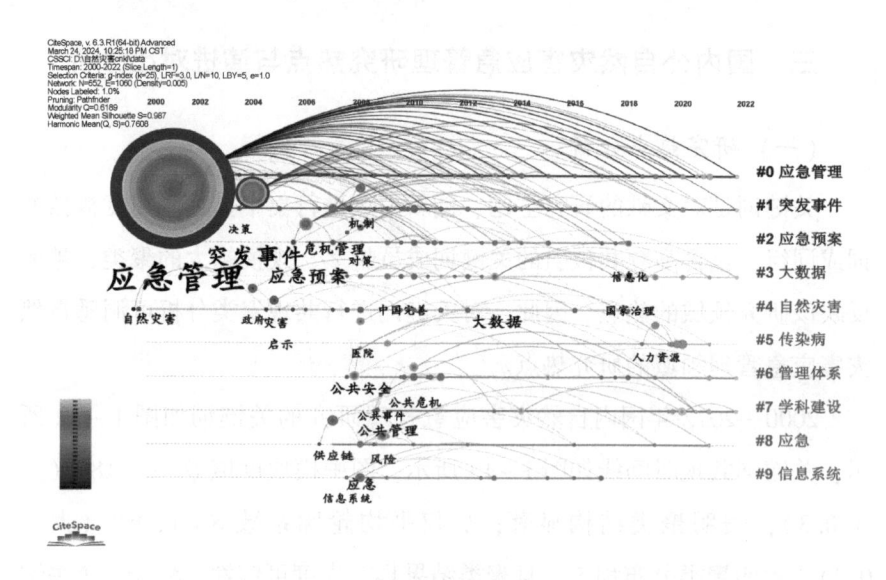

图 1-13　国内自然灾害应急管理关键词共现时间线图谱

（15 次）等，节点符号越大代表该关键词共被引频次越高。国内自然灾害应急管理研究的共现网络被划分成应急管理、突发事件、应急预案、大数据、自然灾害等 9 个聚类，聚类规模从#0 至#9 依次递减，规模越大表明该聚类领域越重要。各个聚类被引时间从左到右表示由远及近，起止不一的线（粗线）反映该聚类起止的时间跨度，纵横复杂交错的连接线（细线）表明各个关键词与其他聚类中的关键词彼此有关联，产生了共被引记录。如最大聚类（#0 应急管理）主要包含事故灾害、城市灾害、机制构建、应急救援等多个关键词，该聚类中最大且对应共被引频次最高的关键词"应急管理"（876 次），几乎与本聚类及其他聚类中的关键词都产生连接的共被引细线。

2000—2022 年的国外自然灾害应急管理研究的关键词如图 1-14 所示，关键词共现时间线如图 1-15 所示。图中模块度值 $Q=0.367$（大于 0.3），表明聚类结构显著；加权平均轮廓系数 $S=0.7275$（大于 0.7），表明聚类分布均匀，且聚类结果具有高度可信性。将 501 个关键

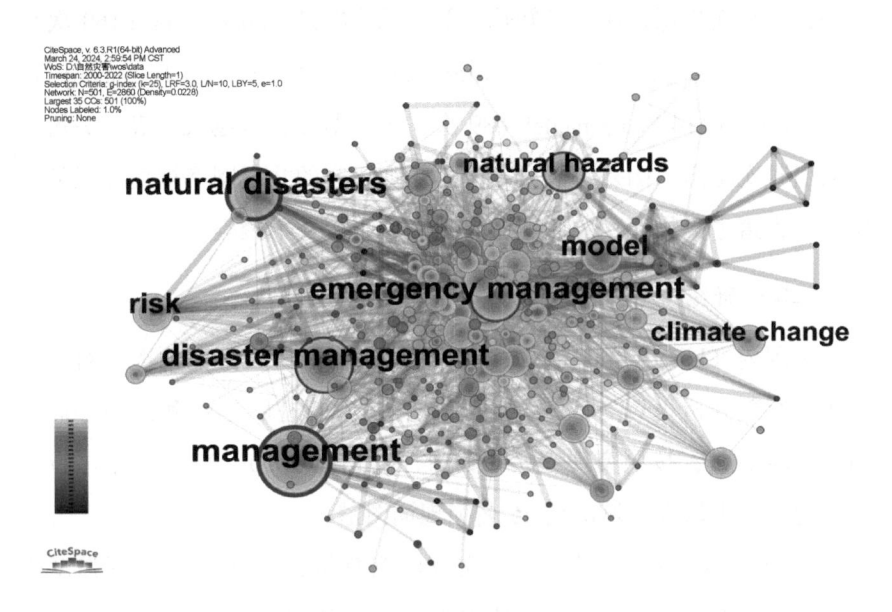

图 1-14　国外自然灾害应急管理关键词共现图谱

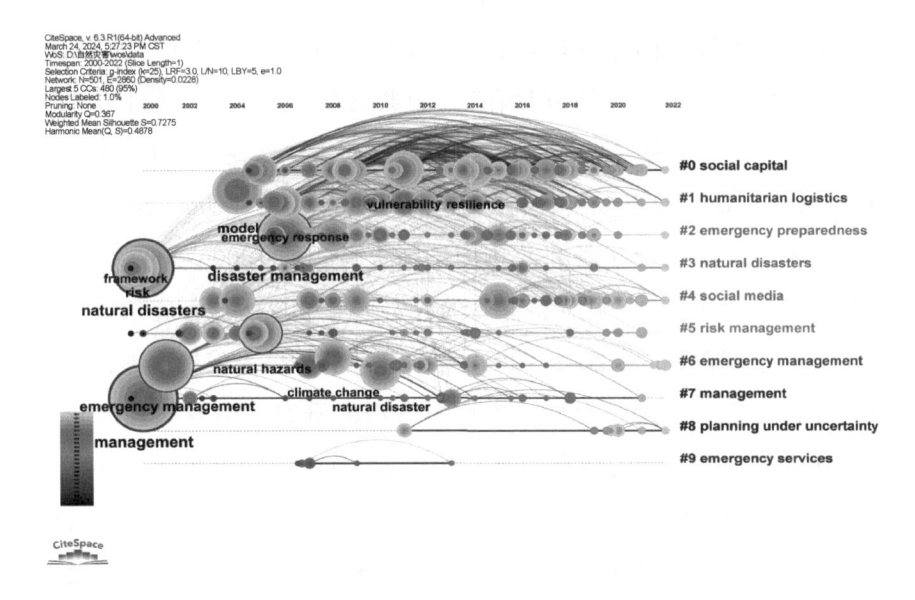

图 1-15　国外自然灾害应急管理关键词共现时间线图谱

· 31 ·

词按共现频次高低排序，可知热点关键词依次是 management（169 次）、natural disasters（144 次）、disaster management（115 次）、emergency management（114 次）、model（89 次）等，节点符号越大代表该关键词共被引频次越高。国外自然灾害应急管理研究的共现网络被划分成社会资本、人道主义物流、应急准备、自然灾害等 9 个聚类。

（二）研究演进分析

突现词（burst terms）是短期内突然出现频次较高的词汇，对关键词进行突现分析可以有效展示某一研究领域的进展趋势和前沿。通过 CiteSpace 软件，按照突现起始年份排序，得出 2000—2022 年中国自然灾害应急管理研究领域的前 25 名突现词图谱。

如图 1－16 所示，在 CNKI 文献的突现词图谱中，从突现强度来看，"突发事件"最大，其后依次为"疫情防控""新冠肺炎""大数据""机制""自然灾害"等关键词。这表明随着重大突发事件的发生，对于各类灾害的应急管理的研究是核心热点。从突现时间来看，"自然灾害""美国""地方政府""公共安全"持续时间最长；"疫情防控""新冠肺炎""传染病""学科建设""医院""人才培养"从 2020 年起成为热点，一直持续至今。综合来看，2000—2022 年来中国自然灾害应急管理研究的热度不断上升，如 2000—2007 年，主要侧重于对"灾害""自然灾害"的界定，对于自然灾害应急管理的研究还处于探索阶段；2008—2018 年，应急管理体系发展成熟，被纳入国家制度之中，对于自然灾害应急管理的研究逐渐成熟且涉及广泛，包含其与大数据的融合、地方政府应急管理治理等问题；2019 年至今，如何应对新的公共卫生突发事件，结合人工智能进一步完善应急管理体系，将应急管理纳入学科建设培养更多应急管理人才，进一步将应急管理加入国家治理新进程中，这些问题成为新的核心热点问题。

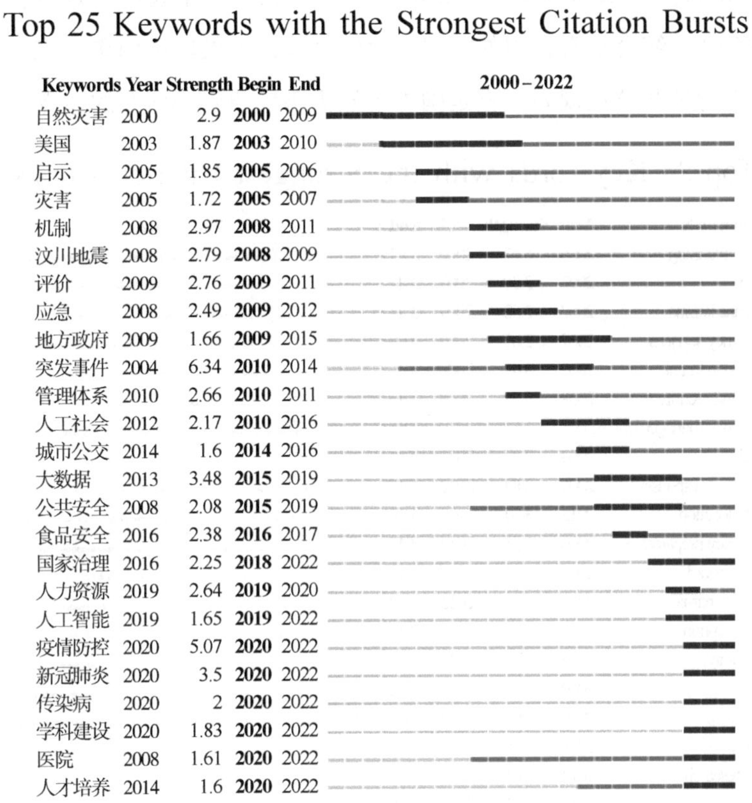

Top 25 Keywords with the Strongest Citation Bursts

Keywords	Year	Strength	Begin	End	2000-2022
自然灾害	2000	2.9	2000	2009	
美国	2003	1.87	2003	2010	
启示	2005	1.85	2005	2006	
灾害	2005	1.72	2005	2007	
机制	2008	2.97	2008	2011	
汶川地震	2008	2.79	2008	2009	
评价	2009	2.76	2009	2011	
应急	2008	2.49	2009	2012	
地方政府	2009	1.66	2009	2015	
突发事件	2004	6.34	2010	2014	
管理体系	2010	2.66	2010	2011	
人工社会	2012	2.17	2010	2016	
城市公交	2014	1.6	2014	2016	
大数据	2013	3.48	2015	2019	
公共安全	2008	2.08	2015	2019	
食品安全	2016	2.38	2016	2017	
国家治理	2016	2.25	2018	2022	
人力资源	2019	2.64	2019	2020	
人工智能	2019	1.65	2019	2022	
疫情防控	2020	5.07	2020	2022	
新冠肺炎	2020	3.5	2020	2022	
传染病	2020	2	2020	2022	
学科建设	2020	1.83	2020	2022	
医院	2008	1.61	2020	2022	
人才培养	2014	1.6	2020	2022	

图 1-16　国内自然灾害应急管理研究关键词突现词

如图 1-17 所示，在 WOS 文献的突现词中，从突现强度来看，"防灾规划（disaster planning）"最大，其后依次为"自然灾害（natural hazard）""应急管理（emergency management）""应急响应（emergency response）""突发事件（emergency）""降低灾害风险（disaster risk reduction）"等关键词。这表明，对于灾害的响应、防控和治理是国外自然灾害应急管理研究的热点。从突现时间来看，"防灾规划（disaster planning）""国土安全部（homeland security）""风险管理（risk management）"等持续时间最长；"降低灾害风险（disaster risk reduction）""推特（twitter）""灾害风险（disaster risk）"从 2020 年起成为热点，一直持续至今。综合来看，国外灾害应急管理体系发展较国内更为完善，灾害风险管理和防灾规划一直是国外自然灾害应急管理研究的热点问题。

Top 25 Keywords with the Strongest Citation Bursts

Keywords	Year	Strength	Begin	End	2000-2022
disaster planning	2006	5.17	2006	2017	
system	2007	3.58	2007	2011	
hurricane katrina	2007	2.62	2007	2011	
emergency services	2007	2.62	2007	2009	
risk management	2002	3.47	2008	2014	
homeland security	2008	3.37	2008	2015	
emergency management	2001	4.69	2010	2015	
model	2004	2.37	2010	2011	
emergency response	2006	3.84	2012	2015	
facility location	2013	3.04	2013	2014	
emergency preparedness	2006	2.35	2014	2017	
natural hazard	2005	4.7	2015	2016	
system dynamics	2015	2.66	2015	2017	
risk perception	2015	2.66	2015	2017	
uncertainty	2016	2.9	2016	2017	
disasters	2009	3.18	2017	2018	
support	2010	2.95	2017	2019	
logistics	2011	2.65	2017	2018	
or/ms research	2017	2.61	2017	2018	
imagery	2017	2.61	2017	2018	
experience	2018	2.47	2018	2020	
emergency	2005	3.69	2019	2020	
disaster risk reduction	2014	3.65	2020	2022	
twitter	2020	3.36	2020	2022	
disaster risk	2020	2.81	2020	2022	

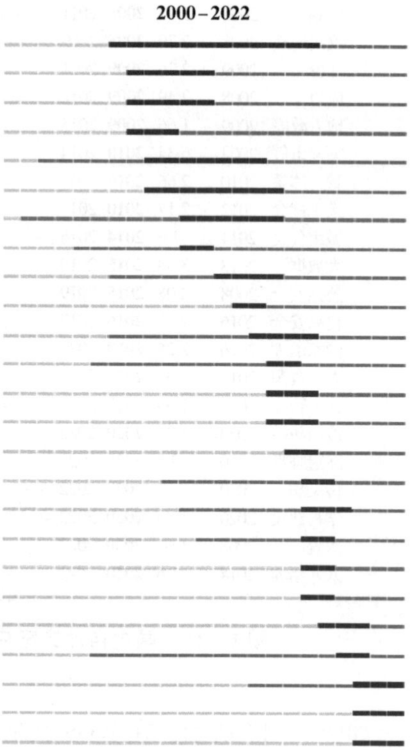

图 1-17 国外自然灾害应急管理研究关键词突现词

第三节 本书内容体系与研究方法

本书开篇两章为全书的研究基础，从实践层面和理论层面解读自然灾害应急管理研究的时代背景和理论渊源；第三至第七章为全书的主体部分，分别从"一案三制"的视角展开自然灾害应急管理理论研究及实践研究。纵观整个研究过程，注重对跨学科研究法、比较分析法、文献研究法、案例分析法、归纳法、演绎法、危机生命周期法等多种研究方法的借鉴和融合，从而丰富自然灾害应急管理的研究视角与研究内容。

一　内容体系

总体而言，自然灾害应急管理是一门跨学科、跨领域的综合类研究，既涉及灾害学、现代管理学、系统科学、法学、计算机科学等多门学科范畴，又涵盖政府、社会、公民等多个主体。本书立足于"理论之思"的基础和"现实之需"的背景，去探寻自然灾害应急管理的"实践之解"，基于"一案三制"的中国特色应急管理体系，以自然灾害为研究对象和切入视角，深入探讨自然灾害应急管理的体制、机制、法制及预案建设概况和发展路径，以期为新时代贯彻总体国家安全观、推动应急管理体系和能力现代化提供借鉴思考。

本书开篇第一章为导论部分，基于全球视角及中国视角，梳理自然灾害应急管理的实践历程及研究进展，揭示其形成的时代背景和研究基础，并结合中国特色社会主义新时代国情，探寻自然灾害应急管理的新方向及新路径。第二章为自然灾害应急管理一般理论部分，剖析了自然灾害的基本概况，并捋清了自然灾害、应急管理、自然灾害应急管理的基本概论及理论渊源。这两章遵循"理论研究与实践研究"相结合的思路，论述自然灾害应急管理研究的必要性、紧迫性和可行性，抽离出"一案三制"的中国特色应急管理体系，明晰"总体国家安全观""应急管理体系和应急能力现代化"的新要求、新目标，为后文奠定基础、明确逻辑主线。第三章至第六章按照"一案三制"的逻辑主线，分别从自然灾害应急管理体制、机制、法制和预案展开研究，在厘清其理论属性、演变历程的基础上，瞄准中国自然灾害应急管理特色发展方向，找准中国自然灾害应急管理实践新路径。其中，第三章为自然灾害应急管理体制部分，在对体制进行系统概述的基础上，深入探讨自然灾害应急管理体制演化、新时代自然灾害应急管理体制改革及展望、应急救援队伍建设等。第四章为自然灾害应急管理机制部分，围绕应急运行机制的主要环节，即预防与应急准备、监测与预警、应急处置与救援、恢复与重建等开展研究。第五章为自然灾害应急管理法制部分，在自然灾害应急管理法制概述及现状分析的基础上，进行自然灾害应急管理法制中外对比及展望探究。第六章为自然灾害应急预案部分，就自然灾害应急预案概述、自然灾害应急预案编制、自然灾害应急预案动态管理、国外自然灾害应急预案实践及启示进行梳理分析。第七章为中国自然灾害应急管理的发展趋势，就当前中国自然灾害应急管理实践面临的主要挑战、可能的解决方案和发展路径、对未来的展望等方面进行分析。

全书内容体系框架如图 1-18 所示。

二 研究方法

（一）跨学科研究法

跨学科研究法又名"交叉研究法"，即运用多学科的理论、方法和成果从整体上对研究对象进行系统研究的方法。如前所述，本书的研究视角和研究内容决定了自然灾害应急管理研究是一门跨学科的综合类研究，"内涵甚广"，既涉猎了灾害学的基本理论，又借鉴了现代管理学"政府、社会、公民"的博弈论视角，也运用了法学的诸多学问，还引入了计算机交叉学的模拟推演技术，更融合了系统科学多视角（主体）、多层面（一案三制）的复杂系统思想。

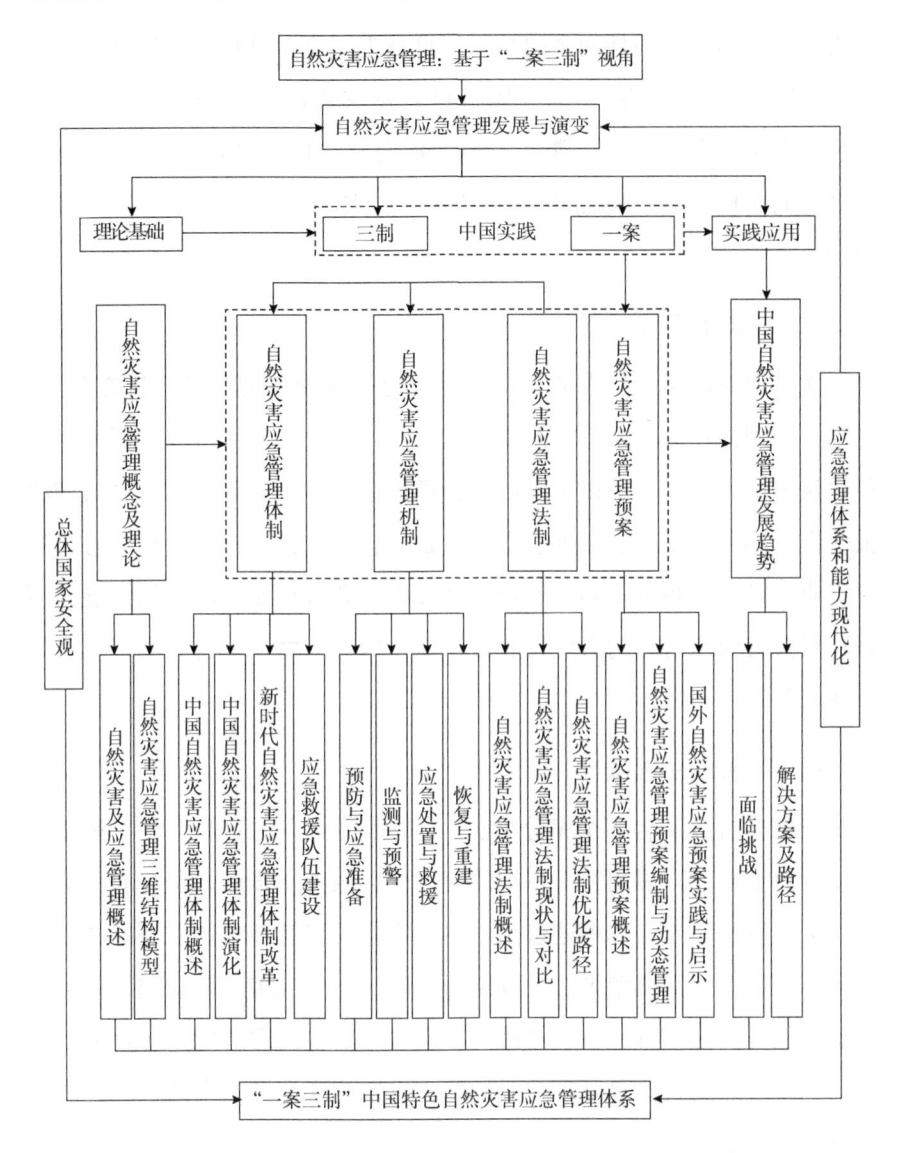

图 1-18 本书内容体系框架

（二）比较分析法

比较分析法又名"类比分析法"，是通过对比相同性质、相同范畴的事物，从而解读研究对象的一种手段。本书将"比较分析法"贯穿全文，基于国内、国外两个视角进行自然灾害应急管理横向维度的对比分析，明确"一案三制"的中国特色自然灾害应急管理体系，并重点聚焦国内不同发展阶段，遴选关键时间节点，进行自然灾害应急管理纵向维度的对比分析，从而拓展和丰富自然灾害应急管理体系的新时代内涵。

（三）文献研究法

文献研究法是一门古老且富有生命力的科学研究方法，旨在收集、鉴别、整理文献的基础上，开展文献的深入研究，从而形成对研究对象科学认识的方法。本书以文献研究为理论依据和行文起点，通过梳理相关著作、期刊、报告、标准、电子公告、官方数据资料等，形成对自然灾害应急管理的系统认知，厘清自然灾害应急管理研究的最新进展，明晰自然灾害应急管理的必要性和紧迫性，探寻新时代下自然灾害应急管理的新路径。

（四）案例分析法

案例分析法又名"个案分析法"，是根据研究内容和范畴，精选已发生的典型事件开展周密而仔细的探讨，以供下一步深入研究和借鉴之用。从区域范畴看，本书遴选全球自然灾害应急管理成效显著的国家和地区，对比提炼其典型做法，以期为中国的自然灾害应急管理工作提供借鉴；从时间范畴看，本书选择一些已发生的自然灾害应急管理典型案例，剖析自然灾害应急管理应对经验，以期为现在及未来的自然灾害应急管理工作引入新的思考。

（五）其他方法

除上述提到的四种主要研究方法外，在研究过程中始终秉持"理论联系实际"的思想，注重归纳法、演绎法、危机生命周期法等方法的借鉴和使用。归纳法即从特殊到一般，是从个别事实中概括出一般性的结论原理，实践是理论的本源，本书在收集相关素材、案例的基础上，开展"抽丝剥茧"的分析，从而总结出自然灾害科学应对规律和做法。演绎法即从一般到特殊，是以现有的反映客观规律的理论认识为依据，通过推导演绎，得出事物的未知部分或个别结论的思维方法，理论的价值在于指导实践，本书基于已有科学体系、理论、方法，开展中国自然灾害应急管理研究，以期为应急实践提供参考。危机生命周期理论是指危机因子从出现到结束的过程，可以划分为不同阶段，每个阶段有不同的生命特征，自然灾害本质上隶属于危机事件，在其生命周期里，其发生机制和影响效应是不断发展变化的，因而与之对应的管理方法和措施也有所不同。本书立足自然灾害实情，依据自然灾害的形成过程和属性特征，将自然灾害划分为灾前、灾中、灾后不同阶段，探寻不同阶段的自然灾害应急管理举措及覆盖三个阶段的全生命周期动态管理路径。

第四节 本书的主要观点

本书以自然灾害应急管理为主题展开研究，回顾了自然灾害应急管理的实践发展历程，在系统梳理自然灾害应急管理的一般理论的基础上，以"一案三制"为主线脉络，分别对自然灾害应急管理体制、机制、法制及预案展开研究，为推动新时代自然灾害应急管理发展与转型提供有力可行的新思路与新方案，研究得出以下主要观点。

第一，自然灾害应急管理的一般理论。"自然灾害"是人类依赖的自然界中所发生的异常现象，且对人类社会造成了危害的现象和事件。应急管理是突发事件事前、事发、事中、事后的全过程管理。自然灾害应急管理的相关理论可以根据霍尔三维结构的思路分为自然灾害应急管理的时间维相关理论、逻辑维相关理论与知识维相关理论。其中时间维相关理论包括自然灾害应急管理五阶段理论、生命周期全过程理论；逻辑维相关理论包括自然灾害应急全过程管理理论、自然灾害应急的综合行政管理"三维矩阵模式"；知识维相关理论包括自然灾害应急管理体系、自然灾害应急管理制度、自然灾害风险评估方法、自然灾害应急物资体系与管理方法、自然灾害应急管理问责理论、自然灾害应急能力综合评价方法等相关理论。

第二，自然灾害应急管理体制。中国的自然灾害应急管理体制以中国的政治制度和政府行政管理体制为基础，中央和地方政府间的权力配置属集权制，各级政府间的节制关系属层级制，政府部门及其内设机构设置属功能制，具有非常鲜明的中国特色。经过不断的发展与演变，中国的自然灾害应急管理体制在纵向关系上呈现可控性放权、横向关系上呈现多层次协调、内部关系上呈现规范性参与的特点，具有中国共产党全面集中统一领导的制度优势、以人为中心的公共安全治理理念优势、各机构统筹协调的组织架构优势，全面为中国人民的生命财产安全保驾护航。

第三，自然灾害应急管理机制。自然灾害应急管理机制涵盖了自然灾害事件事前、事发、事中和事后应对全过程中各种系统化、制度化、程序化、规范化和理论化的方法与措施。其实质是建立在自然灾害相关法律、法规和部门规章基础上的应急管理工作流程体系，反映出自然灾害管理系统中组织之间及其内部的相互作用关系。自然灾害应急管理机制包括预防与应急准备、监测与预警、应急处置与救援、恢复与重建等多个环节，这些环节在统一的管理框架下融会贯通、相互作用和相互影响，是"统一指挥、反应灵敏、协调有序、运转高效"的应急管理机制不可或缺的重要组成部分。

第四，自然灾害应急管理法制。自然灾害应急法制是一个国家危机管理制度的重要组成部分，指国家制定的有关防灾、减灾、救灾和灾后重建等法律规范和原则的总称，是政府及时处置自然灾害，保障人民群众生命、财产安全，保障经济发展，维护社会安定的重要依据和手段。概括而言，中国自然灾害应急管理法制主要经历了两个发展阶段：一是改革开放前的灾害法律体制萌芽期，受当时的国家体制影响；二是改革开放以来的灾害法制，强调保障人民的生命安全，逐步构建全方位、综合性的灾害管理体系。灾害应急作为灾害法的重要调整对象，在《破坏性地震应急条例》《核电厂核事故应急条例和处理规定》以及《突发公共卫生事件应急条例》等相应的灾害法中得到了体现。从政策实践看，目前中国的应急管理法律体系建设的目标应是通过若干年的努力，逐步形成"1+5"[①]应急管理法律框架体系。基于中国自然灾害应急法制管理现状，从目标与原则、完善法律体系、优化法律实施、强化法律监督、健全法律保障五个模块为建立起全过程自然灾害应急管理法律制度提出建议。

第五，自然灾害应急预案。针对突发型自然灾害，需要一个完备、科学、有效的应对方案，居安思危，有备无患，这就是应急预案。灾害应急预案是政府、非政府组织、企业、社区等组织管理与指挥协调防灾备灾和抗灾救灾工作的整体计划与程序规范。应急预案的制定和实施可有效地控制事态发展、降低灾害造成的危害和减少损失，已成为各级政府和企事业单位应急工作的重点任务。依据自然灾害的类型、发生地不同，其管理主体各异，自然灾害应急预案也存在不同层次、不同地域和单位以及针对不同自然灾害类型等的各种预案。在中国，目前已经基本形成了从中央到地方和基层单位、从总体到专项部门和特定灾害等由数十万部预案组成的自然灾害应急预案体系。而自然灾害应急预案从编制、发布、实施、演练到修订是一个动态管理的过程，在这一过程中预

[①] 1是指应急管理方面的综合性法律，5是指个方面的单行法律，包括安全生产法、消防法，以及自然灾害防治、应急救援组织、国家消防救援人员法方面的法律。

案经过了定期、全面的评估和修订。

　　第六，中国自然灾害应急管理的发展趋势。在中国当前的应急管理实践中，我们不能忽视各种现实挑战，比如应急管理体制的统一性和协调性有所欠缺，应急管理存在资源配置不合理、信息传递不畅的障碍，应急管理法制化、规范化的进程受到影响，现有的应急预案并不能满足所有情况的应对需求等。为了有效应对这些挑战，我们需要努力推动中国应急管理改革创新和发展，包括进行全面的应急管理体制的优化和调整，重视应急管理机制的创新和拓展，不断深化和完善法制建设，以及加强预案建设的科学化和标准化。展望未来，中国的自然灾害应急管理将倾向于预防主导策略，专注于完善应急体系。基层的灾害管理能力会因社会和公众参与而加强。科技将带动灾害预警、应对及恢复的创新，并促进应急设施现代化与资源优化配备以满足变动需求。长期灾后恢复研究将占据重要位置，以确保灾民实现持久发展。国际合作深化也将帮助我们学习全球最佳实践，共同应对自然灾害挑战。

第二章 自然灾害应急管理的核心概念及基本理论

从管理的基本要素看，自然灾害应急管理的管理客体为自然灾害，回答"管理什么"的问题；承担和实施应急措施的主体为管理主体，回答"谁来管理"的问题；另外，还需要根据管理主客体的特征回答"依据什么来管理"的问题。据此，本章将先概述自然灾害，再介绍应急管理的概念，最后整理自然灾害应急管理的主要理论，系统回答自然灾害应急管理是"管理什么""谁来管理""依据什么来管理"等问题。

第一节 自然灾害概述

"自然灾害"是人类依赖的自然界中所发生的异常现象，且对人类社会造成了危害的现象和事件。因此，如何从科学的角度来理解自然灾害的发生和发展以及如何减少自然灾害的影响，已经是当今世界各国普遍关注的问题。本节在阐述自然灾害的含义、成因及其分类的基础上，梳理了自然灾害的特点、形成及其作用机理。

一 自然灾害的含义、成因及分类

(一) 自然灾害的含义与成因

灾害一般是对人类生命财产安全产生的威胁，对人类生存环境和人类社会产生严重后果的事件。从灾害学的观点来看，灾情是由地表孕灾环境、致灾因子和承灾体共同影响的结果。

从人类的发展历程来看，灾难的成因有两种，一种是由于自然的变化，另一种是人类行为对自然造成的影响。自然界是在不断变化的，太阳对地球辐射能的变化、地球运动状态的改变、地球各圈层物质的运动和变异，以及人类和生物的活动等因素，时常能破坏人类生存的和谐条件，导致自然灾害发生。人们通常把以自然变异为主因并表现为自然态的灾害称为自然灾害，如火山喷发、海啸等；而将受人类作用产生的灾害称为人为灾害，如人为纵火、交通事故、内乱、战争等。同时，也把由人为因素导致的表现为自然资源与环境成灾的灾害（"人为—自然灾害"）归为自然灾害，如某些森林火灾和地质灾害。

一方面，人类赖以生存的地球表层，包括岩石圈、水圈、气圈和生物圈，不仅受到地球自身运动和变化的影响，而且也直接受太阳和其他天体的作用与影响，人类就是在不断地取之于自然又受制于自然的条件下生存和发展的。地球上的自然变异无时无刻不在发生，我们可以把引发自然灾害的各种自然变异归纳为以下几个类别。一是大气圈异常，导致气象灾害、洪水灾害；二是水圈异常，导致海洋灾害、海岸带灾害；三是生物圈变异，引起农、林病虫草鼠害；四是地壳浅层及深层变异。空间视角上这些圈层的自然变异及其引发的自然灾害见表2–1。

表2-1　　　　　　　　自然灾害在地球圈层的分布

灾害发生圈层	主要灾害
大气层、陆地表层及生物圈	雨、雪、雹、风、热、冷冻、雷电、沙尘暴等气象灾害
	干旱灾害、洪水灾害
	农业种植养殖业病、虫、鼠害；森林火灾；生物变异；外来有害生物入侵等农业和生物灾害
海洋（水圈）	风暴潮、灾害性海浪、海冰、海啸、赤潮等海洋灾害
地壳浅层	山洪、滑坡、泥石流等地质灾害
地壳深层	地震、火山（地壳深层至地幔）灾害

资料来源：张乃平、夏东海编著：《自然灾害应急管理》，中国经济出版社2009年版。

另一方面，人类的各种开发性活动特别是对自然环境的破坏性活动，不可避免地会对自然界造成影响，有时会打破原有的平衡状态或者引起自然变异，进而引发自然灾害。如气候变暖的主因基本上可归为人类经济活动中二氧化碳等废弃物的大量排放，有些洪水灾害、地质灾害的发生及灾情扩大与上游滥伐森林、破坏植被、不当开垦所导致的水土流失，以及围湖造田、霸占河道、与水争地所导致的河道堵塞等也有密切关系。这也印证了古人"人祸诱发天灾"的说法。

关于自然灾害概念的界定，联合国通用解释为某种灾害对人类社会经济造成影响。中国《自然灾害分类与代码》国家标准（GB/T 28921—2012）则进一步将自然灾害表征为由自然因素造成的人类生命、财产、社会功能和生态环境等损害的事件或现象。自然灾害作为当今世界面临的重大问题之一，严重影响经济、社会的可持续发展，并威胁人类基本生存。

学术界从不同的学科视角和研究维度对自然灾害进行了概念界定，即自然界运动在与社会联系后所产生的不良结果，导致人类受到迫害。

在梳理现有自然灾害定义的基础上，相关学者提出所谓自然灾害是由于某件自然事件或某个力量引起的自然灾变对人类社会造成伤害的现象和过程。正确认识这些灾害的发生、发展并尽可能降低它们所造成的危害，已成为国际社会问题。

（二）自然灾害的分类

自然灾害的分类是一个复杂的问题，从不同的角度和不同目的出发，可以对自然灾害进行以下分类。

1. 按照主因分类

在自然灾害的发生过程中，"天灾"和"人祸"互为因果，交叉出现。通常把以自然变异为主因的自然灾害称为"自然—人为灾害"，如太阳活动峰年发生的人类生存生活大环境的灾变；而把以人为因素为主因的自然灾害称为"人为—自然灾害"，如过度采伐森林引起的水土流失，过度开采地下水引起的地面沉陷等。

2. 按照统计管理口径分类

中华人民共和国国家科学技术委员会（以下简称"国家科委"）、中华人民共和国国家计划委员会（以下简称"国家计委"）、国家经济贸易委员会（以下简称"国家经贸委"）基于中国自然灾害现状以及各类自然灾害形成原因，按照统计管理口径进行分类而形成的自然灾害类型为七大类。该分类方式后被科研工作者和政府管理部门广泛沿用。自然灾害类型及特点见表2-2。

表2-2　　　　　　　　自然灾害类型及特点

灾害类型	含义	特点
气象灾害	由气象因素引起的灾害，即由于气候和天气导致的自然灾害，可分为天气、气候灾害和气象次生、衍生灾害	种类多、范围广、频率高、持续时间长、群发性突出、灾情重

续表

灾害类型	含义	特点
海洋灾害	海水发生剧烈异变而引起的涉及海洋内部与其周围环境的灾害,如海啸、赤潮等	种类多、分布广、频率高、破坏性大
洪水灾害	一般是由降雨、融雪、冰凌、风暴潮等引起的洪流和积水造成的灾害,包括洪水灾害和渍涝灾害	种类多、范围广、频率高、损失重
地质灾害	地球表层地形运动和其他地理作用造成的灾害,主要包括崩塌(土崩、岩崩、山崩、岸崩)、滑坡灾害、泥石流(泥流、泥石流、水石流)灾害、地面沉降	种类多、分布广、危害大
地震灾害	由地震引起的强烈地面振动及伴生的地面裂缝和变形,造成人员伤亡、财产损失、环境和社会功能的破坏	突发性强、破坏性大、持续时间长、次生灾害重
农作物生物灾害	一类严重破坏农业的自然灾害,包括外来生物物种入侵,具体是指因农业病菌、虫害、杂草、害草、鼠害等有害生物而暴发的灾害	突发性强、隐蔽性高、扩散性快
森林生物灾害和森林火灾	有害生物暴发流行、森林大火及其他危害森林或林木的因素造成的森林和林木损失的灾害,具体包括森林病虫害、鼠害等	发生面广、破坏性大

2012年10月12日,国家质量监督检验检疫总局和国家标准化管理委员会共同发布了由民政部国家减灾中心牵头起草的《自然灾害分类与代码》国家标准(GB/T 28921—2012),将自然灾害分为气象水文灾害、地质地震灾害、海洋灾害、生物灾害和生态环境灾害五大类39种自然灾害,即在原来七大类的基础上,将地质灾害和地震灾害归纳为地质地震灾害,将气象灾害和洪涝灾害归纳为气象水文灾害,将农作物生物灾害、森林生物灾害和森林火灾归纳为生物灾害,保留了海洋灾害,增加了生态环境灾害。

3. 按照成灾过程分类

凡是出人意料、突然发生、给人们甚至整个社会带来灾害性后果的灾害，都是突发性灾害或突发事件。自然灾害形成的过程有长有短，有缓有急，因而自然灾害又可分为突发性自然灾害和缓发性自然灾害。

(1) 突发性自然灾害

从政府应急管理的角度，本书中提及的自然灾害指突发性的自然灾害。突发性自然灾害具有以下特点。一是突发性。突然爆发，猝不及防，是指当某种灾害短时间内强度很大时所造成的影响，如火山爆发、地震、海啸、山体或地面崩塌等。此外，某些比较容易形成并且结束时较为明显的灾害，如干旱和森林病虫害等，也属于该类自然灾害。这种灾害会对社会造成震动甚至激变。例如1976年7月唐山地震在短短30秒时间内造成了24.2万人死亡、16万人重伤。二是破坏性。使人们难以预料，带来人员伤亡、财产损失，后果严重、难以承受、不可逆转，甚至造成社会机体暂时失控、社会动荡，引发社会安全问题。三是复杂性。成因复杂，有时一灾多因，有时一因多灾。

(2) 缓发性自然灾害

自然灾害是在致灾因素长期发展的情况下逐渐显现成灾的，被称为缓发性自然灾害。缓发性自然灾害也称渐变性或潜在性自然灾害，其特点是缓慢发生，逐渐成灾，影响广泛，持续时间长，具有隐蔽性，如不及时防治，同样可以造成巨大损失，如部分旱灾、土地沙漠化等。此类灾害需要经过长时间的演变才能形成。如1968—1985年的非洲持续干旱，36个国家受灾，死亡200余万人。

4. 按照灾害先后作用分类

(1) 原生灾害

原生灾害即在灾害链中第一个起作用的灾害，又名原发灾害或称始发和直接灾害，如火山爆发、地震灾害。

（2）次生灾害

由原生灾害所诱发的灾害则称为次生灾害，如火山或地震爆发后引起的森林火灾、城市火灾等。

（3）衍生灾害

衍生灾害即在灾害发生之后间接产生的其他类型的自然灾害，如火山爆发和森林火灾发生后对天气趋势和气候等人们生存环境的影响，以及对社会经济发展造成的间接损失。

5. 按照灾情的大小分类

灾情的大小，可以用"灾度"来衡量。灾度是用来评估自然灾害本身造成的社会损失的度量标准。灾度第一表现为人员的死伤数量；第二表现为社会经济损失的折算金额。按照灾情的大小一般可把自然灾害分为巨、大、中、小、微五个灾度。与灾情大小有关的还有一种分类，即在灾情基础上结合灾害的性质、现实和潜在影响，把自然灾害分为特别重大（简称"特大"）、重大、较大和一般四种自然灾害。按灾情大小进行的分类又叫分级，目前中国根据灾情大小对包括自然灾害在内的各种突发灾害分类正是采用这种方式。

6. 其他分类

自然灾害的分类还有一些其他的方式方法，如按照发生和波及的地点地域分类、按照成因分类等。按照发生和波及的地点地域，可将自然灾害分为陆上灾害、水上灾害、空中灾害、城市灾害和非城市灾害等。学术研究多将灾害成因作为自然灾害的分类标准。考虑到自然灾害特点和灾害管理及减灾系统的不同，将自然灾害分为七类，这也是上述提到的国家科委、国家计委、国家经贸委的分类方案的前身（马宗晋，1990）。按成因可将灾害分为地质灾害、气象灾害、环境污染灾害、火灾、海洋灾害、生物灾害 6 类，又按不同表现方式细分为 44 个种类

(彭珂珊，2000）。在国家七大类分类法的基础上，将地震、洪水这两种在中国多发且影响较深刻的灾害分别从地质灾害、气象灾害中分离出来，使其成为两个独立的灾害种类（沈金瑞，2008）。还有部分学者按照其他的分类标准对自然灾害进行了分类，如根据灾害波及范围分类、根据灾害持续时间的长短分类、根据灾害发生的先后关系分类、根据地貌类型分类、根据灾害形成和结束速度分类、根据灾害空间分布分类、根据灾害成因和灾害管理现状分类等。

二 自然灾害的特点

一般而言，自然灾害的特点表现为存在发生的必然性，在时间和空间上具有普遍性；种类繁多，影响广；既有突发性，也有渐发性；存在随机性和不规则的周期性；具有群发性与链发性；也有一定的预防性和可控性；等等。

（一）自然灾害的必然性与普遍性

自然灾害是一种与人类共存的、必然的、不可避免的自然现象。其主要由自然灾变引起。它是伴随地球的存在而常有的自然现象，对于人类社会而言是约束和危害人类生存和经济发展的重要因素之一。在自然灾害频发地区会严重影响当地人民的生存与发展，严重地区更会造成人员伤亡，从而拉大了地区之间的贫富差距，阻碍了地区的社会经济发展。自然灾害是造成贫困和阻碍社会经济发展的主要原因之一。这些自然灾害不但在空间上日益趋于普遍化，而且在时间上也日渐普遍。时间上的普遍化，形成了无年无灾的现象。但在自然灾害普遍性的基础上存在分布不均的情况，甚至在部分地区出现极端现象，如小范围内大量的受灾损失占全体的绝大部分，有些时段受灾损失也可能占据某特定灾害期总时段损失的大部分。空间上的普遍化导致灾害发生有逐渐扩大的趋势。

(二) 自然灾害的多样性与影响的复杂性

自然灾害的种类繁多,包括地震、台风、洪水、干旱、火山爆发、滑坡、海啸等。每种灾害都有其独特的成因,如地球内部运动导致的地震,气候变化引发的台风和洪水,以及板块运动触发的火山爆发等。同时,某一类型的灾害可能会引发另一类型的灾害,如地震可能导致海啸和滑坡,火山爆发可能引发大规模的火灾等。这种连锁反应加剧了自然灾害的复杂性。

而当自然灾害发生时,其负面影响制约着人类的生存环境和经济发展,在造成人员损伤的同时会严重制约地区灾后重建和发展。自然灾害的负面影响主要体现在对人类生命、财产的威胁,以及对社会经济、环境的破坏。灾害发生时,可能造成大量伤亡,同时对基础设施、住房、农业、工业等领域造成巨大损失,影响一个地区乃至全国的经济发展。此外,自然灾害还可能引发环境问题,如水土流失、污染等,影响生态平衡,甚至对人类的健康构成威胁。

(三) 自然灾害的随机性和韵律性

自然灾害是在多种条件的作用下形成的,它同时受到地球自身和地球外的宇宙条件的影响,从而造成了自然灾害的不确定性,即自然灾害发生的时间、地点等信息极不稳定,是多种条件作用下的随机事件,难以预测。

自然灾害的随机性并不能掩盖自然灾害的另一特点,即韵律性。自然灾害的发生具有一定的韵律性,如在地震方面可分地震期和平静期,在气温方面可分高温期和低温期,在植物病虫害方面也有暴发期和平静期,在降雨方面可分多雨期(或称雨期、雨季)和少雨期(或称旱期)。随着人类对自然认识水平的提高,人们发现自然灾害具有随机性的同时,也存在韵律周期(尽管自然灾害的这种周期及发生强度具有不规则性)。在自然灾害发生、演变和结束时也存在某些特定的规律，大大帮助了人们认识灾害、预防灾害。自然灾害的周期性是由地区运动和天体运动共同影响的，复杂而又不规则，充分认识其中的规律对于解释灾害成因和灾害预报具有重要意义。在防灾减灾实践中，人们往往通过对火山、地震、海洋气候变化、特大水旱等发生的历史资料的统计分析和各种致灾因素的研究，较早地做出一定的判断和抗灾准备。

(四) 自然灾害的突发性与渐变性

地球及其表面的物质和环境是以渐变和突变两种方式交替进行的，因此自然灾害也有突发性与渐变性。二者的主要区别在于形成灾害的时间长短问题。突发性是在能量积聚后，在峰值处突然破裂，然后一发不可收地爆发出来，一般而言虽然其强度较大、破坏性严重，但持续时间较短。如地震、暴雨、风暴潮、热带风暴、泥石流等。渐变性自然灾害则相反，其危害是慢慢显现的，如旱灾、病虫害等，需要经过时间的积累才能发现其严重性。但是，有些渐变性自然灾害发展到一定程度后也可能引起灾害程度的突然增强，从而形成或引起新的突发性自然灾害。

(五) 自然灾害的群发性和链发性

自然灾害的发生往往不是单独存在的，它们常常会在某一时间段或某一地区相对集中地出现，并且存在短时间内接连发生的现象，被称为灾害的时空群发性或链发性。重大自然灾害在几十年或一二百年连续发生，被称为自然灾害群发期。在自然灾害群发期中，还有一二十年内灾害相对集中发生的时段，被称为灾害群发幕；在群发幕内还有两三年内集中的灾害群发，被称为群发节；几个月内的灾害群发，被称为群发丛。从中国和世界许多地区的历史记载中可以发现，某些重大灾害往往在几十年或一两百年内连续发生，间隔数百年或千年之后又出现一段重灾连发的时段，这也是韵律性和周期性的一种表现。此外，自然灾害的发生存在空间上的群发性，即在一定空间范围内出现的灾害群发现象。

许多自然灾害都有群发性并有灾害链。其中的一些大范围高强度灾害更会诱发各类次生、衍生灾害，如暴雨引发洪涝、泥石流、山体滑坡；干旱引发动植物死亡等。2011 年 3 月 11 日，日本东北部近海发生 9.0 级地震，引发了 20 余米高的海啸，造成多处火灾、爆炸和地质灾害等次生灾害。灾害的严重性、叠加性和复杂性罕见。截至 2020 年 3 月 1 日，共有 15899 人在这场地震中遇难，此外，仍有 2529 人处于失踪状态。这次地震引发的灾害链是造成人员伤亡和财产损失的重要原因。同时对日本国民经济造成了极大的冲击，各类产业被迫停业。而间接引发的核电站破坏更是让日本的电力受到严重影响，给人民生命财产安全都造成了极大的创伤。后续更是存在许多未解决的隐患，因核泄漏问题影响将远远超过当前的统计。

（六）一定程度的可预防性和可控制性

自然灾害是相关孕灾环境、致灾因子、承灾体综合作用的产物，是由于自然变异所导致的灾难性事件，自然灾害的发生是必然且不可避免的，存在随机性和发生周期的不规则性等特点，这些特性也被称为自然灾害的自然属性。但是，自然灾害与人类活动事实上是相互制约影响的，即自然灾害也有社会属性，人类可以采取积极的态度和正确的方法措施进行一定程度的预防和控制，这些方法措施包括大力开展自然灾害的发生机理、规律及防灾、减灾和抗灾对策研究；加强灾害常态管理和应急管理；不断扩大自然灾害的观测场地，如深入地下、海域、进入空间（遥感）；开发和应用灾害预测、预警和管理技术；加强防灾工程建设，制定减灾法律法规，加强减灾宣传教育等。历史实践和经验证明，尽管自然灾害是无法避免的，并且目前有增多的趋势，但提升我们自身的抗灾能力，加强自身面对自然灾害的应急处置，是有效减少伤亡和损失的重要突破口。

三 自然灾害风险的形成及作用机理

（一）自然灾害风险的形成机理

自然灾害系统属于地球复杂巨系统的一部分，涉及地球上自然灾害产生的原因和演化规律。自然灾害的产生不仅和地球的整体运动以及太阳活动有密切关系，还涉及生态圈层中的物质变化。同时，自然灾害受到人口资源、生态环境、社会经济环境等诸多因素的影响。在地球系统和社会系统的共同作用下，地球复杂巨系统中逐渐演化出自然灾害系统。自然灾害的产生势必会有致灾因子，灾害演化和发展离不开孕灾环境，承灾体一般为区域或者城市。通俗来说，自然灾害风险的形成机制是一个人类社会与自然环境相互作用的机理，即人类社会（承灾体）影响孕灾环境，而孕灾环境通过致灾因子影响承灾体的相互过程。

1. 致灾因子

根据历史自然灾害灾情统计情况，地震、泥石流、山体滑坡、雷暴天气、台风等是常见的致灾因子。将致灾因子的属性细化可分成三种不同的类型，其一，大气圈和地球水圈产生变化出现的致灾因子，比如台风、雷暴天气和海啸等都属于这一种类；其二，岩石圈环境发生改变产生的致灾因子，比如地震、泥石流等；其三，生物圈环境出现改变产生的致灾因子，比如瘟疫和虫害等。自然致灾因子的变异频率越高、变异强度越大，致灾因子的危险性越高。

2. 孕灾环境

孕灾环境是指孕育自然灾害的自然环境。自然灾害的变化趋势和

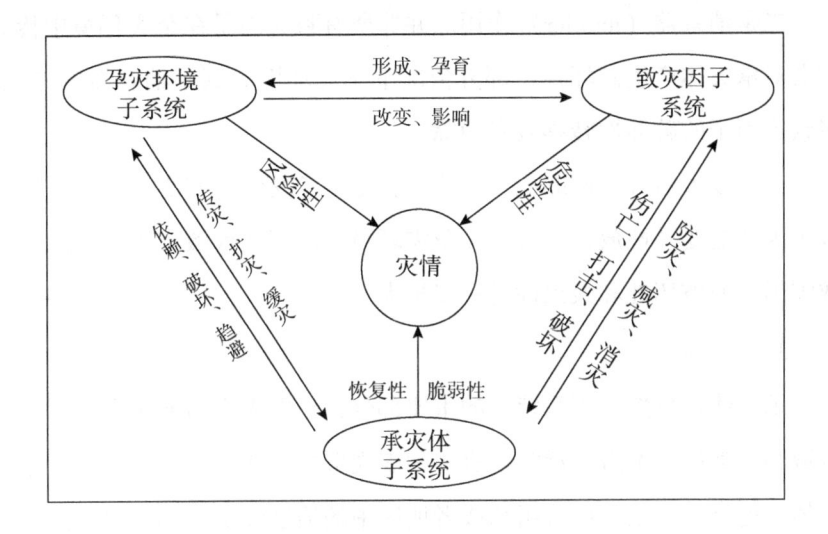

图 2-1　自然灾害风险的形成机理

资料来源：唐桂娟、王绍玉：《城市自然灾害应急能力综合评价研究》，上海财经大学出版社 2011 年版。

地球环境变化有内在关系。比如温室效应越明显越会导致地球巨系统产生复杂变化，进而出现更多致灾因子，也会形成很多孕灾环境。比如海平面持续上升，很多沿海地区就会频繁出现洪涝灾害；冰川融化，冻土状态发生改变，这些区域就很容易出现超出常态的泥石流和滑坡等灾害。从环境演变的视角分析灾害变化规律得出，频繁出现自然灾害的地区，区域的空间分布情况、自然灾害发生的强度也会随之发生变化。

对自然灾害系统中的致灾因子以及孕灾环境之间的关系展开分析会发现，后者对前者有以下三方面影响。

一是传导体（conductive medium）作用。在自然灾害系统中，孕灾环境作为中间载体，是将致灾因子传导给承灾体的中介，对承灾体起传导破坏的作用。

二是消音器（muffler）作用。并非所有致灾因子在孕灾环境中传导都会对承灾体产生破坏性，部分情况下孕灾环境起到了消音器的作用，将致灾因子的破坏性转移或者消除。

三是放大器（amplifier）作用。孕灾环境发生改变之后，有可能将致灾因子的变异性放大，甚至在孕灾环境下出现次代致灾因子，从而将致灾因子的破坏性和毁灭性进一步扩大。

3. 承灾体

承灾体是自然灾害系统中的重要部分，一般来说指的是人类居住的区域和人类社会本身。承灾体有多种表现形式，比如某个个体或者某个群体，也可以是某些经济组织或者地区中的活性经济活动。自然灾害的危害大小和承灾体的脆弱性有关，如果承灾体对某项自然灾害表现出很高的脆弱性，那么这种自然灾害发生，并且破坏性作用在承灾体上之后会产生非常大的损失，表现出的自然灾害严重程度就会越大。相反，承灾体具备越高的抗风险能力，自然灾害发生在承灾体上产生的损失越小，所发生灾情的影响程度也会越小。例如，在致灾因子和孕灾环境条件相同的前提下，灾害的严重程度与发生灾害区域中承灾体自身的多样性和复杂性密切相关，会影响灾害中的损失以及灾后恢复情况。

（二）自然灾害风险作用机理

自然灾害风险是致灾因子、孕灾环境和承灾体共同作用形成的，其涉及区域人口、生态环境、安全保障工程等多方面因素。一方面，如果承灾体遭到了致灾因子的破坏，那么承受破坏的承灾体会通过其复杂性关联其他的子系统；另一方面，自然灾害风险的产生并非单一致灾因子导致的，多数自然灾害的出现都是复杂致灾因子影响的结果。正因自然灾害风险的复杂性，有必要厘清其作用机理，以更好指导自然灾害应急管理实践。

1. 多米诺骨牌模型自然灾害风险演化机理

如果使用多米诺骨牌模型阐述自然灾害风险的变化规律，那么第一个骨牌就是致灾因子。因为不同的骨牌之间虽然表面独立，实则相互联系，因此致灾因子出现之后会通过各子系统之间的关联产生连锁反应。骨牌之间的距离越大，说明致灾因子子系统之间的关联程度越弱，前一个致灾因子的出现对后一个致灾因子的影响力越低，如图2-2所示。其中，$R12$、$R23$、$R34$ 表示的都是不同骨牌之间的距离，并且满足 $R12 < R23 < R34$ 的条件，这说明在不同的子系统关系中，关联程度从强到弱发生变化。在多米诺骨牌模型中，骨牌是否会持续倒下有两个条件，一个是骨牌之间的距离，另一个是骨牌传递过程中的能量高低。因此，后一个骨牌是否会倒下取决于其他相邻骨牌可传递的能量大小。

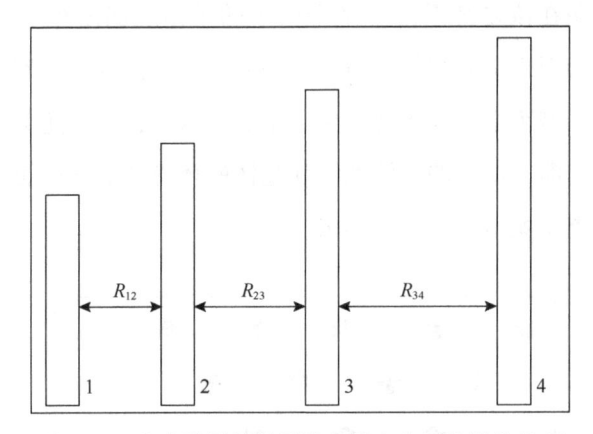

图2-2 多米诺骨牌模型的自然灾害风险演化机理

资料来源：唐桂娟、王绍玉：《城市自然灾害应急能力综合评价研究》，上海财经大学出版社2011年版。

在自然灾害风险系统中，骨牌之间的能量传递实际上就是不同子系统中致灾因子的演化过程，即此骨牌为上一个倒塌的骨牌的致灾接收者，也成为下一个骨牌可能倒塌的致灾源。比如在地震这个致灾因子中，地震往往会引发其他伴生灾害，比如洪水、海啸等。但并非说地震一定会产生伴生灾害,致灾因子是否会出现次生灾害有严格的条件,也就是说,地震这个致灾因子要想产生后面连续的骨牌效应需要满足距离和能量两个条件。如果相邻骨牌之间的距离小,前一个骨牌产生了较大的传递能量,那么后一个骨牌很可能出现连锁反应。这种现象在自然灾害系统中表现为次生灾害的出现。

2. 倒金字塔模型自然灾害风险演化机理

自然灾害风险的演化机理可以通过倒金字塔模型(如图2-3所示)解释,这种模型有以下含义。如果下层有破坏小的子系统发生环境改变,出现了崩溃现象,那么该系统的脆性会以最下层为突破口从下到上逐渐发生改变,即刚开始最下层的子系统崩溃,之后会引发上一层更多的子系统崩溃。倒金字塔模型不仅仅说明了自然灾害风险系统的演化顺序,还表明在该复杂系统中某个微小的子系统崩溃很可能造成上一层、上上层乃至整个系统的崩溃。比如在城市中,城市遭到了某个致灾因子的破坏,城市中的建筑物产生了不稳定状态,那么随着这个最下层的子系统的崩溃,城市的经济系统和整体的环境系统都可能出现连锁反应,进而使整个城市产生巨大损失。

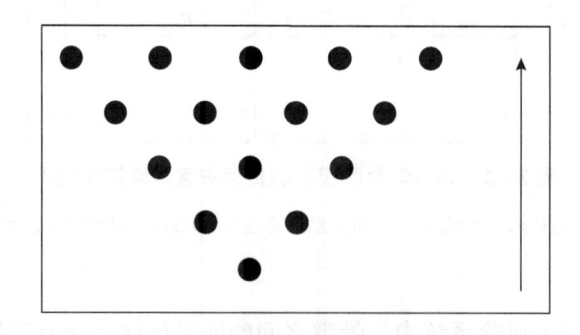

图2-3 倒金字塔形自然灾害风险演化

资料来源:唐桂娟、王绍玉:《城市自然灾害应急能力综合评价研究》,上海财经大学出版社2011年版。

第二节 应急管理概述

本节着眼于应急管理一般性理论概述，阐明应急管理是突发事件事前、事发、事中、事后的全过程管理，同时从应急管理与社会变革、应急管理与治理转型、应急管理政策体系、应急管理运行机制等四个方面进行介绍，基本了解应急管理的基本内涵。在此基础上，分析应急管理与风险管理、危机管理的耦合与联系，同时阐述有关自然灾害应急管理的一般性理论与特征。

一 应急管理内涵与研究尺度

（一）应急管理的基本内涵

应急管理是为应对严重事故和灾害过程及有关事件所提出的管理观念。应急管理，是指在对突发事件的事前防范、事件处理、事中处置和善后修复的一体化进程中，由当地政府与其他公共部门共同牵头，形成必要的处理体制机制，并采取各种必要的手段方法，通过科技、规范、社会服务和管理等措施来维护人民群众的人身和财物安全，同时促进社会和谐发展的关联活动。

应急管理作为一门新兴学科，学术界一直有着较为广泛的讨论，但目前并没有普遍被接受的定义。罗森塔尔等（2004）提出了一种极具标志性的看法，他指出，重大事件或应急事件，是指"对整个社会体系的基础价值理念和行为框架构成重大危险而且需要在极端时期压力和不确定性的条件下作出重要决定的重大事件"。陈安等（2008）认为应急管理主要是指灾害的缓解、准备、响应和恢复。实际上，应急管理是在突发事件发生前、发生中及发生后整个周期内，运用科学的方法进行预防、预警、处置和善后等管理活动。政府为了处理应急管理中危及公共利益的灾难和危机，应当整合资源，预防危机的出现，减少危机带来的损害，进行有效的处理，以期保障公共利益。

在中国，应急管理实践主要可总结为"一案三制"。"一案"即应急预案，是指针对突发事件的状况及其可能出现的情形，预先提出处理预案与方法。紧急预案分为各级各地人民政府的总预案、政府部门预案和事故灾难等专门预案，包括重大社会活动的基层单位预案和项目预案。"三制"是指国家应急事务的管理体系、运行机制和法律法规。

（二）应急管理与社会变革

从20世纪60年代后期开始，组织思想发生了重要变化，把大环境变化作为理解组织动态变化的重要因素。作为一个整体技术，应急管理系统的重要作用是提供了有效应对外部环境变化的机制化手段。

从更广泛的角度看，中国经济社会发展进程的不确定性主要是由于社会变革的快节奏。贝克曾经用"压缩饼干"的理论来形容这个过程——在20—30年内完成西方在过去200—300年经历的变革过程（乌尔里希贝克，2008）。从实质上来说，中国应急管理工作涵盖的各类突发事件都是经济社会结构迅速变革风险的反映。这主要涉及两种风险类型。其一是现代性风险，即风险社会。Giddens（2000）对风险社会理论进行了更详细的描述。现代性的最大风险，是基于资本主义逻辑的"剥极则复"。这表现为现代科学技术与制度发展中的悖论和自我危害。其二是现代化或社会转型的风险。Huntington也有研究表明，在旧制度松动、新制度不完善的过渡时期，社会容易发生革命和混乱。近年来，与风险社会和转型社会相互作用并放大化的网络社会的出现与兴起，使中国社会变革的风险更加复杂（张海波等，2012）。社会面貌的变化，特别是对于近年来在中国经济社会中出现的各类突发事件来说，其必然是风险社会、经济转型社会、网络社会等个别或综合因素的共同结果。即便是自然灾害，从根本上来说也是对人类环境管理及其无法持续发展的体现，而且也往往是人类社会软弱性的暴露，与低风险社会和过渡社会二者均有强烈关联。

（三）应急管理与治理转型

在现代管理的设计中，应急管理是一个系统设计，是指一个治理系统对突发事件的应对，而现有的治理架构也潜在地决定着应对治理的整体框架。总的来说，治理结构表现出国家、市场和社会间的相互作用，治理结构对应急管理机制的影响决定国家、企业和社会间的地位、作用及其相互联系。

当今世界各国应急管理工作的共同趋势是鼓励国家行政组织、私营部门和社会组织协同发挥作用。而作为一个"强政府"的国家，中国也要求私营部门和社会组织更有效地参与中国的危机管理工作。首先，必须从风险源头上考虑，因为存在系统性风险，而且通常是由世界范围内的不同风险因素交叉产生的，因此很容易演变成公共风险。其次，市场部门和社会组织都意味着资源供应的异质性，可以满足各个人群在自然灾害中的异质性需要，以及同一人群在各个时候的不同需要。最后，政府部门再强有力，责任范围再广，也无法充分满足灾民的全部需要，而私营部门和社会组织则作为"应急组织"积极响应灾民灾情的需求。这种行为实质上是社会因素与信息相互作用的复杂体系中的"自组织"参与行为，而政府应急管理往往需要这种"自组织"的积极参与。事实上，在2021年河南郑州"7·20"特大暴雨灾害中，中国出现了规模庞大的以社会组织为主体的"自组织"参与活动，仅河南省内参与的社会组织就多达6800个，救援力量超过19万人。在应急管理工作上，多元化投入是必然趋势，这也是中国应急管理和社会治理转型过程中的理想格局。

(四) 应急管理政策体系

从政府系统的视角出发，一个国家的应急管理体系至少涉及两个步骤——立法与实施。前者主要体现在法律法规中，制度严谨有效，制定后相对稳定。后者大多发生于应急预案中，该机制的灵活性和有效性相对较低，容易因环境变化而调整。

2003年"非典"后，国家构建了一套以"三制"为重点的国家紧急管理制度。其中，应急管理机制的研究一直是运行机制的主要问题。在法规制度方面，紧急管理体系的框架主要体现在紧急立法和应对措施的关系方面。

2003年后，中国的应急管理政策体系建设得到长足发展。2003年10月，党的十六届三中全会通过《中共中央关于完善社会主义市场经济体制若干问题的决定》，明确"要建设发展各类防范预警和应急工作体系，增强政府部门应对突发事件和危机的力量"。2005年7月，国务院办公厅举行首次国家级政府应急管理座谈会，发布了《国家突发公共事件总体应急预案》。2007年，国务院办公厅下发《关于加强基层应急管理工作的意见》，全国人大常委会批准《中华人民共和国突发公共事件应对法》。2014年国家安全委员会成立，随后提出"总体国家安全观"。在党的十九大后的改革中，中国组建了应急管理部和综合性的消防救援队伍。2020年党的十九届五中全会提出"把安全发展贯穿国家发展各领域和全过程，防范和化解影响中国现代化进程的各种风险"。

(五) 应急管理运行机制

从应急管理体系的实施流程出发，应急管理体系的运行机制也有其功能循环，如应急管理体系循环中的"减缓""准备""响应"和"恢复"的角色，功用就彼此关联。在中国，应急管理体系的循环表现为以下四大方面，即预防准备、监测预警、救援应对、善后恢复。在运行机制上，从《中华人民共和国突发事件应对法》的名称到应急管理的做法上看，中国虽然重视预防，但更加重视救援和救治。对监控、善后和恢复的投资不足的确可能会引起灾难发生后的短期关注，但长期恢复工作在长时间内往往会被忽视。

二 应急管理与风险管理、危机管理

（一）风险管理

风险主要由风险因素、风险事故以及风险损失等要素构成，指事件发生的可能性和不确定性。现代社会是一个风险社会，风险总是客观存在的，因而对风险进行科学管理尤为重要。风险管理最基本的原则是以最迅速且最低程度的付出获得对风险最大限度的事先应对，从而最大限度化解与解除风险。一般而言，风险管理的基本内容包括风险识别、风险评估和风险管理三方面（见表2-3）。

表2-3　　　　　　　风险管理的基本内容

类别	概念内涵	相关方法
风险识别	从复杂的外部环境中找出有关致险因素、相关事故和可能的损失等方面的有关信息，找出可能促使风险转化为危机的因素	风险清单分析法、内部分析法、面谈与问卷调查法、流程图分析法等
风险评估	通过对风险识别所收集的信息，对该风险可能发生的概率以及可能带来损失的程度大小作出评估	概率与统计相关分析
风险管理	通过制定管理计划,确定机构与管理人员,识别和评估风险,理性选择风险应对策略和方法,对风险管理过程进行评估与完善	管理学

(二) 危机管理

"危机"这一词语来源于古希腊，并很大程度地运用于医学领域，后来危机的概念又逐渐被用于政治领域，进而慢慢地衍生出了危机管理的相关概念。在科学研究领域中，学者们对危机也有着颇多定义，例如，Barton（1994）认为危机是一个会引起潜在负面影响的具有不确定性的大事件，这种事件及其后果可能对组织及其员工、声誉、产品、服务和资产造成巨大的损害。在公共关系学领域中，危机一般具有突发性、严重性、连锁性以及社会性、机会性等特点。我们能够将危机理解为"危机是对社会系统的基本价值和行为准则架构造成严重威胁，并且在压力和不确定性极高的情况下，必须作出决定与选择的事件"。

危机管理是针对人类社会危机事件所做出的应对性活动。危机管理来源于企业管理相关领域，现在又被广泛运用于政府管理、公共关系处理等众多方面。危机管理就是在人类社会正常的发展进程中，为了消除或减轻社会系统内不平衡状态所进行的一系列管理活动的总称。危机管理的任务重心在于尽快控制风险发展进程，将危害降至最低程度。Robert 和 Lajtha（2002）将管理经验和科学理论融为一体，针对危机管理提出了自己独到的见解，西斯的"4R"危机管理理论的主要内容是最大限度降低危机事件对人类社会的攻击力、冲击力与破坏力，提前做好应对危机的应急管理准备，尽最大力量应急处理已爆发的危机，以及尽快从危机中恢复过来等。其中，缩减（reduction），即可通过节约时间和资源直接降低危机的损害范围和程度，是任何有效危机管理的核心；预备（readiness），危机预备管理的重点是增强初始反应能力，基本途径是监视和预警；反应（response），危机的反应主要包括三方面，即如何获得更多时间，如何获得全面真实的信息和如何减少损失；恢复（recovery），是在危机过后如何对危机

第二章 自然灾害应急管理的核心概念及基本理论

造成的损失进行评估，如何尽早恢复社会秩序、消除影响。

(三) 区别与联系

从广义上看，应急管理与风险管理和危机管理有着紧密的联系。简单来说，从突发事件的不同时期，也就是从管理流程上来看，应急管理前至风险管理；从突发事件的分级，也就是从管理工作的紧迫度、强度与不确定性来看，应急管理后至危机管理。简单而言，应急管理与风险管理、危机管理的逻辑关系如图 2-4 所示。

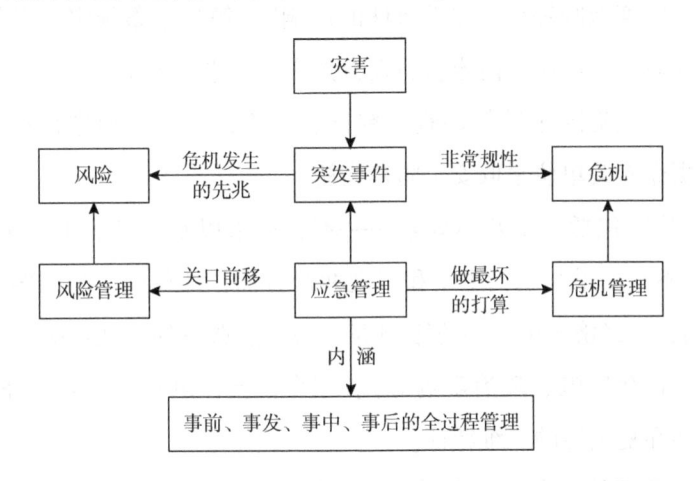

图 2-4 应急管理与风险管理、危机管理的逻辑关系

1. 应急管理：事前、事发、事中、事后的全过程管理

应急管理的对象是"突发事件"；应急管理的主要目标是"预防和减少突发事件及其所造成的损害"。全过程的应急管理工作应当涵盖事前、事发、事中以及事后所有的应急管理相关环节，包括监测预警、信息报告、应急响应、应急处置、恢复重建及调查评估等多个部分。监测预警是应急管理工作的出发点，是"预防为主、关口前移"的重要内容，其作用为防止已经存在的"潜在的危害"转化为"突发事件"。虽然当下应急管理的工作范畴已经逐步向"预防"延伸，但是要推动应

· 65 ·

急管理从"被动应对型"向"主动保障型"转变,就要从更基础、更根本的层面开展工作,也就是加强"风险管理",加大预防在应急管理工作中所占的比重。

2. 风险管理:应急管理工作的向前延伸

《中华人民共和国突发事件应对法》第一次从法律的高度对风险评估提出要求,其中,第五条明确规定"国家建立重大突发事件风险评估体系,对可能发生的突发事件进行综合性评估,减少重大突发事件的发生,最大限度地减轻重大突发事件的影响"。第二十条规定"县级人民政府应当对本行政区域内容易引发自然灾害、事故灾难和公共卫生事件的危险源、危险区域进行调查、登记、风险评估,定期进行检查、监控,并责令有关单位采取安全防范措施"。

"风险"包括两个基本要素——不利后果以及不利后果的可能性。其中,"不利后果"包括主观和客观两个方面,即可能产生的客观损失(人员伤亡、经济损失、环境影响等)和可能造成的主观影响(人群心理影响、社会影响、政治影响等)。当今社会,风险往往具有不利性、不确定性和复杂性的三维特征。

风险管理的对象是"风险",其主要特性是对风险的不确定性和可能性进行管理,因此要实现应急管理工作的向前延伸,就需要实现从基础层面对"能带来损失的不确定性"(风险)进行超前预防与迅速处置,从而实现应急管理工作真正意义上的"关口前移""防患于未然"。

3. 危机管理:"做最坏的打算",强调决策的非常规性和"艺术性"

危机管理通常是对"危机型"突发事件的管理,即针对影响范围特别大、影响时间特别长、伤亡或损失特别严重,对经济社会造成极端恶劣影响的特别重大突发事件,而且往往是在时间非常紧迫和不确定性极高的情况下,需要采取果断措施、做出关键决策的管理。但同时危机又具有一定的"机遇性",即"危机＝危险＋机遇"。危机管理贯穿于风险管理和应急管理的整个过程中,兼顾了"风险"与"突发事件"的特性。

三 自然灾害应急管理的内涵、特点与原则

(一) 自然灾害应急管理的内涵

1. 自然灾害应急管理的定义

自然灾害应急管理,即灾害管理,是在灾前的备灾、灾害发生时的应急响应和救助、灾后的恢复重建和减灾等各个阶段,通过一系列技术方法和手段,改进灾害防御、减灾、备灾、预警、响应和恢复能力的应用科学,其主要目的是利用科学方法和合理手段调度、整合和协调社会资源,改善社区或社会的脆弱性,提高其应对灾害的能力,降低人类面临的灾害风险,最大限度地减少自然灾害给人类造成的生命、财产和经济损失。

2. 自然灾害应急管理的内容

自然灾害应急管理的主要内容包括以下几个方面。一是风险评估,基于灾害历史数据和灾害风险评估,可以为风险决策、工程措施的实施和减轻风险活动提供基础参考。二是灾情信息的获取,灾害信息作为灾害管理的重要基础和决策依据,其质量的好坏直接关系决策的正确与否。三是防灾减灾工作,灾害发生之前的防灾减灾活动、灾害即将发生时的预警预报和灾害发生时的应急响应是自然灾害应急管理的重要内容。四是灾后重建,灾害发生后的恢复重建要注重灾民的心理援助、合理的规划和新技术的应用等。同时,在社会发展过程中注重社区减灾、国际合作等减灾活动的开展,使人们及社会具有更强的抗灾能力。

自然灾害应急管理还需要先进科技的支持,政府、应急管理部门及其他灾害管理部门之间的相互配合、协调及科学有效的指挥,统一高效

的指挥和协调对于保证减灾与救灾的有序和高效具有重要意义。

3. 自然灾害应急管理的目的

自然灾害应急管理的目的在于运用最优决策减轻或避免个人痛苦、社会损害和国家的经济损失，加快灾后恢复重建进程，改善和加强社区或社会的抗灾能力、备灾能力和从自然灾害中恢复过来的能力，逐步提高社会规避风险的能力，降低灾害风险，促进社会进步、政治稳定、经济增长、文化繁荣和生态系统保护，实现社会的可持续发展，达到人与自然的和谐相处。

4. 自然灾害应急管理的阶段

自然灾害应急管理主要有减灾、防灾和备灾、应急响应和恢复重建四个阶段。

（1）减灾

减灾是指在接受自然灾害事件可能发生的基础上，通过采取结构性和非结构性措施来限制自然灾害、环境退化和技术灾害的负面影响，从而减轻或消除灾害发生的可能性或后果。结构性措施是指为减少或避免危害可能造成的影响而建立的任何有形建筑，包括工程措施以及灾害防治结构和基础设施，如灾害防治建筑技术等措施的使用（齐瑜，2005）。非结构性措施是指政策、认识、知识开发、公众承诺和操作方法，包括参与性机制和提供信息，以降低风险及相关影响，如利用规划政策改善地表和植被系统生态环境，改善气象灾害脆弱性。

（2）防灾和备灾

防灾就是采取一定的行动措施来消除或避免环境、人为和生物灾害及它们带来的负面影响的发生。基于社会和技术上的可行性以及成本/效益考虑，在经常受灾害影响的区域投资预防性措施是正确的。另外，通过对公众进行灾害意识教育，改变公众降低灾害风险的态度和行为，从而促进"防灾文化"的兴起。通过修建大坝和防洪堤等工程性措施来阻止洪水的泛滥。这些行动措施都有利于阻止灾害的发生。

备灾是在知道灾害将要发生的情况下，预先采取行动或措施来确保面对威胁时的有效响应，这包括及时和有效的预警以及人员和财产从危险区暂时撤离，从而帮助受灾害影响的人群提高他们的生存机会，并尽量减少他们的财产和其他损失。它主要集中在构建应急响应和设计恢复的框架上。备灾活动包括物资和设备的预先配置，应急行动方案、手册和程序的制定，预警、撤离和躲避灾害的方案制订，基础设施的加固或其他保护措施的实施。灾害的应急准备包括资金、物资、通信设备、救灾装备、灾害管理人力资源、社会动员、宣传、培训和演习等。

（3）应急响应

应急响应包括采取行动来减少或消除已经发生或正在发生灾害的影响，保护生命和保障受影响人群的基本生活需要，从而防止进一步的人员伤亡、财产损失。救助是灾害管理中经常用到的一个术语，它是响应的一个组成部分。救助响应的时间可能是即刻的、短期的，也可能持续很长时间。

这个阶段的灾害应急响应涉及为挽救生命和减轻痛苦采取的必要措施，包括搜索和营救生命、紧急医疗救护、灾民生活救助和心灵救助、紧急交通和通信网络的修复等。面对某些灾害，为免受灾害的进一步威胁，必要的撤离以及灾民暂时的居所、食物和水的供应必不可少，也可能需要进行潜在灾害的评估和对基础设施的应急修理。

（4）恢复重建

恢复重建是指在灾害的影响下，使受害人的生活恢复到一个正常的状态。恢复期通常在应急响应结束后马上启动，并能在灾后持续数月或数年。实际的时间跨度常常很难确定（吴吉东、李宁，2011）。

恢复着眼于灾后修复或改善受灾社区生活条件的行动措施和决策，同时鼓励和促进减轻灾害风险策略的必要调整。恢复重建为改进和应用减轻灾害风险的措施提供了机会。

恢复重建阶段人们开始恢复生产生活，修理基础设施、损坏的建筑物和重要设备以及采取其他必要的措施帮助社区恢复正常状态。在这个阶段，随着家庭和个人的重组，情感得到恢复并使他们的生活恢复常态。在许多时候，恢复重建阶段对受害人来说非常困难。应急管理机构必须对灾民不同层次的各种需求提供适当的援助方式。

在一定程度上，自然灾害应急管理的各个阶段是灾前、灾中、灾后相互混合的阶段，如灾害应急响应过程中的心理援助也是恢复灾民生活状态的内容之一，而重建过程中新的技术和抗灾标准的应用增强了灾区未来的抗灾能力，通过减灾规划等措施，在没有灾害发生的时期加强社区或社会能力建设，可以降低灾害发生的风险，也可以防止灾害的发生。灾害趋向于一个连续统一体，一次灾害的恢复往往与下一次灾害的恢复相关联。而对灾害的响应常描绘为灾害发生时的短时间应急响应，实际上，灾害响应在灾害发生之前可能已经开始。

（二）自然灾害应急管理的特点与原则

1. 自然灾害应急管理特点

一是突发性。危机往往不期而至，使人无从下手。危机一般在人们和社会没有做好准备的情况下瞬间发生，给人们和社会带来混乱和恐惧。

二是破坏性。危机发生可能会造成严重的物质损失和负面影响，一些危机甚至可以用"一次性毁掉"来形容。

三是不确定性。危机爆发前的迹象通常不明显，难以预测。危机发生的时机不能完全确定。

四是紧急性。危机的突发性特征决定了人们对危机的反应和处理时间非常紧迫，任何延误都会造成更大的损失。危机的迅速发生会引起各大媒体和社会大众对这些意外事件的关注，受害单位应当及时进行事件调查和对外说明。

五是信息资源的不足性。危机往往突如其来，决策者必须迅速做出决策，在时间有限的条件下，混乱和恐惧的心理使获取相关信息的渠道产生瓶颈，决策者很难在众多信息中发现准确的信息。

六是舆论关注。危机事件的爆发激发了人们的好奇心，常常成为话题和媒体跟踪报道的内容。企业越是无计可施，危机性事件就会增加神秘色彩而引起各方关注。

2. 自然灾害应急管理的原则

第一，全面。灾害管理者应重视和考虑与灾害有关的所有危害、灾害的各个阶段、所有利益相关者和整体的影响。第二，渐进。灾害管理者预测未来的灾害，采取预防性措施构建抗灾社区和抗灾能力强的社区。第三，以人为本。灾害管理的最终目标是挽救生命，战胜灾害。具体表现为政府对人的尊重，对民众的责任，对生命的敬畏，对牺牲者的哀悼等。面对灾难，"救人是首要任务""一分一秒都不能拖延"。第四，综合性。灾害管理者必须确保在不同层次政府部门和社区其他要素之间的团结和统一。第五，协作。灾害管理者要在个人和机构之间构建信任，维护团队利益，建立一致意见，为沟通顺畅，广泛创造和维护真诚关系。第六，协调配合。灾害管理者为了达到共同的目的，同时进行所有的灾害利益相关活动。第七，灵活应变。灾害管理者要倾听和认真分析各方面的意图，提出新思路、新方案，解决灾害问题带来的挑战。第八，专业。灾害管理者以知识为基础的科学方针立足于教育、培训、经验、道德实践、公共管理及自身的不断改进。这里的专业不仅仅是指灾害管理者个人的专业化，而是应该把灾害管理作为一种专业，而不仅仅是一种职业。第九，预防。灾害管理者应从风险评估、规划管理、环境保护、抗灾设施建设和应急演练等方面加强预防效果，减少自然灾害影响。

第三节　自然灾害应急管理三维结构模型

霍尔三维结构是美国系统工程专家亚瑟·大卫·霍尔于1969年提出的一种系统工程方法论。其以时间维、逻辑维、知识维组成的立体空间结构表示系统工程的各个阶段、各种步骤以及所涉及的知识范围，是解决大型复杂系统的规划、组织、管理问题的一种思想方法。根据霍尔三维结构，结合自然灾害应急管理的实际，得到自然灾害应急管理的三维结构模型。在该模型中，时间维表示自然灾害发生和发展的各个阶段，逻辑维表示系统在自然灾害发生的各个阶段对应的所要完成的任务，知识维则表示整个系统所要使用的资源、方法和手段。下面围绕自然资源应急管理的时间维、逻辑维与知识维整理相关理论。

一　自然灾害应急管理时间维

时间维覆盖了自然灾害生命周期的全过程。学者们根据灾害事件的演化发展的生命周期，依据自然灾害事件的不同种类，以不同视角建立灾害事件演化阶段模型，并将灾害事件的演化划分为不同阶段。下面主要介绍自然灾害应急管理五阶段理论与自然灾害应急管理生命周期理论。

（一）自然灾害应急管理五阶段理论

从应急管理学视角，根据薛澜等引用提出的应急管理五阶段论，即危机预警和危机管理阶段、识别危机阶段、隔离危机阶段、管理危机阶段、危机后处理阶段,结合自然灾害的特征,也可以将自然灾害应急管理相应地分为五个阶段,即自然灾害发生期、自然灾害受灾群众安置期、自然灾害灾后重建恢复期、自然灾害灾后建设期、自然灾害受灾后现代发展期。

1. 自然灾害发生期

自然灾害发生期是指从灾害发生一直持续到灾后 3—5 天,甚至长达两周左右的时间,使灾害损失瞬间达到最大值,其破坏呈现特别迅速、无征兆、影响范围广等一系列特征。灾害发生期,自然灾害应急预案迅速启动,自然灾害应急管理成为这一时期最主要的管理方式。自然灾害发生期的主要工作目标和任务为救人,要尽力抢救人的生命,大量救治伤病员,迅速建立临时性组织以维持突遭灾害破坏的社会、经济秩序,以应对灾害所带来的各种危机。自然灾害发生期的投入资源主要依赖于应急储备,包括应急人力积累、应急物资储备和应急制度设计等。

2. 自然灾害受灾群众安置期

自然灾害受灾群众安置期是指灾害发生后 3—12 个月的时期,灾害损失将从峰值迅速降低,但总损失仍保持在一个较高水平。灾民安置期的应急投入流量将持续增加,既要满足受灾群众的基本安置,也要满足开展恢复灾后生活的应急行动的需求。自然灾害受灾群众安置期的工作目标和任务以安置受灾群众为主,着力保障人的生存,努力恢复经济、社会秩序,进行必要的灾后清理和善后工作,认真统计、计算各类灾害损失,为下阶段恢复与重建做必要准备。另外,还要通过公共投资,优先恢复具有"生命线"意义的重要基础设施及公共供应系统(供水、供电、教育、医疗等)。

3. 自然灾害灾后重建恢复期

自然灾害灾后重建恢复期是指灾害发生后 1—3 年的时期，灾害损失会持续减少，但应急投入仍将持续大幅度增加。自然灾害灾后重建恢复期的核心目标是确保灾区人民基本生活水平恢复甚至超过自然灾害发生之前的水平，包括居民得到基本住所、实现充分就业、促进当地收入增长、基本公共服务水平提高、经济全面振兴、基础设施全面恢复、生态环境初步恢复等方面。因此，自然灾害灾后重建恢复期的主要任务包括重新规划城镇体系，重新规划农村建设、城乡居民住房建设，主要产业企业关闭、搬迁、恢复重建，重建城乡商贸服务、金融服务网点、生态修复，防止次生灾害等。

4. 自然灾害灾后建设期

自然灾害灾后建设期是指灾后 5 年左右，应急投入保持在稳定的、能够维持经济社会系统运转的基本水平。自然灾害灾后建设期的主要任务是在保持地区经济社会发展、人民安居乐业的基础上进一步科学规划，对城镇、乡村合理布局，对各类产业优化布局，进一步提高经济增长的质量。自然灾害灾后建设期的关键在于以下两点：一是从政府投入为主转向政府引导、市场发挥基础作用；二是政府投入从国家投入为主成功地转向地方投入为主，充分发挥地方的积极性、主动性和自主性。

5. 自然灾害受灾后现代发展期

自然灾害受灾后现代发展期是灾后 10 年左右，灾害损失基本消失。自然灾害受灾后现代发展期开始沿着上一阶段规划、设计的路径演进。这一时期区域可持续性发展是建设重点，通过空间规划布局，积极采取现代经济社会发展要素，推动经济、社会、生态和人的全面发展，使地区发展进入现代高水平阶段，注重人居标准、生态效应和发展的可持续性，建立更加安全、更加和谐、更加美好的家园。

（二）自然灾害应急管理生命周期理论

从自然灾害学的视角来看，每个灾害周期由不同的灾害阶段构成，当某一灾害完成一个完整的从潜伏到爆发再到趋于平静的灾害周期时，预示着下一个灾害周期的开始。可见，自然灾害事件演化的实质为不同灾害阶段构成的特定的极端灾害过程，每种类型的自然灾害一般都需要经过自然灾害孕育潜伏期、自然灾害启动期、自然灾害爆发—持续—衰落期和自然灾害平静期四个阶段。

1. 自然灾害孕育潜伏期

孕育潜伏期是指自然灾害从开始孕育到孕育成熟的这个过程。在这一阶段，致灾因素在特定的时空范围内同时或依次出现并共同作用，促进自然灾害的孕育及成熟。这一时期能够聚集自然灾害所需要的能量和物质。地震灾害在孕育潜伏期里就是应力在震源区不断集中的过程，这一阶段所表现出的信息是自然灾害中长期预报的客观基础。如果孕育潜伏期的征兆明显，则中长期预报和对策将容易制定，否则自然灾害的随机性很大，便难以应对。

2. 自然灾害启动期

在孕育成熟之后，一般的灾种都会潜伏一段时期，只有再次遇到诱发、触发，才开始启动爆发。自然灾害启动期是从诱发、触发之后开始启动到灾害爆发的这一阶段，通常将这一时段称为临灾期。此时所呈现的各种信息是短临预报的客观基础。若启动期长短适中并且征兆现象较明显，那么短临预报与短期对策将容易制定。因此，在启动期内各种信息是客观存在的，对其了解的程度将是自然灾害预报及对策成败的关键因素。

3. 自然灾害爆发—持续—衰落期

自然灾害爆发之后，通常需要持续一段时间，但是不同的自然灾害持续时间长短具有差异。若自然灾害为突发性，那么一般持续时间较短；若为缓发性，则一般持续时间较长。在自然灾害持续期，一般都会存在向其他领域扩散的现象。例如，在地震灾害发生时会伴随着火灾和疾病等，通常在自然灾害爆发持续一段时间后便开始衰落。一般来说，在爆发—持续—衰落期，以抗灾和救灾为主要任务。

4. 自然灾害平静期

自然灾害发生后，通过人类的抗灾与减灾，并持续一段时间之后，生产和生活会逐渐恢复到正常状态，从而进入相对平静期，平静期属于安全期。

二 自然灾害应急管理逻辑维

逻辑维表示自然灾害应急管理在时间维的各个阶段所要完成的任务。一方面，这些任务可以按照自然灾害应急的全过程管理理论分为预测预警、应急准备、综合评估、应急响应和短期恢复等；另一方面，在以政府为主导的自然灾害应急管理过程中，也可以将应急任务按照自然灾害应急的综合行政管理"三维矩阵模式"分为纵向协调管理任务、横向协调管理任务与政策协调管理任务。

（一）自然灾害应急全过程管理理论

自然灾害事件应急全过程管理包含了自然灾害管理周期准备阶段的部分工作，预警、威胁、灾害侵袭和紧急阶段的全部工作及恢复阶段的部分工作，均为灾害管理最重要、最关键的内容。该阶段的工作特点可以总结为时间紧、任务重，不仅因为这个阶段对于大部分自然灾害来讲十分短暂，同时这个阶段还集中了防灾、灾害恢复的主要工作和抗灾、救灾的全部工作，涉及全部灾害管理部门。根据自然灾害的特点，自然灾害应急全过程管理可分为预测预警、应急准备、灾情评估、应急响应和灾后恢复五个阶段，如图 2-5 所示。

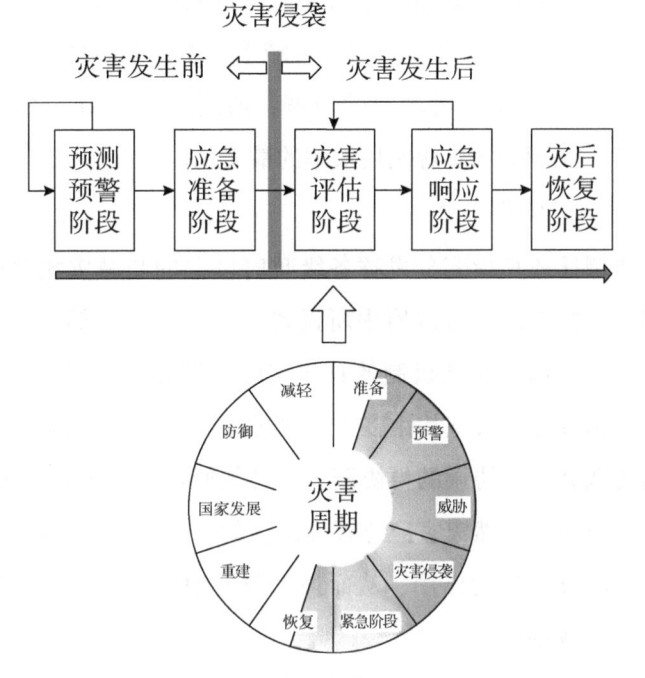

图 2-5 自然灾害应急管理过程阶段划分

（二）自然灾害应急综合行政管理"三维矩阵模式"

针对区域自然灾害系统的复杂性和链性特征，史培军等（2006）提出集纵向协调、横向协调、政策协调为一体，减灾资源高效利用的自然灾害应急综合行政管理"三维矩阵模式"。与全过程管理理论相比，更强调政府与政策在自然灾害应急管理中的影响与作用。

1. 纵向协调任务

纵向协调任务是指自然灾害应急管理要充分发挥中央政府与地方各级政府的作用，特别强调基层社区对自然灾害应急管理的作用。例如，中国在处理 2003 年 SARS 公共卫生事件的过程中便强调以属地为核心的行政管理，真正体现了基层组织在自然灾害应急管理中的重要作用。

这种中央政府与地方各级政府的纵向协调，就强调了各级政府的主要负责人在管理自然灾害应急组织中协调好不同行政区域间的关系，突出"和"的原则。例如，发生水灾时，流域上、中、下游之间的防洪减灾协调就涉及各级行政区域之间的协调，通过实现"和"的原则形成"合意嵌入"，实现减灾资源利用效率的最大化。

2. 横向协调任务

横向协调任务是指充分发挥各级政府设置的与减灾相关的机构的能动作用。中国在同一级政府中所设置的与减灾相关部门间的协调机构，就是对这一横向协调机制的具体实践。例如，国家减灾委、国家防汛抗旱总指挥部办公室均由多个国家部委/局负责人组成。要想充分发挥纵向协调和横向协调的再协调，则必须通过制定各类标准、规范、指标体系，以实现自然灾害应急管理信息的共建和共享，以发挥灾前、灾中、灾后减灾信息的作用，从而最大限度地提高这些信息资源装备和设备的使用效率。

3. 政策协调任务

政策协调任务是指制定各种与自然灾害应急管理相关的法律，以规范纵向与横向协调过程中的组织和个人行为，充分调动各种减灾力量的积极性（如政府减灾资源和社会减灾资源等）。也就是说，通过对区域自然灾害应急管理相关政策的协调，实现对自然灾害应急的综合行政管理。从管理学的角度来说，就是保证所有减灾要素在区域自然灾害应急管理中的"合理"投入。通常说的优化系统结构，寻求系统整体功能作用的最大化，体现在自然灾害应急综合行政管理过程中，就是要通过协调各类与减灾相关的政策，使之从系统的整体角度发挥纵向与横向减灾资源的功效，通过非线性系统优化模拟实现纵横之间的优化配置。例如，区域发展与减灾规划之间的协调，平原城市规划与河网格局之间的协调，土地开发规划与生态建设间的协调，以及水旱灾害与水土保持间的协调等。

三 自然灾害应急管理知识维

霍尔三维结构模型中,知识维是指在时间维和逻辑维中所用到的知识和手段。因此,自然灾害应急管理系统的知识维是自然灾害应急管理过程中所必需的知识、技术手段和方法等。以下主要介绍自然灾害应急管理体系、自然灾害应急管理制度、自然灾害风险评估方法、自然灾害应急物资管理方法、自然灾害应急能力综合评价方法等自然灾害应急管理的相关理论。

(一) 自然灾害应急管理体系

参考钟开斌(2020)提出的国家应急管理体系,自然灾害应急管理体系可以分为自然灾害应急管理客体、主体、目标、规范、保障、方法与环境七个相互联系、相互作用与制约的要素(见表2-4)。

表2-4　自然灾害应急管理体系

要素名称	需要回答的问题	主要内容
自然灾害应急管理主体	谁来管理自然灾害应急事件?	自然灾害应急管理体制
自然灾害应急管理客体	自然灾害应急管理主体管理什么?	各种各样的自然灾害
自然灾害应急管理目标	为何要进行自然灾害应急管理?	期望的结果、自然灾害应急管理的价值
自然灾害应急管理规范	自然灾害应急管理需要依据什么规范?	自然灾害应急管理相关制度
自然灾害应急管理保障	自然灾害应急管理需要利用什么资源?	自然灾害应急管理资源、资源的配置与调用

续表

要素名称	需要回答的问题	主要内容

要素名称	需要回答的问题	主要内容
自然灾害应急管理方法	如何进行自然资源应急管理？	自然灾害应急管理技术
自然灾害应急管理环境	在什么情形下要进行自然灾害应急管理？	自然灾害应急管理环境

（二）自然灾害应急管理制度

自然灾害应急管理制度是指由政府、专业部门、企事业单位、社会组织及其他自然灾害应急管理主体所构成的管理制度，不论在实践中还是理论研究中，都被认为是开展自然灾害应急管理工作的基础。自然灾害应急管理制度可以进一步分为静态与动态两个方面，具体内容见表2-5。

表2-5 不同特征自然灾害应急管理制度的主要内容

自然灾害应急管理制度的分类	主要内容
静态的自然灾害应急管理制度	自然灾害应急管理制度 自然灾害应急管理制度规范 自然灾害应急管理制度法律 自然灾害应急管理制度法规
动态的自然灾害应急管理制度	自然灾害应急管理机制的运作 发挥自然灾害应急管理制度及规范的调适与控制作用 实现自然灾害应急管理职能

随着自然灾害应急管理制度的不断发展，自然灾害应急管理逐渐从传统模式转向现代模式。

传统自然灾害应急管理模式往往要借助政府的权威领导，特别是依靠由政府制定的应急响应措施，实践中通常会依据自然灾害应急预案与实际情况，迅速开展应急救援行动，同时进行物资协助。因此，传统自然灾害应急管理具有完全政府导向性，即突发的自然灾害需要强势的领导，认为社会秩序需要政府主导，而政府为降低突发灾害对社会秩序与社会信任的影响会提前加以防范，制定响应措施。

随着现代公共管理研究对政府能力有限性认识的不断加深，自然灾害应急管理也更加强调多元主体参与模式，力求整个灾害应急管理体系有序运作，不断鼓励全民参与，加强应急管理计划间的衔接，以发挥好各类组织的作用。现代自然灾害应急管理中几个常见的理念包括自然灾害综合应急管理模式、整合式自然灾害应急管理体系、自然灾害应急管理多主体治理责任论等。

（三）自然灾害风险评估方法

自然灾害风险评估是自然灾害应急管理的灾前准备工作，是为灾后救援提供必要的时间与资源支撑的关键任务。自然灾害灾情评估一般可以按灾害发展的时间顺序分为三个阶段。首先是灾情预评估，是指当自然事件被确定为灾害时的初步灾情评估，主要是指导灾害的初步定损定级，为抗灾救灾对策的制定提供前期参考；其次是灾害发展过程中的监测评估，主要是不断修正灾情等级，灵活及时地调整抗灾救灾服务；最后是灾害减弱后的灾情评估，亦称灾后评估，主要是为灾后的恢复重建服务。目前，针对上述三个阶段的自然灾情评估方法主要有传统的统计上报方法、现场勘察抽样定损评估法、基于地理信息系统（GIS）与遥感技术的灾情评估法、基于承灾体易损性的评估、基于历史案例的灾情评估等。

（四）自然灾害应急物流体系

自然灾害应急物流体系是保障应对自然灾害的物资需求，以时间效益最大化和灾害损失最小化为目标，由组织系统、法律预案体系、运作体系、运行机制、资源保障系统五大要素构成的特殊物流管理体系，具体内容见表2-6。在自然灾害应急过程中，只有五大要素功能完备、协调运作、有机融合，才能有效实现"第一时间应急物资保障"这一核心目标。

表2-6　　　　　　　　自然灾害应急物流体系五大要素

要素名称	主要内容
自然灾害应急物流组织体系	主要包括应急物流决策机构、应急物流指挥协调机构、预警咨询中心和应急物流监控反馈机构等
自然灾害应急物流法律预案体系	由与应急物流管理全过程相关的各项法律、政策、规范、预案等构成
自然灾害应急物流运作体系	应急物资的采购、储备、运输、储存、装卸、搬运、包装、流通、加工、分拨、配送、回收等一系列实体活动的全过程
自然灾害应急物流运行机制	主要包括快速反应能力机制、全民动员机制、政府协调机制、"绿色通道"机制、预警管理机制等
自然灾害应急物流资源保障系统	应急物流管理体系运作需要的各类物资、人员、装备、技术、运载工具、运输通道、通信和信息平台等有形资源

自然灾害应急物流管理是灾后应急物流体系能够高效运行的重要基础，是保证应急物流活动快速、有效的技术关键。对于不同类型、不同级别的自然灾害，甚至在自然灾害发生后的不同阶段，应急物流管理措施的要求都各有不同。自然灾害应急物流管理可以按照分类管理、分级管理、分期管理三种思路进行归纳。

(五) 自然灾害应急能力综合评价方法

应急能力指对突发事件触发的灾害过程进行干预与控制的本领，应急能力是应急管理能力与应急处置能力有机集成的综合产物，也是国家应对突发事件水平与本领的最终体现。应急管理能力是应急管理体系中各行为主体开展应急管理活动的本领与水平，应急处置能力是应急管理体系中各类行为主体需要完成应急处置等活动的本领与水平。自然灾害应急能力是指一个区域在应对突发的自然灾害时，其所拥有的人力、科技、组织、机构和资源等要素表现出的敏感性和调动社会资源以应对自然灾害打击的能力。它涵盖自然要素与社会要素、硬件条件与软件条件、人力资源与体制资源、工程能力与组织能力等多方面的要素。

目前，国内学界对自然灾害应急能力评估的研究正处于摸索阶段，对自然灾害应急能力的评估程序与指标选用、独立性与规范性等各方面的研究并不完善。但当前已开展的关于自然灾害应急能力评估的研究方法有很多，且样式丰富，这些方法总体上可以划分为定性分析研究方法与定量分析研究方法。定性分析研究方法多用于自然灾害应急能力评估的准备阶段，以辨析不确定因素和未知因素。相较而言，评估结果的分析阶段数据信息较多，需要利用统计分析方法，因此多使用定量分析研究方法。

第三章 自然灾害应急管理体制

自然灾害应急管理体制是应对自然灾害的基石，有效的体制将极大程度地减少自然灾害发生时的损失。国家发展的不同阶段，自然灾害应急管理体制也有所不同，随着治理水平的进一步提升，自然灾害应急管理体制也逐步完善。本章将从自然灾害应急管理体制概述、中国自然灾害应急管理体制演化以及应急救援队伍建设三个方面阐述自然灾害应急管理体制。

第一节 自然灾害应急管理体制概述

自 2016 年《中共中央 国务院关于推进防灾减灾救灾体制机制改革的意见》颁布实施以来，自然灾害应急管理体制经历了灾害管理、综合减灾、地方应急救灾主体责任、灾后恢复重建体制以及军地协调联动制度 5 个方面的变革，确立了新历史时期防灾减灾救灾体制机制改革的基本框架。2018 年应急管理部成立，为自然灾害防治体系建设和防灾减灾救灾体制机制改革又添上浓墨重彩的一笔。

经过不断的发展与演变，中国的自然灾害应急管理体制在纵向关系上呈现可控性放权、横向关系上呈现多层次协调、内部关系上呈现规范性参与的特点，具有中国共产党全面集中统一领导的制度优势、以人为中心的公共安全治理理念优势、各机构统筹协调的组织架构优势，全面为人民的生命财产安全保驾护航。

一 自然灾害应急管理体制的概念内涵

自然灾害应急管理是指在应对自然灾害时，政府、社会团体、民间组织等组织为减少自然灾害带来的损失，有组织、有计划地开展一套系统的工作，包括对事件危害等级进行划分、排除威胁、降低灾害损害、分析导致灾害发生的成因等。因其具有紧急性、专业性、综合性的特点，自然灾害应急管理工作需要在国家的领导下合理配置各种物资和人员，运用科学的管理方法和监测手段，对自然灾害事件的发生原因、发展过程进行评估分析，对灾害事件的整个过程进行积极的应对、控制和处理。按照《辞海》的解释，"体制是指政府机关、企事业单位在机构设置、领导隶属关系和管理权限划分等方面的体系、制度、方法、形式等几个方面的总称"。在《现代汉语词典》中，"体制"一词的含义是"国家、国家机关、企业、事业单位等的组织制度"。

在上述概念的基础上，自然灾害应急管理体制的含义可以概括为国家机关、军队、企事业单位、社会团体、公众等各利益相关方在应对自然灾害事件过程中在机构设置、领导隶属关系和管理权限划分等方面的体系、制度、方法、形式等的总称。它的外延是自然灾害应急机构的设立（包含机构类型和层级），以及应急性权力和责任的配置。

中国的自然灾害应急管理体制以国家政治制度和政府行政管理体制为基础，中央和地方政府间的权力配置属集权制，各级政府间的节制关系属层级制，政府部门及其内设机构设置属功能制，具有非常鲜明的中国特色。

二 新时代中国自然灾害应急管理体制改革

《中共中央 国务院关于推进防灾减灾救灾体制机制改革的意见》为新时代的防灾减灾救灾体制机制改革确立了基本框架。体制改革是文件中最主要的内容，该文件精神的贯彻落实也为下一步进行深化应急管理体制改革奠定了基础。根据闪淳昌和薛澜（2020）的研究，新时代中国自然灾害应急管理体制改革主要包括以下几个方面。

（一）灾害管理的统筹协调

在改革之前，自然灾害应急处置工作主要由民政部牵头（国家减灾委办公室），国土资源部（现自然资源部）、水利部、中国气象局、中国地震局等部门共同参与，存在职能分散、资源分散的问题。在此基础上，各级政府设立了专门的应急管理机构，对各类自然灾害加强了全过程的综合管理，同时也加强了工作协调和资源统筹。

一是强化全过程的统筹管理。首先是完善统筹协调、分工负责的自然灾害管理体制，在防灾减灾救灾工作方面，最大限度使国家减灾委员会发挥统一领导和综合协调的作用，加强国家减灾委员会办公室的多方面能力建设。其次是让主要灾种的防灾减灾救灾指挥机构充分发挥其防范部署和应急指挥作用，强化中央有关部门和军队、武警部队在监测预警、能力建设、应急保障、社会动员等方面的职能作用。最后是要建立各级机构之间的工作协调机制，完善工作规程。

二是要强化跨地区间的资源统筹。通过学习发达国家应急管理协作区域划分的经验，研究构建京津冀、长江经济带、珠江三角洲等区域和自然灾害高风险地区的区域协同联动制度。与此同时，在城市化进程不断加快的背景下，要对城乡防灾减灾救灾工作进行综合规划，以缩小城乡之间的差距。

(二) 综合减灾的统筹协调

综合减灾的统筹协调既包括软件的理念构建，也包括硬件的工程设施建设。要转变注重灾难、忽视灾难的观念，加强灾难风险的治理观念；要将灾害防治工作纳入全国各级经济和社会发展的整体规划之中，并将防灾减灾的基础设施建设等作为中国公共安全体系建设的重要组成部分。

首先，完善城市防灾减灾规划标准，提高居民住房、医院、学校、基础设施和文化遗产等的设防水平。特别是强化各部门之间的合作，制定相关技术标准和技术规范。充分发挥公园、广场、学校等公共设施的作用，因地制宜建设、改造和提升临时庇护点的承灾能力，增加庇护所的数目，为灾区群众提供方便、就近的安置。加快建设"海绵城市"，加强生态恢复建设，节约用水。加快推进城镇排涝工程的建设，加强防洪减灾工作。加强灾害防治和防御体系的构建，增强农业的抗灾能力。

其次，把防灾减灾工作融入国家的全民教育规划中，强化宣传教育，推动学校、机关、企事业单位、社区、农村、家庭学习防灾减灾知识和技能。强化社区减灾资源与力量的整合，建立综合减灾示范社区，创建国家综合减灾示范县（市、区、旗）。定期举办社区防灾知识和安全知识普及活动，并组织居民进行紧急救援知识学习及逃生、疏散等演练培训，提高群众的灾害预防能力和自我保护能力。

(三) 地方应急救灾主体责任

《中华人民共和国突发事件应对法》明确了中国灾难治理的属地管理原则，对新一轮的自然灾害应急管理体制规定需坚持实行分级负责、属地管理的原则，并以此为指引，对中央和地方的职责进行了界定。

1. 应急救灾中的中央和地方关系

按照处理应急救灾央地关系中的分级负责、属地为主的总原则，对于符合国家一级应急级别的自然灾害，中央要发挥主要引导和支持的职能，各级党委、政府要负起主体责任。特别是省、市、县级政府要加强对自然灾害应急管理工作的统筹协调。

2. 应急救灾中地方党委、政府的地方具体事权范围

按照《中共中央 国务院关于推进防灾减灾救灾体制改革的意见》确定的改革原则，各级党委、政府按照应急预案，组织开展救援、防疫、维修、搬迁等工作。

3. 应急救灾中地方党委政府的属地管理方式

通过规范灾害现场各类应急救援力量的组织领导指挥体系，强化对不同类型的灾害现场的应急队伍的组织协调和调配，充分发挥公安、消防和其他专业的应急队伍在抢险救灾中的重要作用。同时，在灾害救助过程中，统一做好应急处置的信息发布工作。

（四）灾后恢复重建体制

特别重大自然灾害的恢复重建职能，是属地管理中最难厘清的。尤其是特大自然灾害后的恢复、重建工作，要在中央统筹指导下，地方政府作为主体，灾区群众广泛参加。中央政府和地方政府共同努力，共同推动灾区的恢复和重建。

一是特别重大自然灾害恢复重建的规划编制和中央补助资金的确定。灾害发生后，各相关单位与各省市应根据工作程序进行灾害损失评估、次生灾害风险评估与危险性评估、房屋建筑物损害评估、资源和环境容量评估。国家按照受灾程度，结合当地经济、社会发展的整体计划，制定相应的赈灾政策和举措，并确定国家救灾资金的数额；然后，根据当地的具体情况，引导当地政府制订灾害防治

工作的整体方案。

二是特别重大自然灾害恢复重建中，地方政府主体责任职能的发挥。各级政府要强化组织、统筹规划，构建全面细致的政策体系、务实高效的实施体系、完备的监督体系。要发挥灾区人民的积极作用，发挥自力更生、艰苦奋斗的优良作风，靠自己的力量来进行家园建设。通过社会资源的整合，引导社会组织、志愿者等合法、有序地参加灾区的救灾工作。

三是除特殊重大事件之外的灾后重建工作。这完全属于地方事权范围的，应该按当地的实际情况进行。

四是强化灾后重建项目的跟踪问效。通过跟踪问效，确保项目资金的落实，保证灾后重建项目的经济和社会效益。

(五) 军地协调联动制度

加强对军队和武警紧急救援工作的统筹，明确需求对接、兵力使用的流程和方式。

一是健全军队与地方之间的协同机制。制定各级党委、政府、军队、武警参加抢险救灾的工作机制，明确工作流程，细化军事、武装力量参加抢险救灾的工作任务。建立健全军队与地方灾害预警、灾情动态、救灾需求、救灾进度等的通信报告制度。

二是强化灾害救援和紧急救援专门队伍的力量建设。完善以军队、武警为突击力量，以公安、消防等专业救援队伍为骨干力量，以当地和基层应急救援队伍、社会应急救援队伍为辅助力量的灾害应急救援力量体系。

三完善军地联合保障机制，加快形成全要素、多领域、高效益的军民融合深度发展格局。

三 中国应急管理组织体系的设置

在新的历史时期,面对应急管理新形势、新问题,在2018年党和国家机构改革过程中,从中央到地方积极推进了应急管理体制改革。《中共中央关于深化党和国家机构改革的决定》强调要"加强、优化、统筹国家应急能力建设,构建统一领导、权责一致、权威高效的国家应急能力体系,推动形成统一指挥、专常兼备、反应灵敏、上下联动、平战结合的中国特色应急管理体制"。

在2018年党和国家机构改革中,党中央决定组建应急管理部。应急管理部的组建提高了中国应急管理的能力,并确保人民群众的生命财产安全,维护了社会的稳定。

(一) 应急管理部主要职责

组建应急管理部和各级政府应急管理部门,对于预防和化解重大突发事件、建立社会治安保障制度,构建统一指挥、专常兼备、反应灵敏、上下联动、平战结合的中国特色应急管理体制起到了积极的作用,其主要职责见表3-1。

表3-1　　　　　　　　　应急管理部的主要职责

序号	职责描述
1	组织编制国家应急总体预案和规划,指导各地区各部门应对突发事件工作,推动应急预案体系建设和预案演练
2	建立灾情报告系统并统一发布灾情,统筹应急力量建设和物资储备并在救灾时统一调度,组织灾害救助体系建设,指导安全生产类、自然灾害类应急救援,承担国家应对特别重大灾害指挥部工作
3	指导火灾、水旱灾害、地质灾害等防治

续表

序号	职责描述
4	负责安全生产综合监督管理和工矿商贸行业安全生产监督管理等
5	公安消防部队、武警森林部队转制后,与安全生产等应急救援队伍一并作为综合性常备应急骨干力量,由应急管理部管理,实行专门管理和政策保障,采取符合其自身特点的职务职级序列和管理办法,提高职业荣誉感,保持有生力量和战斗力
6	处理好防灾和救灾的关系,明确与相关部门和地方各自职责分工,建立协调配合机制

资料来源：中华人民共和国应急管理部,https：//www.mem.gov.cn/jg/。

(二) 应急管理部组织机构的设置

应急管理部的组织机构包括议事机构、机关司局、派驻机构、部属单位。其中议事机构有国家防汛抗旱总指挥部、国务院抗震救灾指挥部、国务院安全生产委员会、国家森林草原防灭火指挥部、国家防灾减灾救灾委员会；机关司局包括办公厅（党委办公室）、应急指挥中心（国家消防救援局指挥中心）、人事司（党委组织部）、队伍建设局、综合减灾和改革协调司、救援协调和预案管理局、风险监测和火灾综合防治司、防汛抗旱司、地震和地质灾害救援司、危险化学品安全监督管理一司、危险化学品安全监督管理二司（海洋石油安全生产监督管理办公室）、安全生产执法和工贸安全监督管理局、安全生产综合协调司、救灾和物资保障司、政策法规司、国际合作和救援司（港澳台办公室）、规划财务司、调查评估和统计司、新闻宣传司（党委宣传部）、科技和信息化司、机关党委（党委巡视工作领导小组办公室）、离退休干部局；派驻机构为中央纪委国家监委驻应急管理部纪检监察组；部属为国家安全生产应急救援中心。应急管理部组织体系框架如图3-1所示。

```
                                        ┌─────────────────┐
                                      ┌─│ 国家防汛抗旱总指挥部 │
                                      │ └─────────────────┘
                                      │ ┌─────────────────┐
                                      ├─│ 国务院抗震救灾指挥部 │
                                      │ └─────────────────┘
                      ┌────────┐      │ ┌─────────────────┐
                    ┌─│ 议事机构 │──────┼─│ 国务院安全生产委员会 │
                    │ └────────┘      │ └─────────────────┘
                    │                 │ ┌─────────────────┐
                    │                 ├─│ 国家森林草原防灭火 │
                    │ ┌──────────┐    │ │      指挥部      │
                    ├─│ 机关司局（略）│  │ └─────────────────┘
                    │ └──────────┘    │ ┌─────────────────┐
          ┌───────┐ │                 └─│ 国家防灾减灾救灾  │
          │应急管理部├─┤                   │      委员会      │
          └───────┘ │                   └─────────────────┘
                    │ ┌────────┐       ┌──────────────────┐
                    ├─│ 派驻机构 │───────│ 中央纪委国家监委驻应 │
                    │ └────────┘       │ 急管理部纪检监察组   │
                    │                  └──────────────────┘
                    │ ┌────────┐       ┌──────────────────┐
                    └─│ 部属单位 │───────│ 国家安全生产应急救援 │
                      └────────┘       │        中心        │
                                       └──────────────────┘
```

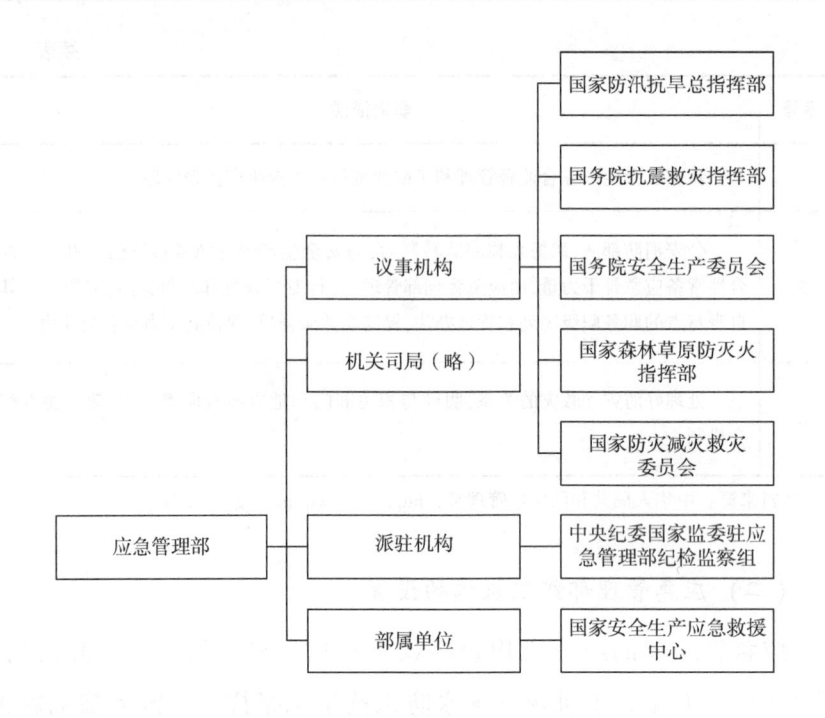

图 3-1　应急管理部组织体系框架

资料来源：中华人民共和国应急管理部，https://www.mem.gov.cn/jg/。

四　中国自然灾害应急管理体制的特点及优势

（一）中国自然灾害应急管理体制的特点

改革开放至今，尤其是 2008 年汶川地震后，随着中国经济和政治制度的变革，中国自然灾害应急管理体制处于持续的变革和发展之中，其纵向关系（各级政府之间）、横向关系（同级政府不同部门之间）、内外关系（政府和社会之间）三个层面呈现可控性放权、多层次协调、规范性参与三个特征。

1. 纵向：可控性放权

解决好中央与地方之间的关系，是中国所面临的重大课题。新中国成立以后，在全国范围内建立起了"民众请政府，下级请上级，各地请中央"的救济模式。近几年，为了强化地方的主体意识、主体责任和主体作用，国家对中央总动员的救灾体制进行了重新改革，并提出了"以当地为主"的自然灾害应急管理新理念。

加强地方政府的领导，并不是说中央政府不负救灾的职责，相反，以当地政府主导的救灾体制是一种将中央政府指导与地方政府指挥有机结合的权力下放体制。在重大灾难之后，当地政府主要负责灾后的救援，中央在当地设立工作组，发挥指导、协调、督促和调查的作用。正如2013年芦山7.0级强烈地震发生后时任总理李克强所说的那样："救灾要科学有序，由四川省为主指挥抗震救灾，国务院派一个工作组在那儿，由四川省作为需方，我们是供方，他提单子，我们给条件，保证抗震救灾有序进行，使死亡人数降到了最低程度。中央决定对此后类似灾害，都以此机制展开。"[1]

2. 横向：多层次协调

灾害救援是多方面共同努力的结果。处理好不同地区、不同行业、不同系统、不同部门之间的关系，建立统一指挥、功能完备、反应灵敏、运转高效的多机构协作体系，使不同层级的不同机构之间能够快速反应、任务分解、资源共享，成为救援工作的重要任务之一。

近几年，国家应急管理工作机构逐步形成，如减灾委员会、抗震救灾指挥部、防汛抗旱指挥部、地质灾害应急指挥部、森林防火指挥部、气象灾害防御指挥部等议事协调机构，还有部门之间、地区之间、军地之间、条块之间协同联动等多层次救灾协调机制，并凭借各层级各行业救灾预案加以规范，强化对灾后救援工作的统一领导和多

---

[1]《李克强在中国工会第十六次全国代表大会上的经济形势报告》，https://cpc.people.com.cn/n/2013/1104/c64094 - 23421964 - 2. html。

方协调，弱化部门化分类管理体制存在的弊端。比如，在 2013 年芦山地震发生之后，四川省第一时间就进行了 I 级地震响应，消防、安监、卫生、军队的紧急抢险队伍迅速奔赴现场；省政府建立了救灾指挥部，指挥长由省委书记担任，副指挥长由省长和省委副书记担任，成员由 17 位省军级领导构成，指挥部下设省总值班室、医疗保障、交通保障、通信保障、救灾物资、宣传报道六个小组，全面指挥和领导抗震救灾工作。

为推进从单一灾种到综合减灾的变革，强化横向跨部门之间的协同，国家于 2018 年 3 月将 9 个职能部门和 4 个议事协调机构的 13 项职能合并，成立应急管理部，使之成为国务院组成部门。《深化党和国家机构改革方案》于 2018 年 3 月发布，该文件强调要加强对各有关单位、地区的职能划分，并与其他有关单位、地区协作。

3. 内外：规范性参与

灾害救援工作是一个公开、有序的机制，不仅要发挥国家的领导作用，而且需要广大群众的积极参与。在面临各类灾难时，政府往往处于中心位置，但是，由于资源配置、人员结构和组织体系等因素的制约，政府在救灾方面的失灵不可避免，需要市场机制和社会力量的积极介入。

近几年，中国政府加大了对于救灾队伍中民间组织和市场机制的支持力度，努力为社会力量和市场机制有序参与救灾营造良好的政策环境、提供更多的活动空间，推动其更好地发挥作用。

习近平总书记在 2015 年 5 月提出，要坚持群众观点和群众路线，拓展人民群众参与公共安全治理的有效途径，动员全社会的力量来维护公共安全。民政部于 2015 年 10 月发布《关于支持引导社会力量参与救灾工作的指导意见》，明确了需鼓励和引导民间组织有序参加灾害救援工作。习近平总书记在 2016 年河北唐山视察时强调，要全面提升全社会抵御自然灾害的综合防范能力,在建立防灾减灾救灾宣传教育长效机制、引导社会力量有序参与等方面努力。《中共中央 国务院关于推进防灾减灾救灾体制机制改革的意见》明确指出,"要坚持党委领导、政府主导、社会力量和市场机制广泛参与""更加注重组织动员社会力量广泛参与,建立完善灾害保险制度,加强政府与社会力量、市场机制的协同配合,形成工作合力"。

(二) 中国自然灾害应急管理体制的优势

以中国特色社会主义制度优势为依托,中国自然灾害应急管理体制极具中国特色。中国自然灾害应急管理体制具有突出的优越性,一是应急管理中各级党委的领导作用,二是实行以人为中心的公共安全治理理念,三是大部制改革推进中应急管理部的成立。

1. 中国共产党的全面集中统一领导

在自然灾害应急管理中,中国各级党委的领导作用被内化为"集中力量办大事"的制度优越性。党的十九大报告明确指出,要建立健全党委领导、政府负责、社会协同、公众参与、法治保障的社会治理体制,不断提升社会治理的社会化、法治化、智能化和专业化水平。《中共中央 国务院关于推进防灾减灾救灾体制机制改革的意见》对中国共产党的统一领导也作出指示,要求充分发挥中国的政治优势和社会主义制度优势,坚持各级党委和政府在防灾减灾救灾工作中的领导和主导地位,发挥组织领导、统筹协调、提供保障等重要作用。这些都体现了新的历史时期党中央及各级党委在自然灾害应急管理中的领导作用。

事实上,在以往的自然灾害应急管理实践中,虽然自然灾害应急管理体制是随着防灾救灾的经验总结一步步发展与完善的,但新中国成立以来,中国政府应对各种自然灾害的防灾、减灾、救灾效果却非常明显,这主要得益于中国的应急管理与公共安全治理始终带有显著的中国制度特色。比如,汶川地震发生之后,党中央、国务院科学指挥,与受灾群众心连心、同呼吸、共命运。中央统筹全局、审时度势,在地震发生后立即将抗震救灾作为全党和全国的头等大事,建立了国务院抗震救灾总指挥部,周密组织、科学调度,建立上下贯通、军地协调、全民动员、区域协作的工作机制,组织各方面的救援队伍赶往灾区,调派大量救灾物资运抵灾区,精心部署受灾群众安置工作,及时推动灾后恢复重建,举全国之力抗震救灾。在地震灾害发生后,各地党委、政府镇定自若,领导人民抓紧恢复生产、重建家园,谱写了中国历史上新的壮丽史诗。

2. 以人为中心的公共安全治理理念

中国共产党将立党为公、执政为民的执政理念贯穿于整个应急管理和社会安全治理的全过程,将"以人为本"的思想贯穿于自然灾害应急管理的思想之中,并写入各种紧急情况处理方案之中。2020年,中国发生了自1998年以来最大的一次洪灾,26个省市836条江河达到警戒标准,长江和黄河等主要湖泊出现了21次编号洪水。在党中央的坚强领导下,广大党员干部和人民群众上下齐心、众志成城,各地区和有关部门坚持人民至上、生命至上的理念,将保障人民生命安全放在首位,抢险救援工作进行得高效且有序,防汛救灾工作取得阶段性重大胜利。

"坚持国家安全一切为了人民、一切依靠人民"的总体国家安全观的确立,对中国自然灾害应急管理体制的构建起到了积极的指导作用。"以人民安全为宗旨,以政治安全为根本,以经济安全为基础,以军事、文化、社会安全为保障,以促进国际安全为依托",在以人为中心的公共安全治理理念的指引下,中国的安全治理指导方略与国家应急管理体系的相关制度内容紧密衔接,对于构建反映时代特征与中国特色的自然灾害应急管理体制有着重大的现实意义。

3. 大部制改革的推进与应急管理部的构建

大部制改革是中国行政体制和治理能力现代化的一个重大课题，其目标是通过对各部委的组织功能进行整合，提高整体的统筹管理水平，从而降低行政成本和提高行政效率。中国的大部制改革大体经历了三个时期，其中新一次的大部制改革表现出强化党委的整体领导和整合部门功能的特点，以实现整体的统筹协调。

中国应急管理体制改革突出表现为2018年应急管理部的设立，反映了中国应急管理体制综合化、属地化和社会化的三大趋势。一是在综合协调上，将自然灾害和突发事件处理功能有机结合起来，相对于过去将职能分散于各部门，更有利于党中央、国务院的统一指挥。二是在职能专业化上，应急管理部是国家一级政府机构，具有较大的规格，可以有效地将多个部门的功能和力量集中起来，提高应急管理的专业化程度。三是在资源集成上，通过将多个部门的功能整合，可以实现资源的有效分配，从而使资源得到合理的利用。

如在2020年的汛情中，应急管理部发挥全国防汛抗旱指挥的领导作用，组织多个单位进行分析研究；水利部对大中型水库进行了调水，防洪拦蓄达1200多亿立方米；气象部全天候天气预报监测灾情；自然资源部强化地质灾害的监测和早期预警。一道道命令下达迅速，效果立竿见影，其间，疏散了525.7万名居民，是历史上疏散群众最多的一批。

第二节 中国自然灾害应急管理体制演化

自然灾害应急管理体制的运行和演变发展决定着一个国家应对突发事件的能力和应对效率（闪淳昌等，2011）。从中国自然灾害应急管理体制的演变和发展过程来看，以 2018 年设立应急管理部为标志，中国迈入了新时代应急管理体制改革创新的新阶段，中国应急管理体制进一步由原先的"分散化"向以强有力的核心部门为主导进行总牵头、各方协调配合的方向转变。

一 2018 年改革前自然灾害应急管理体制

在新时代改革前，中国的应急管理体制已经出现由单一突发事件应对向综合应急治理的转变趋势。中国在经历了 2003 年"SARS"事件后进行了广泛总结研讨，根据 2006 年发布实施的《国家突发公共事件总体应急预案》、2007 年颁布的《中华人民共和国突发事件应对法》等相关法律和行政法规，同时借鉴部分地方性规章制度，基本建立了"统一领导、综合协调、分级负责、属地管理为主"的应急管理体制，并在社会治理实践中取得了一系列成绩，产生了善治的实效。

（一）统一领导、综合协调

1. 统一领导、综合协调的内涵

"统一领导"主要关注应急管理体制中的纵向关系。"统一领导"在包含党中央、国务院对各部委、地方党委政府的领导的同时，也囊括了地方党委政府对下级党委政府、地方部门的领导，体现了应急指挥决策核心对所属相关地区、部门和单位的领导。这种纵向关系要求注重把握上下级之间的集权与分权程度，层层落实职责，健全运行机制。在国家层面上，国务院是突发公共事件应急管理工作的最高行政领导机构，对全国的应急管理工作负责。在地方层面上，地方各级党委和政府负责其辖区内的应急管理工作，负责内容包括一般事件应对和突发事件应对。在实践层面上，统一领导主要表现为面对各等级各类型突发应急事件时，决策指挥权和部门协调权的归属。

"综合协调"主要侧重于处理应急管理体系中的横向关系。"综合协调"的内涵可以从以下三个方面理解。第一,党委政府在行政系统内,对同级负责应急管理工作的相关职能部门和下级有关党委政府进行有关应急管理工作的指导和相关资源的协调。第二,由各级党委政府牵头,对行政系统外的各类社会主体进行指导统筹,其中包括但不限于各类企业、社会组织、军队、群众等,扩大参与主体和资源总量。第三,各级党委政府进行系统内部的改革。在日常工作中,各级党委政府分工负责,不断根据新形势学习优化应急管理队伍,不断创新沟通方式方法,利用新技术等建立应急管理平台,不断朝着加强统一指挥协调、降低应急管理行政成本、提升协调效率和危机的快速处理能力的方向改革。

统一领导和综合协调的关系如图 3-2 所示。

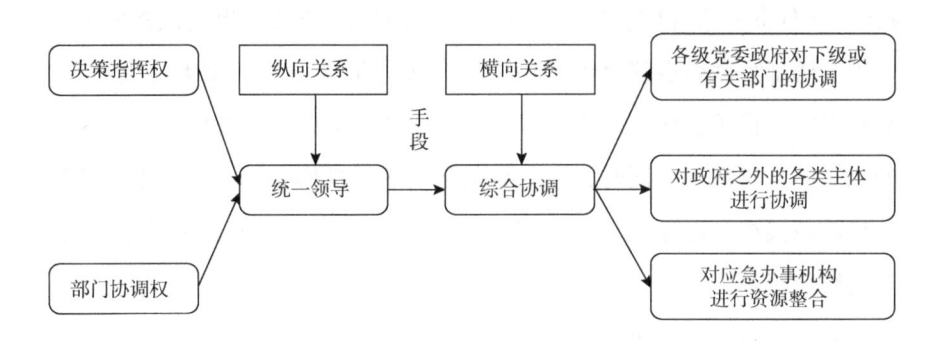

图 3-2 统一领导和综合协调的关系

在实践应用中,以自然灾害这类突发事件为例,由于其产生原因具有多元化特点,发生过程具有非孤立性特点,因此有关自然灾害的应急处置过程充分展现了统一领导和综合协调的优势,在处理过程中多个相关部门会通过设立高效的临时性指挥机构进而开展工作。

2. 统一领导、综合协调的应急指挥机构——突发事件应急管理指挥部

在改革前，中国应急管理行政领导体制中，应急指挥部是各级政府领导、处置突发事件的基本组织形式，突发事件应急管理指挥部在各类突发事件处置中处于核心地位，是统一领导、综合协调应急管理体制在实践中的核心体现。

在突发事件发生期间，需要集中调动人力、物力、财力等各类资源，并迅速决策。而在日常管理模式下，分散决策模式很难适应突发事件应对、处置工作的需要。因此，成立相对集中的领导决策机构和现场处置指挥部，是应对各类突发事件的统一模式，也是"统一领导、综合协调"的体制体现。

从实践形式来看，中国各级党委政府组成中，很多议事协调机构、部门联席会议，甚至一些领导小组，都是指挥部形式的具体体现。以《国家涉外突发事件应急预案》为例，中国境外公民和相关机构的安全保护工作部际联席会议负责处理中国公民在境外遭遇的重大突发事件，具有组织、指挥、协调等职能，在实践中这一会议机构类似于国内事件的临时应急指挥部。同时，设立相关下属职能机构，一般会根据需要划分抢险救援组、医疗救治组、善后工作组、新闻宣传组、灾后重建组、治安维稳组等。

3. 中国应急组织机构的法定职责

在法律层面，主要依据2007年颁布实施的《中华人民共和国突发事件应对法》。从牵头负责人设置角度，国家层面由国务院总理领导，召开会议研究部署突发事件的相关应对方案和措施，地方层面由国务院派出的工作组成员作为负责人或者由当地政府的最高行政首长、军队最高首长负责（马宝成，2018）。从应急机构设立角度，在应对严重的突发应急事件时，可以成立国家级和地方级的应急指挥机构，对应急管理

工作负责。这一应急指挥机构往往以应急指挥部作为实践表现形式，它的人员构成主要有行政首长、解放军、武警部队、相关专业机构负责人，他们共同协调各方力量开展应急管理工作。

在行政法规层面，主要依据中国 2006 年发布的《国家突发公共事件总体应急预案》中的相关规定。《国家突发公共事件总体应急预案》的重点包括以下几点：一是要求依照相关法律和其他行政法规开展应急管理工作；二是在制度层面明确了应急预案的编制主体、流程以及实施过程中的各方职责；三是明确了突发应急事件中各级党委政府的关系，要求统一领导、综合协调并执行属地管理原则，多方共同开展突发事件的应急处理工作。

(二) 分类管理、分级负责

1. 分类管理、分级负责的内涵

分类管理注重横向维度，对于不同种类的突发事件，依据专业分工，各级党委政府会分配给不同的应急管理部门负责，且应急管理机构中人员的构成和主次会有所不同。由于应急事务的特点，应急事务并不能全部由一个部门包揽，其他有关部门依然承担着大量的应急管理职能。具体包括根据突发事件性质执行不同的预案，按照标准进行分级分类、演练、预警、处置、后续的善后工作等。如防汛抗旱、反恐、公共卫生等应急指挥机构及其办公室分别由应急部门、公安部门、卫生部门等牵头，相关部门参加，协同应对。

分级负责是在纵向维度上，中央政府主要负责涉及跨省级行政区划的或事发地省级党委政府难以处理或者影响特别大的突发事件。分级负责中较高层级的政府负责较大规模或较大范围的突发事件的处置工作，而且较高层级的政府具有更多的权限、更广泛的资源协调能力，能够开展跨区域、跨部门的应对工作。由于各级政府所管理的区域不同、掌握的资源有差异，应对的能力和侧重点也不同。一般而言，越是高层级政府，应对能力越强，确定突发事件应急管理工作的负责政府层级与事件的影响范围和判定级别有强相关性。

2. 中国分类管理的应急机构

在中国各级政府部门设置中，以突发事件的类别作为分类标准，由相关部门进行牵头处置工作。例如，按照《中华人民共和国突发事件应对法》的规定，突发事件可以划分为自然灾害、事故灾难、公共卫生事件、社会安全事件四大类，承担应急管理职能的部门包括水利、环保、卫生、农业、公安、信访、国家粮食和物资储备等相关部门。这种设置模式具有应急处理更加专业化、精细化的优势，通过相互间的协调配合，适应当今社会突发事件发展的综合性、衍生性、次生性的特征。在这些专业化的政府工作部门中，一般都设有专门的应急管理办公室，或在办公厅、业务相近的职能司局加挂应急办牌子，负责本部门值守应急、信息报送、综合协调等相关应急管理工作。但在实践中由于受资源、资金和专业人才等限制，很多政府部门的应急职能由负责全面工作的办公室承担，这种现象在基层尤为典型。

3. 中国分级负责的应急管理体制

根据《中华人民共和国突发事件应对法》，分级负责原则的实践与突发事件的级别、影响程度、影响范围有强相关性，这些指标影响着应对工作主体的确定。对此，大多数应急预案都依据这一原则规定负责的政府层次通常对应分为四个层级。以《国家地震应急预案》中地震这一自然灾害突发事件中的应急响应流程为例，如图3-3所示，《国家地震应急预案》中地震应急响应等级的主要分类指标是此次地震灾害导致的受灾程度，按照这一标准分为一般、较大、重大、特别重大四个等级，进而对应设置了应对负责主体，分别是地震事件发生地县级、设区的市级人民政府、省级人民政府、国务院领导，是分级负责的实践体现。同时，由于地震灾害的特殊性，中国地震局在各级别的地震灾害中承担一定的组织协调工作。

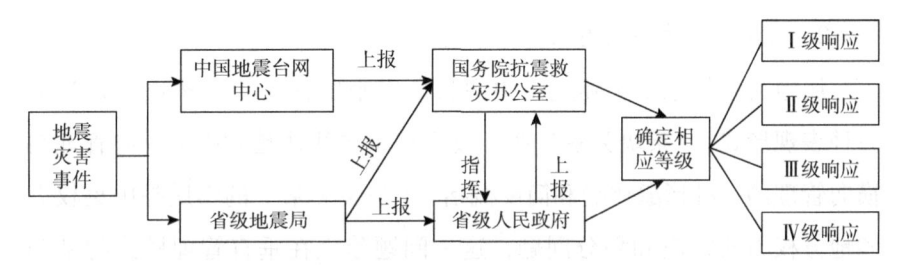

图 3-3 中国地震应急分级响应流程

（三）属地管理为主

1. 属地管理为主的内涵

应急管理体制中的"属地管理为主"是处理突发事件的重要原则和主要工作方式，它的内涵可以从两个角度进行解读。第一，在负责主体层面明确了以属地管理为主，即由突发事件发生地的县级以上人民政府主导负责，其拥有突发事件发生后的处理权和决策权。第二，对以属地管理为主的边界做了一定限定，即在特殊事件、特殊情况下，国家级行政机关相关部门可以进行管理，说明以属地管理为主并不是完全属地管理。但事发地的党委政府同样需要协同配合，发挥属地的优势提供信息、资源，使国家级力量能够更好地发挥作用。

例如，2003 年重庆市开县"12·23"特大井喷事故发生后，时任国务委员、国务院秘书长华建敏受中央政府委派到重庆指导事故处置，他宣布的第一件事情就是开县事故的处置要由重庆市委、市政府统一指挥。这也意味着该事件中核心领导权在事发地党委政府手中，明确了中央和地方在此次事件中的关系，阐明了上级领导最主要的任务是帮助事发地政府解决其解决不了的问题，协调事发地政府协调不了的力量。汶川地震的处置过程也是这样，国务院抗震救灾指挥部依靠四川省委、省政府及时成立了抗震救灾前线指挥部,充分发挥地方政府的独特优势,提升了物资调度、救援部队组建的速度。

2. 属地管理为主的意义

属地为主的原则实际上是中国长期以来所存在的"条块关系"的一种表现形式。"条块关系"在行政管理领域往往是对中国纵向管理与横向管理的一种形象比喻和简要概括。"条块关系"的实质是中央权力和地方权力的归属和划分问题,这一问题建立在垂直管理模式的基础上。"条"主要是指垂直管理上的主管部门,如上级公安机关、应急管理部门、财政部门等;"块"主要是指地方政府,表现为行政辖区。一般而言,属地管理为主的积极意义如图3-4所示。

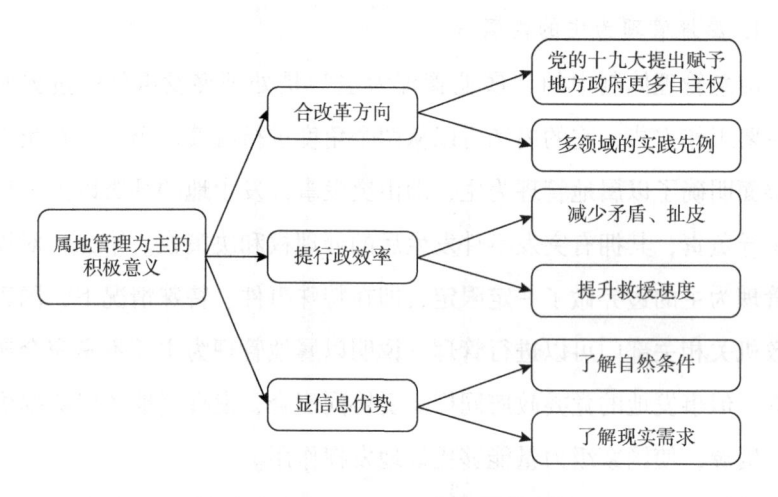

```
                        ┌─ 党的十九大提出赋予
              ┌─合改革方向┤  地方政府更多自主权
              │         └─ 多领域的实践先例
属地管理为主的 │         ┌─ 减少矛盾、扯皮
   积极意义   ─┼─提行政效率┤
              │         └─ 提升救援速度
              │         ┌─ 了解自然条件
              └─显信息优势┤
                        └─ 了解现实需求
```

图3-4 属地管理为主的积极意义

在目前的现实条件下,实施"属地管理为主"符合行政管理体制改革方向,有利于发挥地方政府的积极性,强化属地政府应急管理职责,提高应急处置效率,降低行政管理成本。但是也存在一些疑难问题,如下级政府在编制、人员配置、资源等方面往往有局限性,力量比较薄弱,不同层级政府之间事权划分不尽合理。此外,属地管理容易形

成各自为政的局面。

二 2018年改革后的自然灾害应急管理体制

2018年3月中共中央印发《深化党和国家机构改革方案》的规定，从国务院层面上组建了应急管理部。应急管理部的组建是中国应急管理体制向由强有力的核心部门为主导进行总牵头、各方协调配合的方向转变的一次创新改革，将国家的应急管理能力进一步提升至新高度，使安全生产、公共安全更有保障，人民群众安全指数、社会稳定指数进一步提高，同时在推动形成统一指挥、专常兼备、反应灵敏、上下联动、平战结合的中国特色应急管理体制方面发挥了重要作用。

（一）统一指挥

1. 统一指挥的内涵

应急管理的统一指挥主要是指在实施突发事件应急处置时，作为下属人员或单位，最优化的处置结构是接受一位领导人或上级单位的最终命令，对于力求达到统一安全目标的应急管理部门其全部应急管理工作，也只能由一个领导机构和领导人员集中统一指挥。

通过层级关系和党政关系避免了改革前由于应急指挥管理体系不健全，多头决策、信息不对称等原因出现的指挥混乱、力量混乱现象，有效提升了应急力量协调效率和突发事件处理速度。

2. 统一指挥的表现——应急指挥权的行使流程

应急指挥权的集中统一原则并不意味着各类规模突发事件全部由应急管理部门进行统一指挥，也不意味着指挥权全部由上级应急管理机构统一行使。在分级负责原则下，将灾害分为一般性灾害和特别重大灾害两类。在一般灾害发生时，由事发地地方人民政府掌握指挥权，负责开展应急管理工作，并向应急管理部汇报工作，应急管理部代表中央进行救助支援，如图3-5所示。在特别重大灾害发生时，应急管理部掌握指挥权，负责开展应急管理工作，与事发地地方政府协调资源开展工作，中共中央、国务院选派负责同志代表中央，与应急管理部进行协调，听取工作情况汇报并安排工作，如图3-6所示。

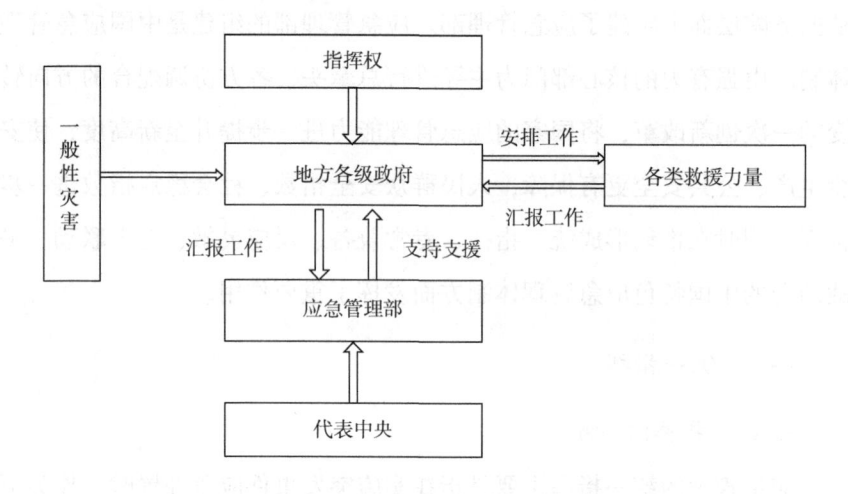

图3-5 一般性灾害应急指挥权的行使

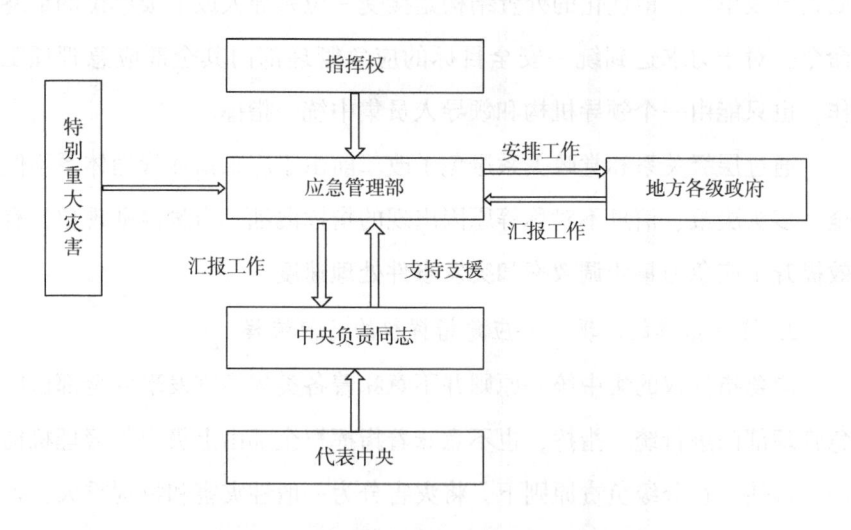

图3-6 特别重大灾害应急指挥权的行使

(二) 专常兼备

1. 专常兼备的内涵

在突发事件应急管理过程中,既需要应对各类火灾、洪涝等常见突发事件的常规救援力量,也需要处置非常规突发事件,以及处置常规突发事件中的部分特殊环节的专业救援队伍力量。常规救援力量主要由具备一般性的救援知识和技能的救援人员组成,是主要配备常用的救援装备、设备、技术手段和解决方案的队伍。例如,解放军、武警部队中的非专业队伍,大部分的民兵预备役人员和救援志愿者等。专业性救援队伍主要是具备特殊技能和训练的人员,并配有特殊的设备、装备、技术手段和解决方案的队伍。例如,地震等自然灾害紧急救援队、核生化应急救援队、应急机动通信保障队、医疗防疫救援队等。应急管理救援队伍组成体系如图 3-7 所示。

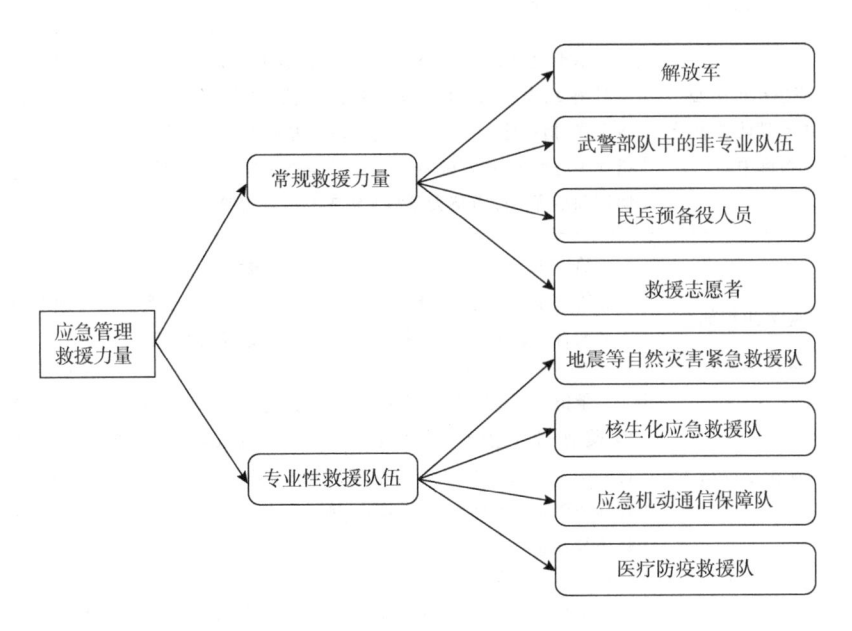

图 3-7 应急管理救援队伍组成

2. 专常兼备的机构设置改革

2018 年成立的应急管理部,将分散在 13 个部门或单位的应急管理职能进行整合,基本实现自然灾害和事故灾难领域内的全灾种管理职能的有机统一(见表 3-2)。通过建立专司应急管理职能的政府部门,各类应急管理、救援处置职能更加专业化。一般性、通用性的应急救援能通过救援力量、资源的集中统筹运用,达到资源共享、提高效率的目的。最终实现专业化的救援和常规化的救援职能兼备、相互配合、共同提高的目的。

表 3-2　　　　　　　　　应急管理部专业司局机构

司局名称	主要职能
办公厅 (党委办公室)	负责机关日常运转;承担信息、安全、保密、信访、政务公开、有关文稿起草等工作
应急指挥中心 (国家消防救援局指挥中心)	承担应急值守、政务值班等工作;拟订事故灾难和自然灾害分级应对制度,发布预警和灾情信息,衔接解放军和武警部队参与应急救援工作,指导地方建立健全应急联合指挥平台;加挂国家消防救援局指挥中心牌子,按权限承办国家综合性消防救援力量调动事宜,参与协调和指挥调度重特大及突发灾害事故处置等工作
人事司 (党委组织部)	负责机关和直属单位干部人事、机构编制、劳动工资等工作,指导应急管理系统思想政治建设和干部队伍建设工作;负责应急管理系统干部教育培训工作,负责所属院校、培训基地建设和管理工作
队伍建设局	承担职责范围内的国家综合性消防救援队伍职务任免、调配、表彰、奖励、处分、烈士评定等有关工作,承担队伍人员招录有关工作,拟订消防员退出安置计划、队伍管理保障办法等;组织实施,统筹消防、森林和草原火灾扑救、抗洪抢险、地震和地质灾害救援、生产安全事故救援等专业应急救援力量建设
综合减灾和改革协调司	组织开展自然灾害综合风险与减灾能力调查评估,研究推进建立大安全大应急框架措施,协调推进应急管理深化改革,负责应急管理形势综合分析,承担重大政策研究和重要文稿起草工作

续表

司局名称	主要职能
救援协调和预案管理局	统筹应急预案体系建设,组织编制国家总体应急预案和安全生产类、自然灾害类专项预案并负责各类应急预案衔接协调,承担预案演练的组织实施和指导监督工作;承担国家应对特别重大灾害指挥部的现场协调保障工作,指导地方及社会应急救援力量建设,组织指导应急管理社会动员工作
风险监测和火灾综合防治司	负责建立重大安全生产风险监测预警和评估论证机制,承担自然灾害综合监测预警工作,负责森林和草原火情监测预警工作;承担指导协调地方和相关部门开展城乡、森林草原火灾防治工作,承担森林草原防灭火指挥协调具体工作
防汛抗旱司	组织协调水旱灾害应急救援工作,协调指导重要江河湖泊和重要水工程实施防御洪水抗御旱灾调度和应急水量调度工作,组织协调台风防御工作
地震和地质灾害救援司	组织协调地震应急救援工作,指导协调地质灾害防治相关工作,组织重大地质灾害应急救援
危险化学品安全监督管理一司	承担化工(含石油化工)、医药、危险化学品生产安全监督管理工作,依法监督检查相关行业生产单位贯彻落实安全生产法律法规和标准情况;指导非药品类易制毒化学品生产经营监督管理工作
危险化学品安全监督管理二司(海洋石油安全生产监督管理办公室)	承担化工(含石油化工)、医药、危险化学品经营安全监督管理工作,以及烟花爆竹生产经营、石油开采安全生产监督管理工作,依法监督检查相关行业生产经营单位贯彻落实安全生产法律法规和标准情况;承担危险化学品安全监督管理综合工作,组织指导危险化学品目录编制和国内危险化学品登记;承担海洋石油安全生产综合监督管理工作
安全生产执法和工贸安全监督管理局	承担冶金、有色、建材、机械、轻工、纺织、烟草、商贸等工贸行业安全生产基础和执法工作;拟订相关行业安全生产规程、标准,指导和监督相关行业生产经营单位安全生产标准化、安全预防控制体系建设等工作,依法监督检查其贯彻落实安全生产法律法规和标准情况;负责安全生产执法综合性工作,指导执法计划编制、执法队伍建设和执法规范化建设工作

续表

司局名称	主要职能
安全生产综合协调司	依法依规指导协调和监督有专门安全生产主管部门的行业和领域安全生产监督管理工作,组织协调全国性安全生产检查以及专项督查、专项整治等工作,组织实施安全生产巡查、考核工作
救灾和物资保障司	承担灾情核查、损失评估、救灾捐赠等灾害救助工作,拟订应急物资储备规划和需求计划,组织建立应急物资共用共享和协调机制,组织协调重要应急物资的储备、调拨和紧急配送,承担中央救灾款物的管理、分配和监督使用工作,会同有关方面组织协调紧急转移安置受灾群众、因灾毁损房屋恢复重建补助和受灾群众生活救助
政策法规司	组织起草相关法律法规草案和规章,承担规范性文件的合法性审查和行政复议、行政应诉等工作
国际合作和救援司（港澳台办公室）	开展应急管理方面的国际合作与交流,履行相关国际条约和合作协议,组织参与国际应急救援
规划财务司	编制国家应急体系建设、安全生产和综合防灾减灾规划并组织实施,研究提出相关经济政策建议,推动应急重点工程和避难设施建设,负责部门预决算、财务、装备和资产管理、内部审计工作
调查评估和统计司	依法承担生产安全事故调查处理工作,监督事故查处和责任追究情况;组织开展自然灾害类突发事件的调查评估工作;负责应急管理统计分析工作
新闻宣传司（党委宣传部）	承担应急管理和安全生产新闻宣传、舆情应对、文化建设等工作,开展公众知识普及工作
科技和信息化司	承担应急管理、安全生产的科技和信息化建设工作,规划信息传输渠道,健全自然灾害信息资源获取和共享机制,拟订有关科技规划、计划并组织实施
机关党委（党委巡视工作领导小组办公室）	负责机关和在京直属单位党的建设和纪检工作,领导机关群团组织的工作,承担内部巡视工作;机关党委设立机关纪委,承担机关及在京直属单位纪检、党风廉政建设有关工作
离退休干部局	负责应急管理系统离退休干部工作

资料来源：中华人民共和国应急管理部, https://www.mem.gov.cn/jg/。

(三) 反应灵敏

1. 反应灵敏的内涵

突然性、复杂性、紧迫性是突发事件最明显的特征，这就要求应急处置要做到反应灵敏。所谓的反应灵敏，就是指在保持应急管理、应急处置质量的前提下，尽可能缩短从事件发生到响应、处置的时间。

反应灵敏包括了应急管理质量、时间两个要素，应急管理的一些原则、环节、要求等，都与反应灵敏的要求密切相关。新体制下的反应灵敏，主要是指应急管理机构、应急救援队伍对于突发事件的高效、迅速的反应体系的建立。一是监测预警，对事件的发生要事前预测，事发时能够有所准备。二是预防准备，包括思想准备，预案准备，应急物资储备、装备准备等资源储备，专业训练、人员素质等人力准备。三是提升应急指挥能力，包括统一指挥、决策迅速等，都是各国应急指挥的基本要求。四是统一应急管理职能，目标之一是降低政府协调部门之间协调的成本，提高应急处置效率。反应灵敏的具体要求如图3-8所示。

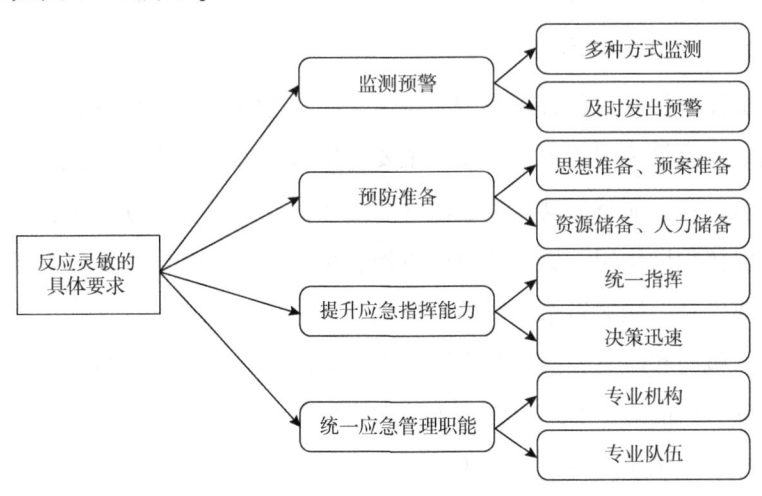

图3-8 反应灵敏的具体要求

2. 高效的应急管理机构与救援队伍

第二次世界大战以后，组建综合性的应急管理部门，将应急响应速度和事件处置效率作为重要参考和发展目标成为世界性应急管理机构发展的大趋势。与改革前的专业性应急管理部门处置、政府协调机构进行协调的模式相比，这种以综合性应急管理部门直接处置为主的模式降低了各类不同机构的协调成本，具有较高的响应效率。这种体制下的综合救援队伍保持了应急处置的专业性，逐步实现正规化、专业化、职业化，并能够与时俱进综合处置多类型的突发事件，提高处置与救援效率。

世界各国消防队伍大多由全职消防员与志愿消防员结合组成，少数国家有现役消防队伍。中国消防队伍在20世纪50年代已经成立，原属于警察部队序列，隶属于公安部，于应急管理部成立后移交应急管理部。新体制下组建的国家综合性消防救援队伍，通过三年的改革调整，保持了原有现役制优点，结合应急管理部工作新优势，已经成为效率更高、专业化更强的中国特色消防救援队伍。

（四）上下联动

1. 上下联动的内涵

突发事件的应急管理既需要快速反应，也需要有强大的信息、资源支持。应急管理中的上下联动，主要是指由上级党委政府或应急管理部门牵头，自上而下，动员多层次社会主体，鼓励多方参与突发事件的处置并发挥积极作用。属地的政府机构、企业、社会组织和公众具有信息和距离优势，能够迅速及时地对突发事件进行反应，开展自救互救；上级政府机构和应急救援组织掌握更广范围内的信息、资源等优势，能够提供强有力的应急管理方面的支持和指导。

2. 四类应急管理主体的作用

上下联动中，各级党委、政府主要发挥领导作用，做好组织、指挥协调工作；由应急管理部、省级应急管理厅（局）、地市级应急管理部、县（市、区）应急管理部四级应急管理部门联动，充分发挥应急管理主体作用；国家综合性消防救援队伍和专业应急救援队伍，发挥应急救援主力军的作用；企业、社会组织、第一响应人和志愿者广泛参与，发挥基础性的支撑作用。通过各类应急管理主体的相互配合、有机整合，形成上下联动的应急管理网络和全方位、立体化的公共安全网。四类应急管理主体形成的应急管理网络如图3-9所示。

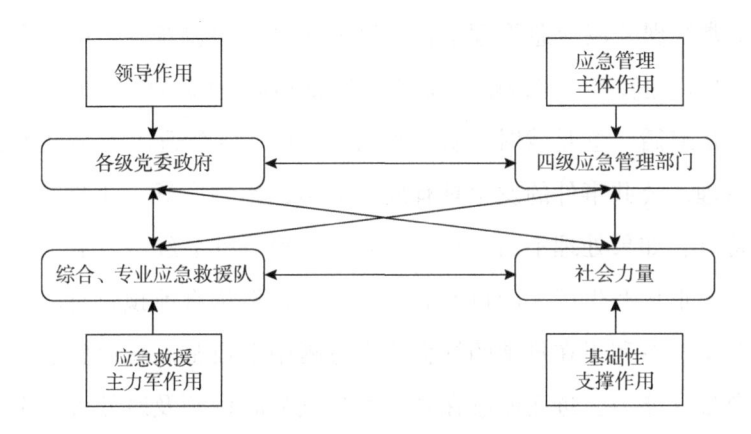

图3-9 四类应急管理主体形成的应急管理网络

（五）平战结合

1. 平战结合的内涵

新的应急管理体制要做到平战结合，所谓"平"主要是指平时，指常态，即在一定区域范围内，突发事件尚未发生时；"战"主要是指战时，指非常态，即突发事件已经发生或正在发生，需要进行处置时。

平战结合包括三个方面。一是指在尚未发生突发事件时要积极做好监测预警、应急准备工作，保证突发事件发生时，应急力量、装备设备、基础设施、物资资源等能够满足应急管理工作需要。二是常态与非常态相结合。在预防为主的基础上做出常态化的努力。比如环境方面，加强教育助力减少水土流失而产生的地质灾害，为新建的公共服务场所增添避难功能等。三是横纵全方位建设风险防范体系。加强制度设计，落实责任，明确规定风险排查的要求和标准并进行考核。整合资源，让更多社会力量参与，加强教育和专业化人才队伍建设。

2. 平战结合的原则

应急管理平战结合的主要思路是立足经济和社会的常态运行、社会服务日常管理开展应急管理工作，以适应平战协调统一、平战紧密结合、平战迅速转换、平战融合发展的应急管理工作需要。

一是遵循"立足战时、着眼平时"。平战结合适用于突发性公共事件治理。公共事件的发生具有发生突然、影响广泛、社会冲击大等显著特点，如果处理不当会在短时间内快速对社会经济发展、社会稳定和国家形象产生巨大的负面影响。因此，聚焦事前预防阶段、时常进行演练，有利于在日常的社会治理过程中形成常态化应急意识，提升应急处理能力，进而能够在真正面临挑战时做到及时处置，全面稳步推进。

二是"平战转换"。这一原则一方面强调常态化的制度、资源储备要与应急处置"战时"所需实现耦合；另一方面强调应急处置阶段的"战时"管理措施也要注意常态化生活中的领域，不能只处置灾害本身而不注重保障民生，要维持社会稳定、社会发展等。除此之外，还强调二者衔接的畅通，包括常态化治理情况下相关力量的转变速度，突发事件处置结束后恢复常态化治理的速度和各阶段的方式方法。

三是应急效益与社会效益、经济效益相结合。应急效益作为前提，经济效益作为基础，社会效益体现发展。在实践中改革创新应急场所的设立使用，在设立时考虑多元化用途，为应急管理用途留出空位；在制度层面加强建设，通过制度确立相关应急场所设立数量和标准规范。

第三章 自然灾害应急管理体制

三 改革前后自然灾害应急管理体制特征对比

中国自然灾害应急管理体制的特征主要体现在四个方面，分别是政社关系、系统关系、部门关系和层级关系（钟开斌，2020）。中国自然灾害应急管理体制的改革历程也都是围绕这四个方面展开。通过对这四种关系的调整，逐步优化中国自然灾害应急管理体制。

（一）政社关系

政社关系即政府与社会的关系，狭义上是指政府与民间组织、公众等之间的关系，广义上还指国家政府与国际社会的关系。政社关系在中国自然灾害应急管理方面甚至是整个体制演变史上，一直都随着社会的发展而逐步改进优化。

面对大型自然灾害事件，早期民众第一反应是"有困难找政府"，认为在自然灾害事件面前政府才是绝对的主体，缺少自救意识，同时相应的第三部门组织还未成形，社会救助力量还没有形成，在大型自然灾害面前自然无法提供有组织的救助。1998 年夏天，全国洪水肆虐，长江告急，松花江、嫩江告急，西江、闽江等流域也深受洪水灾害。据统计，全国共有 30 个省份受灾，洪涝受灾面积 3.3 亿亩，受灾人口 1.86 亿人，死亡 4150 人，倒塌房屋 685 万间，直接经济损失 2550.9 亿元。在抗洪抢险中，全国参加抗洪的干部群众达 800 多万人，先后调动人民解放军和武警部队共 27.4 万兵力（万群志，1998）。据不完全统计，截至 1998 年 9 月 24 日，各级工商联组织和非公有制企业向灾区捐款 8.5 亿元人民币，其中捐款捐物超过百万元的有 130 多户企业，超过千万元的企业有 7 户。从此次特大洪涝灾害中，我们可以略窥一二。前期，在面临特大自然灾害时，政府不仅承担救灾的指挥工作，同时也是救灾过程中的绝对主力。我们可以看到，虽然在自然灾害发生时，社会力量也乐于参与救援，然而由于缺乏相应的组织，大部分只能通过捐款的方式贡献自己的力量。2008年，在汶川地震、玉树地震等重特大自然灾害发生后，灾难的重大性使救援工作的工作量巨大，然而灾难的集中性又能够让未受灾的人群有能力去救援，所以社会力量开始广泛参与救灾工作。大量的第三方组织、志愿者、企业加入救援工作，发挥了重要作用。这是中国社会力量参与自然灾害应急管理的伟大尝试，迈出了进一步优化自然灾害应急管理体制重要的一步。

2015年，民政部印发《关于支持引导社会力量参与救灾工作的指导意见》，对如何支持引导社会力量参与救灾工作提出了相应的规范措施。2016年，中共中央、国务院为构建多方参与的防灾减灾救灾体制机制，印发了《关于推进防灾减灾救灾体制机制改革的意见》，要求"更加注重组织动员社会力量广泛参与"，其中社会力量包括社会组织、社会工作者、志愿者、爱心企业等。2020年，面对特大洪涝灾害，应急管理部印发《关于进一步引导社会应急力量参与防汛抗旱工作的通知》，希望借此动员引导社会应急力量有序参与抗洪抢险救援工作。社会力量的参与有助于摒弃"无限政府"的理念，构建政社协同治理的局面，缓解政府压力，增强应急救援合力。例如，在2020年夏季长江淮河流域特大暴雨洪涝灾害的应急救援过程中，就可以看出社会力量的参与显著增强。此次抗洪救灾累计有500多支社会应急救援力量，14000多人参与救灾工作，在这些社会力量的帮助下，4万余名群众被转移。其中，知名的蓝天救援队、公羊救援队、绿舟救援队、壹基金救援队、红十字救援队等表现非常突出，承担了许多抢险救援任务。这无疑是政社合力进行应急救援并取得成功的典范。

通过改革，逐步放宽社会力量参与自然灾害救援的渠道，有助于弥补政府在救援过程中救援力量无法及时抵达的缺陷，同时还能培养民众的社会责任感，增强民众在救援中的获得感与认同感。

(二) 系统关系

系统关系即权力系统，例如行政、政党、司法和军队等之间的关系。自然灾害应急管理虽然通常是行政上的事务，但是有时候也需要军队等系统的参与。在各种权力系统之间，党政关系是中国最基本的政治关系，根据中国的权责分配情况，中国的系统关系从原有的"政党主导"转变为"党政分工"。

在中国自然灾害应急管理早期，系统关系明显表现为政党主导，党委在自然灾害应急管理中处于核心领导地位。在应对灾害时，通过组建应急指挥部进行重大决策部署，党政领导人亲临灾区指挥。例如1998年特大洪水，时任中共中央总书记的江泽民同志赴抗洪抢险第一线指挥救灾工作，中央与地方相互协调，及时下拨救灾物资，社会公众、企业、非政府组织也纷纷伸出援助之手，形成了政府与人民群众的良好互动。这显示出前期中国在应对自然灾害应急救援方面中央统筹协调、各级分工负责、党政军高度一体化的特点。

但是随着中国各项改革的进一步深入和政党分工制的进一步推进，中国共产党不再直接代替政府行使责任。起先通过恢复或组建民政部救灾救济司等部门，以其为基础，设立常设性的应急管理机构，承担应对自然灾害的救灾任务。党的十八大以后，在总体国家安全观的指引下，通过制定《中华人民共和国国家安全法》的方式，将中央国家安全委员会确定为中国国家安全工作的决策和议事协调机构，从而强化党在重大自然灾害事件上"统一领导"的权力。在自然灾害应急管理工作中提出"党政同责"的原则，强化各级党组织的应急管理责任。为强调党委和政府在自然灾害应急管理中的领导和主导地位，2016年印发的《中共中央 国务院关于推进防灾减灾救灾体制机制改革的意见》对该内容进行了详细阐述。2018年，在设立应急管理部后，为明确部门职能配置等一系列问题出台了《应急管理部职能配置、内设机构和人员编制规定》（以下简称《规定》）。《规定》再次对党在应急工作中的统一领导地位进行了明确，从原先的"大包大揽"到现在的"放权政府、强化领导作用"，这一系列的改革体现出中国应急管理体制中党的作用的转变。

通过改革进一步强化权力系统间的关系，有助于党政军各司其职、通力合作，共同营造良好的自然灾害应急管理体制环境，最大限度提升中国自然灾害应急管理水平。

（三）部门关系

部门关系是指同一层级之间不同职能部门之间的关系。在需要调配多方力量的管理事务中，部门间关系必然是值得重视的一大方面，自然灾害应急管理也不例外。清晰的部门间权责关系会减少部门间相互掣肘、相互推诿的现象。中国自然灾害应急管理部门关系也发生了重大变革。

在应急管理部成立之前，中国的自然灾害应急管理主要是按灾种进行分类管理的，相应的部门负责相应的灾种，例如水利部门负责防汛抗旱，地震部门负责抗震减灾等。各部门各司其职，具有很强的专业性，能够有针对性地进行减灾备灾救灾，同时在涉及同一部门上下联动时能够上下一致，反应灵敏。但是当自然灾害涉及不同部门时，其存在的问题也逐渐暴露，例如洪涝造成山体滑坡，涉及水利部门以及地质部门等，在统一调动时就存在由于互不隶属，指挥困难的问题，甚至造成资源的浪费。实际上，这种复合自然灾害的发生才是常态，所以如何建立好跨部门、跨区域的自然灾害救灾联动机制成为摆在大家面前的一道难题。于是各部门之间的跨部门合作逐步展开，例如 1987 年成立国家森林防火总指挥部、1992 年组建国家防汛抗旱总指挥部等。在 2003 年"非典"事件发生以后，部际联席会议得到迅猛发展，成立了防震减灾、防汛抗旱、森林防火等一系列联席会议，成为跨部门沟通协调的重要工作机制。但此时各部门仍然属于独立工作，部门之间缺少相应的约束。

2018年，在整合应急管理相关部门的救援职责以及指挥协调职责的基础上，成立了应急管理部。2019年，《国务院办公厅关于同意建立自然灾害防治工作部际联席会议制度的函》（国办函〔2019〕30号）规定，自然灾害防治工作部际联席会议成员名单包括召集人应急部党组书记、发展改革委副主任、财政部副部长，成员包括科技部副部长、工业和信息化部副部长、自然资源部副部长、生态环境部副部长、住房城乡建设部副部长、交通运输部副部长、水利部副部长兼应急部副部长、农业农村部副部长、应急部副部长兼地震局局长、统计局副局长、气象局副局长、中央军委联合参谋部作战局副局长。由此可以看出，此时各自然灾害直接相关部门与应急管理部之间存在兼任情况，并由应急管理部统一管理，这种在同一套体系下存在上下级关系的方式，无疑会增强自然灾害应急管理防治与救援方面的合力，避免出现"九龙治水"或者"问诸水滨"的现象，提高了应急管理的效率。

应急管理部的确立标志着中国朝着"大安全、大应急"迈出了坚实步伐，有利于形成职责明确、统一指挥的国家应急管理机构。通过明确"防灾、减灾、救灾"三大应急管理重要职责，同时整合水旱灾害、地质灾害以及森林火灾等一系列自然灾害，增强了应急管理的系统性和协同性。这次机构的大部制改革改善了在面对自然灾害救灾时各成体系、指挥困难的情况，实现了国家在面对大型自然灾害事件时不再仅仅是成立相应的联席会，而是能够进行独立统一管理的转变（吕志奎，2019）。

（四）层级关系

层级关系是指纵向不同层级政府之间的关系。层级间关系的核心是中央与地方的关系，同时也包括同一部门不同级别之间的关系。作为国家结构重要关系之一的中央与地方关系，二者之间关系的良好程度影响着国家的统一和社会经济的稳定发展。中国的自然灾害应急管理体制从开始的中央主导型逐步转变为属地管理型，这无疑是中国行政管理权下放的具体体现。同时，在大部制改革的进一步推动下成立了应急管理部，在自然灾害预警、发生和灾后重建时，由应急管理部门统一管理，强化了层级管理在地方的作用。

在中国自然灾害应急管理前期，层级间关系表现为中央主导型。在重特大自然灾害事件发生后，通过"灾民—地方政府—中央政府"这种方式层层上报，在到达中央政府以后，由中央政府进行统一决策部署并组织实施，在此过程中，中央起到了救灾的主导作用。地方政府承担的主要任务是上传灾情的基本信息并申请救灾款物，下达中央救灾的部署任务并下拨救灾款物。这种由中央统一指挥的救灾模式能够最大限度地调动全国力量，并由国家智囊团进行决策，避免地方政府出现救灾方式决策失误的情况，体现出集中力量办大事的优势。但是也有一定的弊端，例如发生灾情以后，通过地方一层层上报，然后再由中央向地方一层层下达命令，无疑会影响信息的时效性与救援的效率，从而产生由于信息不对称造成判断失误或者延误最佳救援时机的情况。

1989年国务院提出了"以地方为主、国家补助为辅"的抗灾救灾原则。同时，中国也在逐步优化应急管理体制，《中华人民共和国突发事件应对法》确立了"统一领导、综合协调、分类管理、分级负责、属地管理为主"的应急管理体制。2018年改革后确立的应急管理体制是"统一指挥、专常兼备、反应灵敏、上下联动、平战结合"。从这些转变可以看到中央逐步放权给地方，地方逐渐成为救灾主体，而中央主要承担指挥调度的职责。2020年河南郑州"7·20"特大暴雨，应急管理部第一时间启动消防救援队伍跨区域增援预案，连夜调派河北、山西、江苏、安徽、江西、山东、湖北7省消防救援水上救援专业队伍以及抗洪抢险救援装备紧急驰援河南防汛抢险救灾。实际上，河南省气象台先后在6月24日、27日发布两期《重要天气报告》，及时向省委、省政府汇报，并与省防汛抗旱指挥部进行应急会商。全省各级气象部门面向社会各界发布暴雨、雷电等预警436条，并通过电视、网络、短信、微博、微信等各种方式提醒有关县乡政府、村组和群众注意防范。虽然这次自然灾害给河南省造成较大损失，但是地方政府率先进行自然灾害应急救援，很大程度上减少了损失。这种分级负责、属地管理为主的层级关系使我们应对自然灾害时能够做到反应灵敏、上下联动，预先进行自然灾害防治，避免灾害扩大化。

通过层级关系方面的改革，进一步优化党中央与地方各级政府在自然灾害面前事前预警、事中灵敏、事后重建过程中的作用，让中央能够时刻把控全局，地方政府能够层层落实，中央与地方、地方各级政府各司其职，充分发挥中国特色社会主义制度的优越性，健全中国自然灾害应急管理体制，保障人民的生命财产安全。

第三节 应急救援队伍建设

应急管理部成立以来，对标"全灾种，大应急"的需要，全面增强中国特色救援力量。目前，中国已经初步构建起以国家综合性消防救援队伍为主力、以专业救援队伍为协同、以军队应急力量为突击、以社会力量为辅助的中国特色应急救援力量体系。

一 综合性消防救援队伍

国家综合性消防救援队伍由应急管理部管理，是由公安消防部队（中国人民武装警察部队消防部队）、中国人民武装警察部队森林部队退出现役后组建成立的一支综合性消防救援队伍。国家综合性消防救援队伍共编制 19 万人,是应急救援的主力军和国家队,其主要职责是防范化解重大安全风险、应对处置各类灾害事故,在应急救援中发挥着重要作用。

(一) 综合性消防救援队伍的组建

1. 组建过程

2018 年 10 月,中共中央、国务院印发《深化党和国家机构改革方案》,提出"公安消防部队、武警森林部队转制后,与安全生产等应急救援队伍一并作为综合性常备应急骨干力量,由应急管理部管理"。2018 年 10 月 18 日,国务院办公厅印发了《组建国家综合性消防救援队伍框架方案》。《组建国家综合性消防救援队伍框架方案》由一个总体方案和三个子方案组成,即职务职级序列设置方案、人员招录使用和退出管理方案以及职业保障方案。具体的组建过程如图 3-10 所示。

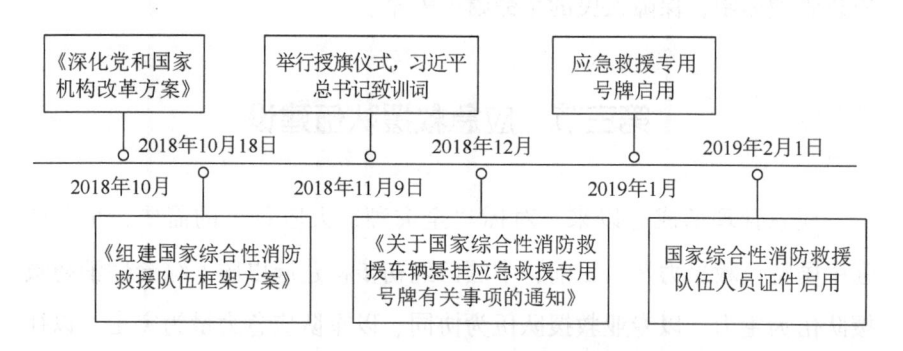

图 3-10 综合性消防救援队伍的组建过程

2. 主要任务

组建国家综合性消防救援队伍的主要任务有六项,分别是建立统一高效的领导指挥体系;建立专门的衔级职级序列;建立规范顺畅的人员招录、使用和退出管理机制;建立严格的队伍管理办法;建立尊崇消防

第三章 自然灾害应急管理体制

救援职业的荣誉体系；建立符合消防救援职业特点的保障机制。

（二）综合性消防救援队伍参与应急管理的主要任务

改革前，公安消防部队和武警森林部队主要承担防火、灭火的任务，参与应急救援行动的主要任务是抢救人员生命。改革后，消防救援队伍和森林消防队伍主要承担防范化解重大安全风险、应对处置各类灾害事故的重要职责。

消防救援队伍的主要任务是城乡综合性消防救援和火灾预防、监督执法和火灾事故调查等，负责调度指挥相关灾害事故救援行动。在各省（自治区）、直辖市设消防救援总队，市（地、州、盟）设消防救援支队，县（市、区、旗）设消防救援大队、消防救援站。

森林消防队伍的主要任务是森林和草原火灾扑救、抢险救援、特种灾害救援和森林草原火灾预防、监督执法、火灾事故调查等，负责指挥调度相关灾害救援行动。在内蒙古、吉林、黑龙江、福建、四川、云南、西藏、甘肃、新疆9个省（自治区）设森林消防总队，总队下设支队、大队、中队。

二 专业救援队伍

专业应急救援队伍主要包括地方政府和企业专职消防、地方森林（草原）防灭火、地震和地质灾害救援、生产安全事故救援等具备较高专业技术水平的应急救援力量。此外，一些行业部门也建立了应急救援队伍，主要进行相应行业和领域的事故灾难应急救援行动。专业救援队伍具有专业性强、稳定性高的特点，在中国应急救援力量体系中主要发挥重要的协同作用。

（一）专业救援队伍的组建要求

《中华人民共和国突发事件应对法》第二十六条规定："县级以上

人民政府应当整合应急资源，建立或者确定综合性应急救援队伍。人民政府有关部门可以根据实际需要设立专业应急救援队伍。"2009年10月，国务院办公厅印发的《关于加强基层应急队伍建设的意见》明确要求完善基层专业应急救援队伍体系。

(二) 专业救援队伍的构成

中国的专业应急救援队伍大体可以分为三类。第一类是地震、防汛抗旱、森林（草原）防灭火等自然灾害应急救援队伍；第二类是矿山、危化、隧道、油气田、水上等安全生产应急救援队伍；第三类是铁路、民航、核事故等重点领域和行业的应急救援队伍。中国专业救援队伍的种类丰富，数量众多，在此选择几支典型的自然灾害应急救援队伍的建设情况进行介绍。

1. 地震应急救援队伍

地震应急救援队伍由两部分构成，分别是国家地震灾害紧急救援队（对外称中国国际救援队）和各省级地震灾害紧急救援队。主要负责对因地震灾害或其他突发性事件造成建筑物倒塌而被埋压人员实施紧急搜索与营救。

国家地震救援队的构成分为三个部分，即中国地震局的专家和管理人员，从事搜索、营救的人员，医护人员。大多数省份的地震救援队伍都是按照国家救援队的模式来组建成立的，由救援队员、医疗队员和专业技术人员组成，配备必要的救援设备，并具有探测、通信等方面的技能。

2. 地质灾害应急队伍

地质灾害应急队伍的主要职责是参加各种类型的地质灾害防控工作，开展地质灾害科普、自救互救技能等知识的宣传教育工作，进行事故隐患和灾情的上报，组织群众疏散转移以及参加地质灾害的救援工作等。容易受地质灾害影响的基层组织单位要在地质部门的指导下，明确参加灾害救援的人员和责任，并对相关救援知识进行定期的培训。地方政府负责提供地质灾害救援队伍的财政支持。

3. 防汛抗旱队伍

在洪涝多发地区以及重点流域内，要组织民兵、预备役人员、农技人员、村民及政府部门相关人员建立县、乡级防汛抗旱力量。在洪涝灾害多发地区要动员当地居民及各有关部门的力量，组成一支抗洪抢险队伍。地方各级成立防汛抗旱指挥机构，指导防汛抗旱队伍的教育培训以及灾害救援演练工作，同时要注意在汛期安排开展定期巡查工作，以便做到第一时间处置险情。总之，基层地方政府要充分利用各方力量，科学地进行防洪抗旱物资调配，并建立灵活高效的防汛抗旱救援工作机制。

4. 森林草原消防队伍

县人民政府、乡镇人民政府、村委会、国有林（农）场、森工企业、自然保护区、森林、旅游草原风景区等，要联系组织本部门或本单位职工以及具备相关经验的社会人员组建森林草原消防队伍。地方各级相关部门应配备防火器材，组织防火技能培训和防火实战演练。此外，要加强与当地消防部门、解放军、武警部队等救援力量之间的协同配合，以确保防火工作的顺利进行。基层地方政府要为当地的森林草原消防队伍提供设备保障和资金支持。

5. 气象灾害应急队伍

县级气象部门要组织乡镇和各村具备气象灾害救援知识的人员建立基层气象灾害应急队伍，队伍的主要职责是接收和传达气象灾害预警信息；及时报告气象灾害情况；开展气象灾害的科普教育以及宣传工作；帮助社区和村镇制定气象灾害防治预案并做好预案评估工作、参与应急救援等工作。

(三) 专业应急救援队伍的特点

1. 专业性

各个专业应急救援队伍都是针对突发事件的类型，甚至是某一项灾害或行业领域而专门组织建立的，能够以专业的救援能力和救援设备为基础进行救援活动，在救援行动中往往能够做出突出贡献。

2. 稳定性

无论是国家级专业救援队伍还是地方组织的专业救援队伍，都具备相应的人员数量和装备配备标准，一般也都具备相应的队伍管理条例和规范等。专业救援队伍的稳定性可以帮助队伍更好地进行组织管理，更规范有序地参与救援行动。

三 军队应急力量

军队应急力量参与应急救援在世界各国的应急管理工作中都有体现。中国参与应急抢险救援的军队力量主要包括中国人民解放军、中国人民武装警察部队和民兵预备役。

(一) 中国人民解放军参与应急管理

《中华人民共和国宪法》《中华人民共和国国防法》《中华人民共和国防震减灾法》等法律都明确了军队参与突发事件救援的任务和使命。2005年颁布的《军队参加抢险救灾条例》全面、系统地规定了军队参加抢险救灾的原则、任务、指挥和保障，使军队应急有法可依。2007年颁布的《中华人民共和国突发事件应对法》也赋予了军队应对突发事件的主体地位。其中，第十四条规定："中国人民解放军、中国人民武装警察部队和民兵组织依照本法和其他有关法律、行政法规、军事法规的规定以及国务院、中央军事委员会的命令，参加突发事件的应急救援和处置工作。"

党的十八大以后，中国安全管理体制发生重大变革。军队在向打仗聚焦的同时，继续承担参与应急管理的使命，以抢险救援锤炼部队的作战能力（王宏伟，2019）。军队参与应急管理的主要任务包括参与应急指挥、提供情报支持、处置军事突发事件、参加应急救援处置与抢险救灾、专业技术支持、特种军事打击、交通运输保障等。

（二）中国人民武装警察部队参与应急管理

《中华人民共和国人民武装警察法》规定，"人民武装警察部队担负国家赋予的安全保卫任务以及防卫作战、抢险救灾、参加国家经济建设等任务"。2018年3月，《深化党和国家机构改革方案》，规定："公安边防部队、公安消防部队和公安警卫部队不再列入武警序列""海警队伍转隶武警部队""武警部队不再领导管理武警黄金、森林、水电部队""武警部队不再承担海关执勤任务"。武警部队参与应急管理的主要职责是负责固定目标执勤、处理突发事件、协助押运等。

（三）民兵预备役参与应急管理

《中华人民共和国兵役法》规定，实行民兵与预备役相结合的制度。民兵既是国家武装力量的组成部分，又是预备役的基本组织形式。民兵是中国共产党领导的在长期革命战争中逐步发展起来的不脱离生产的群众武装组织，是中国人民解放军的助手和后备力量。

民兵预备役人员参与灾害救援具有一定的优势。民兵按照便于领导、便于活动、便于执行任务的原则编组。农村一般以行政村为单位编成连或营；城市以企业事业、街道为单位编成排、连、营、团。基干民兵单独编组，根据人数分别编成班、排、连、营或团，并根据战备需要和现有装备，组建民兵专业技术分队。因此，民兵预备队在参与应急救援工作时能够发挥熟悉地形、熟悉人员、熟悉语言、就近就地、亦兵亦民、组织健全的优势,是应急救援队伍中不可取代的重要力量。

四 社会力量

社会应急救援力量是指非政府部门隶属、志愿参与突发事件的社会组织、企业、社会工作者、志愿者等机构和个人。2015年10月8日,民政部印发《关于支持引导社会力量参与救灾工作的指导意见》,对支持引导社会力量参与救灾工作的重要意义、支持引导社会力量参与救灾工作的基本原则进行了明确,提出了社会力量参与救灾工作的重点范围、支持引导社会力量参与救灾工作的主要任务、支持引导社会力量参与救灾的工作要求等。

按照性质分类,社会应急救援力量包括基层专(兼)职应急救援队伍,由基层政府、有关部门、企事业单位和群众自治组织组建的专职、兼职、义务应急救援队伍;志愿者应急救援队伍,主要包括红十字会、青年志愿者协会以及其他组织建立的各种志愿者参加的应急救援队伍;专家应急救援队伍,由各行业、各领域的专家组成的专家应急救援队伍。

2019年,应急管理部进行了全国范围内社会应急救援力量摸底调查,结果显示,中国社会应急救援队伍有1200余支,根据队伍内部人员构成以及队伍特长参与了各类救援行动。此外,部分单位和社区的志愿消防队也参与了应急救援工作。

作为救援机构,社会应急救援力量具有相对固定的专(兼)职救援人员、装备工具和组织管理系统。它们是国家应急体系的辅助力量,具有组织灵活、服务多样、贴近一线、参与热情高、活动范围广等独特优势,在各类应急救援行动中积极参与,有效保护了人民群众的生命财产安全。

五 "十四五"时期应急救援力量建设新要求

党的十八大以来,中国应急救援能力现代化建设取得了一系列重大成效,国家综合性消防救援队的主力军和国家队作用凸显,专业应急救援力量体系基本形成,社会应急力量建设积极稳步发展,基层应急救援力量持续加强。但是也要看到中国自然灾害多发频发、安全隐患和风险大量存在的现状,应急救援工作仍面临新的挑战。因此,国家先后制定了《"十四五"国家消防工作规划》和《"十四五"应急救援力量建设规划》,对"十四五"时期的应急救援力量建设任务进行部署并提出了新的要求。

(一)《"十四五"国家消防工作规划》

1. 主要内容

《"十四五"国家消防工作规划》明确了"十四五"时期消防改革发展的重点任务是防范化解消防安全风险、构建中国特色消防救援力量体系、加强应急救援综合保障、加强公共消防设施建设、强化科技引领和人才支撑、筑牢消防治理基础等。另外提出要实施一批重大工程,推动消防事业高质量发展。

在构建中国特色消防救援力量体系,提升全灾种应急救援能力的重点任务部署中,首先要强化应急救援主力军——国家综合性消防救援队伍;其次要发展消防救援航空力量、壮大多种形式的消防队伍,对国家性综合消防救援队伍的建设进行完善和补充。另外,要提高消防救援队伍的综合实战实训能力,并根据实战需要加快构建现代化指挥体系,实现防范救援救灾一体化。

2. 主要特点和具体表现

《"十四五"国家消防工作规划》的主要特点和具体表现见表3-3。

表3-3 《"十四五"国家消防工作规划》的主要特点和具体表现

主要特点	具体表现
突出主责主业	聚焦消防救援队伍职能定位,坚持防消一体、防救并重,加强重点任务,全面提升"防风险、救大灾"的能力
突出改革创新	坚定不移走中国特色消防救援队伍建设新路子,打造高素质人才方阵,强化科技支撑和信息化引领
突出工程支撑	聚焦规划目标,精准谋划一批重大工程项目并配套建立相关标准,强化项目实施保障
突出构建体系	坚持"全国一盘棋",构建国家、地方衔接配套的消防规划体系

资料来源：国务院安全生产委员会：《"十四五"国家消防工作规划》，https://www.mem.gov.cn/gk/zfxxgkpt/fdzdgknr/202204/t20220414_411713.shtml。

(二)《"十四五"应急救援力量建设规划》

1. 主要内容

《"十四五"应急救援力量建设规划》明确了"十四五"期间应急救援力量建设的主要任务是强化关键专业应急救援力量建设、积极引导社会应急力量有序发展、持续推进基层应急救援力量建设、加强重大项目应急救援力量建设以及加快培育应急救援科技支撑能力。同时，提出了一批重点工程建设，包括应急救援中心建设工程、自然灾害和安全生产应急救援队伍建设工程、航空体系建设工程、社会应急力量和基层应急救援力量建设工程、重大国家战略安全保障工程、科技创新工程。

2. 主要特点和具体表现

《"十四五"应急救援力量建设规划》的主要特点和具体表现见表3-4。

表3-4 《"十四五"应急救援力量建设规划》的主要特点和具体表现

主要特点	具体表现
把握建设定位	专业应急救援力量突出专业性,社会应急救援力量突出服务性,基层应急救援力量突出自救性
优化建设目标	完善中国应急救援力量体系,实现专业应急救援力量各有所长、社会应急力量有效辅助、基层应急救援力量有效覆盖,形成对国家综合性消防救援队伍的有力支撑和有效协同
突出建设重点	提升灾害严重地区应急救援弱项、补齐重点领域救援能力短板
注重资源统筹	形成政府、市场和社会等多元资金投入机制

资料来源：应急管理部：《"十四五"应急救援力量建设规划》，https://www.mem.gov.cn/gk/zfxxgkpt/fdzdgknr/202206/t20220630_417326.shtml。

第四章　自然灾害应急管理机制

自然灾害应急管理机制涵盖了自然灾害事件事前、事发、事中和事后应对全过程中各种系统化、制度化、程序化、规范化和理论化的方法与措施。其实质是一套建立在自然灾害相关法律、法规和部门规章基础上的应急管理工作流程体系，反映出自然灾害管理系统中组织之间及其内部的相互作用关系。自然灾害应急管理机制包括预防与应急准备、监测与预警、应急处置与救援、恢复与重建等多个环节。

第一节　预防与应急准备机制

预防与应急准备是应急管理防患于未然的阶段，也是应对突发事件最重要的阶段，体现了预防为主、预防与应急并重、常态与非常态相结合的原则。提高自然灾害预防与应急准备能力，有利于实现预防为主、预防与应急相结合的应急管理模式，及时发现和化解各级各类风险和突发事件，从而在更基础的层面积极主动地推进应急管理工作，防患于未然（高孟潭，2022）。预防与准备机制是指灾情发生前，应急管理相关机构为消除或降低自然灾害发生可能性及其带来的危险性所采取的风险管理行为规程。结合2023年应急管理部颁布的《重大自然灾害调查评估暂行办法》，预防与准备机制包括自然灾害风险防范，自然灾害应急准备，自然灾害宣传教育培训以及自然灾害社会动员等流程。

一 自然灾害风险防范

（一）自然灾害风险及防范的概念

风险的自然属性认为风险是由客观存在的自然现象引起的，自然界通过地震、洪水、雷电、暴风雨、滑坡、泥石流、海啸等运动形式给人类的生命安全和经济生活造成损失，对人类构成威胁。自然灾害风险指的是由于自然变异而使未来不利事件发生的可能性及其损失（风险），对其风险进行超前预防与准备，有利于实现应急管理工作的"关口前移""防患于未然"（薛澜，2007）。

对自然灾害风险等级进行划分，有利于采取有效的安全预防和控制措施，降低发生突发公共事件概率及其造成或可能造成的损失。2012年民政部发布的《自然灾害风险分级方法》规定了自然灾害风险等级划分的基本办法，即风险=事件发生的可能性×事件产生的后果。自然灾害风险矩阵由风险等级与风险发生的可能性及其不利后果构成，结合风险鉴别中对风险发生可能性和后果分析的认识，可以得到每一风险的风险等级，如表4-1所示。

表4-1　　　　　　　　　　自然灾害风险矩阵

风险等级分值 R		后果等级分值 C			
		极高	高	中	低
		1	2	3	4
可能性等级分值 P	极高　1	1	2	3	4
	高　2	2	4	6	8
	中　3	3	6	9	12

续表

风险等级分值 R		后果等级分值 C			
		极高	高	中	低
可能性等级分值 P	低	4	8	12	16

注1：风险等级分值 R 为自然灾害风险事件的可能性等级分值 P 与后果等级分值 C 相乘的结果。

注2：风险等级分值 R 划分为四个等级，表示自然灾害风险的四个等级，即 R 分值为 1-2，代表极高风险；R 分值为 3-4；代表高风险，R 值为 6-9；代表中风险，R 值为 12-16，代表低风险。

资料来源：中华人民共和国民政行业标准《自然灾害风险分级方法》（YJ/T 15-2012），https：//www.nssi.org.cn/nssi/front/78158780.html。

为了从最基础的层面实现应急管理工作"关口前移"，就需要从"事件"管理进一步延伸到对"风险"的管理，以有效规避和预防风险（薛澜等，2008）。具体来说，自然灾害风险防范指的是灾害管理机构或者个人以降低灾害风险的不利结果为目的，通过风险的识别和评估，选择与优化组合各种风险治理技术与手段，包括风险规避、风险化解、风险抑制、风险接受、风险分担和风险转移等，最终实现有效控制灾害风险的一种积极主动的过程，如图4-1所示。

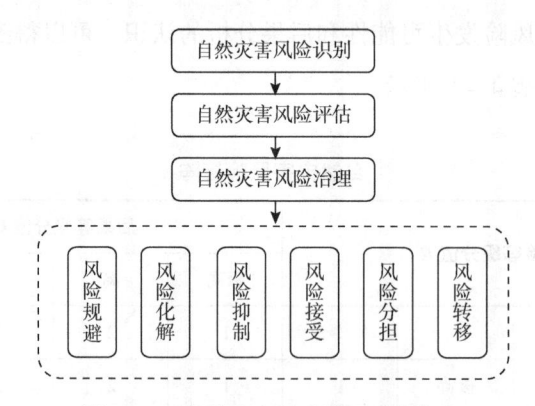

图4-1 自然灾害风险管理过程框架

资料来源：中华人民共和国民政行业标准《自然灾害风险管理基本术语》（YJ/T 13-2011），https：//www.nssi.org.cn/nssi/front/114701130.html。

自然灾害风险防范的目标是遵循系统性、专业性等原则，实现突发事件应对中的关口前移，提高对自然灾害风险的预见能力和灾害发生后的应对能力，及时有效地防控风险，尽量减少灾害造成的人员伤亡、财产损失以及环境危害。

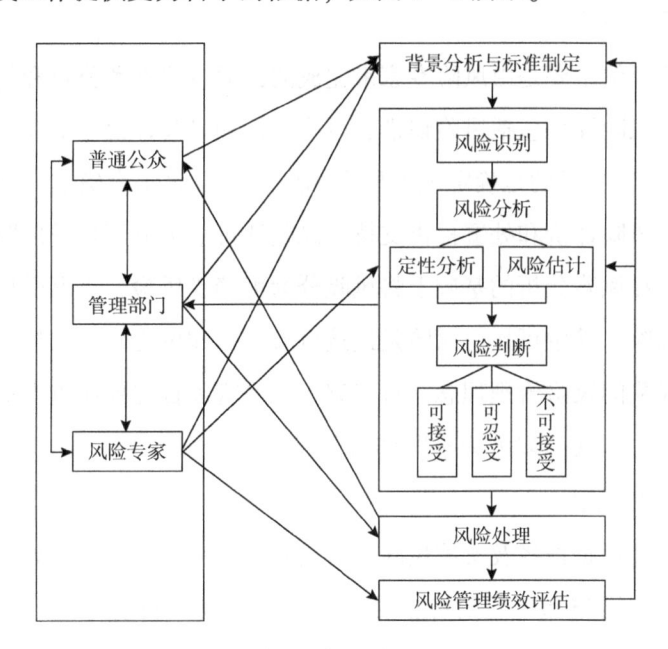

（二）自然灾害风险管理程序

自然灾害风险防范是一项复杂的系统工程，需要按照一定的程序实施（尚志海，2021）。本节根据 ISO31000：2009 风险管理标准，结合自然灾害风险和可接受风险理论对自然灾害风险防范的程序进行了完善，以为实践工作提供更为科学的依据，如图 4-2 所示。

图 4-2　自然灾害风险管理程序

1. 风险沟通

风险沟通是决策者和其他利益相关者之间就有关风险信息进行沟通的过程，包括风险可能性、严重性、可接受度、处理措施等。在自然灾害风险管理过程中，风险沟通涉及各个程序和步骤包括风险评估过程、风险评价结果、风险处理方法、风险管理效益评价等。由于风险具有主观性，任何一方的行动都会对风险选择和处置结果产生影响，因此在标准制定过程中，信息的沟通至关重要。

2. 背景分析与标准制定

背景分析是风险管理者在风险管理初始阶段分析自然灾害的孕灾环境，在此基础上制定社会大众可接受的风险标准。风险标准的制定需要综合考虑社会经济及环境、相关经费配备、法律及法令规定等因素，尤其要重视公众的参与性，以保障风险标准制定的科学性及完整性。

3. 风险评估

风险评估主要是由风险专家来完成的，但也要参考公众和管理部门的意见。风险评估包括风险识别、风险分析和风险评价（尚志海、刘希林，2014），其目的是确定风险概率和后果，以此作为确定风险级别的基准，为风险评价和处置提供支持。风险评价应区分可接受风险和可忍受风险，在风险分析的基础上将风险分为可接受风险、可忍受风险和不可接受风险，其中可接受风险是连接风险评估和风险管理的桥梁。基于可接受风险的风险管理理念，自然灾害风险管理首先要注重人的生存权和发展权，体现"以人为本"的科学发展观。

4. 风险处理

风险处理是选择及实施风险应对措施的过程。自然灾害处置措施包括风险控制措施和风险财务措施。其中，风险控制措施可分为风险规避、风险减轻，风险财务措施可分为风险转移、风险保留，如图4-3所示。在现实生活中要根据风险的不同特性并结合风险评价的结果来选择具体的风险处置方式。对于可接受风险，宜采用接受与保留的方式；对于可忍受风险，采用减轻和转移的方式；对于不可接受风险，采用规避的方式。风险处理方法的实施需要普通公众的密切配合，尤其是在涉及公众自身利益时，只有充分沟通和协商，风险处理措施才能有效开展。

```
                  自然灾害风险处理措施
                   ┌──────┴──────┐
              风险控制措施      风险财务措施
              ┌────┴────┐      ┌────┴────┐
           风险规避： 风险减轻： 风险转移： 风险保留：
           土地利用规划 工程性措施 灾害保险  现收现付
           风险分布地图 非工程性措施 再保险   专用基金
           灾害预警预报           灾害债券  专业自保公司
```

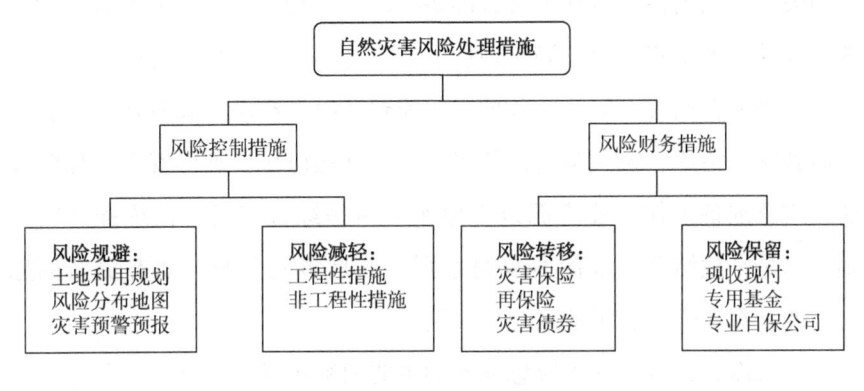

图4-3　自然灾害风险处理措施

5. 风险管理绩效评价

风险管理绩效评价是对风险处理方法的效益以及剩余风险进行跟踪评价和监督检查，通过将自然灾害风险管理绩效评价结果反馈到标准制定、风险评估和风险处理各个阶段，以达到不断完善风险管理程序的目的。

二　自然灾害应急准备

（一）自然灾害应急准备的概念

应急准备在中国自然灾害领域也被称为"备灾"，在英文文献中有时也被称为"灾难准备"（李湖生，2016），主要是指在灾害发生之前预先进行的组织准备和应急保障工作，包括应急预案、城乡规划、应急队伍、经费、物资、设施、信息、科技等各类保障性资源（时训先，2014）。

自然灾害应急准备是指为有效预防和应对各类自然灾害的发生，在自然灾害来临前做好各项准备防止自然灾害扩大，最大限度地减少自然灾害事件造成的损失和影响。大多数城市的气象灾害具有突发性，如无必要的储备，灾害一旦突发就会措手不及，来不及调动所需的物资、装备和人员，从而延迟抢险和救援的行动，甚至错失时机，造成巨大的灾害损失。自然灾害应急准备具有准备行动的快捷动态性、准备方式的灵活多样性、准备资源的布局合理性、准备主体的多元化等特征。

为保障自然灾害应对的各项工作能够及时、有序、有效地开展，真正做到统一指挥、统一调度，分级负责、互相协作，确保安全、保障畅通，应急准备工作需要遵循以下原则：一是综合集成、系统配套的原则；二是平战结合、常备不懈的原则；三是多元参与、动态更新的原则；四是军民合作、军地联动的原则。

一般而言，自然灾害应急准备的主要内容包括应急预案、公共安全规划、人力资源保障、资金与物资保障、技术装备保障等。

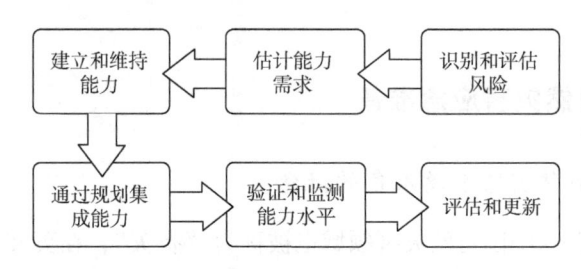

(二) 自然灾害应急准备的基本程序

自然灾害应急准备的基本程序包括识别和评估风险，估计应对风险的能力需求，建立和维持所需的能力水平，通过规划集成能力，验证和监测能力水平，评估和更新以促进持续改进，如图4-4所示。

图4-4 自然灾害应急准备的基本程序

1. 识别和评估风险

识别和评估地区与国家所面临的一系列风险，并将风险信息应用于建立和维持应急准备，是应急准备体系的重要组成部分。自然灾害风险评估收集有关威胁和危险源的信息，包括预计的后果或影响。风险评估的结果除了用于指导自然灾害领域的应急准备活动外，也可以用于风险沟通以让社会主体了解所面临的自然灾害风险，以及自己在应急准备中的角色。中国当前正在进行的第一次全国自然灾害综合风险普查是一项重大的国情国力调查，对于识别和评估中国自然灾害风险具有重要意义（汪明，2021）。通过开展普查，能够识别全国自然灾害风险隐患，客观评估全国和各地区的抗灾能力，为有效开展自然灾害防治工作、保障经济社会可持续发展提供权威重要的科学决策依据（郑国光，2021）。

2. 估计能力需求

为充分理解能力需求，各级政府、组织必须考虑可能面临的单个威胁或危险源，以及全方位的风险。将风险评估结果应用到自然灾害领域的期望结果之中，可以估计所需的能力类别和水平。确定能力需求可以采用情景分析方法，其基本步骤如图4-5所示。

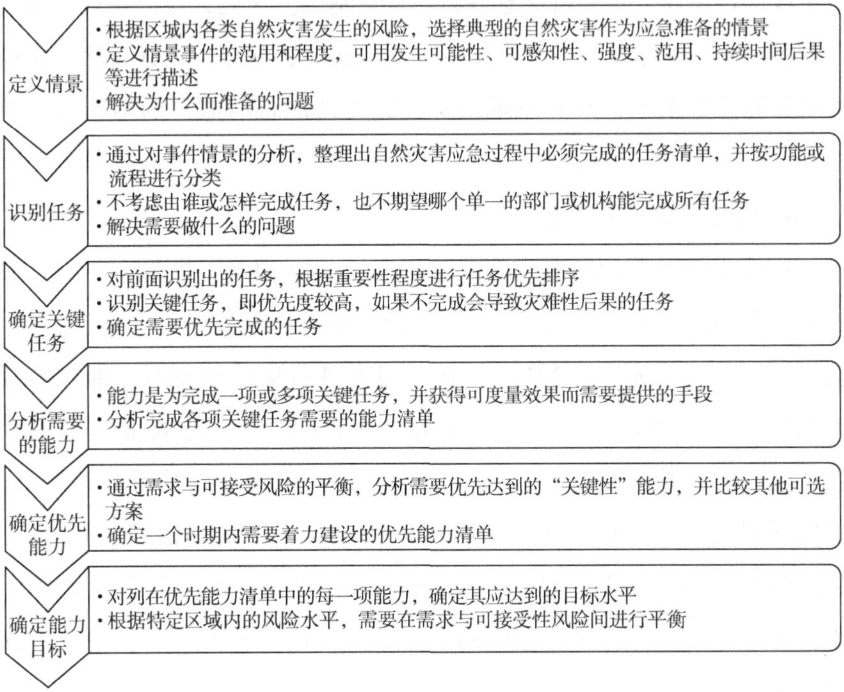

定义情景	・根据区域内各类自然灾害发生的风险，选择典型的自然灾害作为应急准备的情景 ・定义情景事件的范围和程度，可用发生可能性、可感知性、强度、范围、持续时间后果等进行描述 ・解决为什么而准备的问题
识别任务	・通过对事件情景的分析，整理出自然灾害应急过程中必须完成的任务清单，并按功能或流程进行分类 ・不考虑由谁或怎样完成任务，也不期望哪个单一的部门或机构能完成所有任务 ・解决需要做什么的问题
确定关键任务	・对前面识别出的任务，根据重要性程度进行任务优先排序 ・识别关键任务，即优先度较高，如果不完成会导致灾难性后果的任务 ・确定需要优先完成的任务
分析需要的能力	・能力是为完成一项或多项关键任务，并获得可度量效果而需要提供的手段 ・分析完成各项关键任务需要的能力清单
确定优先能力	・通过需求与可接受风险的平衡，分析需要优先达到的"关键性"能力，并比较其他可选方案 ・确定一个时期内需要着力建设的优先能力清单
确定能力目标	・对列在优先能力清单中的每一项能力，确定其应达到的目标水平 ・根据特定区域内的风险水平，需要在需求与可接受性风险间进行平衡

图4-5 确定能力需求的情景分析法

3. 建立和维持能力

由相关规划人员、政府人员、领导者所组成的规划团队，开发有效配置资源的战略，以及充分利用可获得的援助降低自然灾害风险，在维持目前的能力水平的同时解决实际差距。需要注意的是，在规划过程中规划团队必须要根据自然灾害的性质等多方面的因素对能力进行优先排序，以有效地确保安全性和恢复力。

建立和维持能力是一个综合过程，包括组织资源、装备、培训和教育等内容。资源的合理配置和共享是建立与维持应急能力的基本工具。研制并实施有关能力和资源的标准，使用资源分类、认证和共享的资源清单，将有助于在全国范围内对应急资源与能力进行合理布局，提高资源的利用率和互操作性。培训和教育是提高人的意识、知识和技能的有效手段，也是建立和维持应急能力的重要基础。为此，应依托现有的政府培训设施、学术机构、社会组织和其他实体，建立、完善自然灾害应急培训和教育系统，并有效地组织实施支持准备所需要的培训和教育活动。

4. 通过规划集成能力

对核心能力单元的集成与配置，需要根据预案、计划、指南、操作手册等应急规划，优化设计应急组织体系、职责分工、运行机制、资源配置等（李湖生，2013）。在对能力进行集成规划时，通过有效地利用能力以对各种威胁或危险源进行预防、减灾、准备、监测预警、应急响应和恢复重建，从而使自然灾害风险可以被系统地管理，集成规划也有助于确保各级各类预案是相互衔接的。规划过程强调全社会各类主体的参与，从而增进相互间的理解，找出潜在的资源差距，并开发用于弥补这些差距的措施，在可能的情况下尽快予以消除或减少。

5. 验证和监测能力水平

定期开展针对自然灾害情景的应急演练活动，有助于检验预案的有效性和培训队伍应急能力提升情况。除了演练，现实中发生的真实事件的应急处置更是对应急能力提升的实践考验。在自然灾害演练与实践中应该观察并记录应急能力的表现情况，事后提交评估报告。

同时，为了持续地监测和收集自然灾害应急准备的相关信息，需要建立和维护一个综合的应急准备监测与评估系统，用于收集信息和监测应急准备的进展。该监测评估系统的目的是识别能力目标和评估性能指标，系统地收集和分析有关能力的数据，报告能力建设的进展情况和当前的能力水平。

6. 评估和更新

根据演练和实战情况，应适时或定期开展自然灾害应急能力和应急绩效评估，总结吸收经验教训，可采取自评、专家评估、演练评估、信息系统自动评估等多种方式。评估结果可提供一个地区自然灾害应急能力的全方位指标。分析评估结果可以使有关决策者更清楚地了解应急能力现状，更合理地配置资源。

由于威胁和危险源的不断变化、基础设施的老化以及自然环境的变化等，一个区域的风险暴露性、脆弱性等也会随之发生变化。因此，要在定期评估自然灾害应急能力、资源和预案的基础上，判断其是否需要更新。评估将提供一种手段以检查分析结果，确定优先事项，指导准备行动，校准目的和目标，并发现和密切监测影响准备的重要问题。

三　自然灾害宣传教育培训

（一）自然灾害宣传教育培训的概念

自然灾害宣传教育培训是指为达到防灾减灾目的，相关机构或单位有计划地开展灵活多样的宣传教育培训活动，包括普及和宣传应急知识、组织应急培训及演练、提供应急管理专业教育等，目的是使受教育者具备一定的灾害防范知识和技能，能够自觉正确地采取适合本地区、本单位的防灾、减灾、备灾、救灾等行为，消除或减少危险因素。与此同时，为检验自然灾害宣传教育培训的效果，需要对活动的开展进行评价（张军伟，2022）。

鉴于目标和对象的不同，自然灾害宣传教育培训的内容设置也存在差异。具体来说，自然灾害宣传教育培训的内容应包括对自然灾害应急领域相关理论的培训，全过程的应急管理培训，系统化的应急管理专业技能培训，部门内及部门间的协同、互动与沟通的培训，公众和志愿者的教育培训。近年来，随着自然灾害的频发，中国越来越重视自然灾害宣传教育培训工作，可创新运用多种方式方法，包括发放应急手册、建立应急科普宣教基地、组织知识竞赛、创新运用新媒体等。

通过宣传普及自然灾害应急知识，可以使公众了解自然灾害发生的过程，掌握自我保护的方法，增强突发事件应对能力，提高应急管理技能。通过开展自然灾害应急培训教育以提高各级领导干部应对自然灾害事件的能力，形成以应急管理理论为基础、以应急管理相关法律法规和应急预案为核心、以提高应急处置和安全防范能力为重点的培训体系，是最大限度预防和减少突发事件及其造成损害的必要措施。一般而言，宣传教育培训机制的建设工作需要遵循以下原则，即全面覆盖，分层分类；整合资源，创新方式；联系实际，学以致用。

（二）自然灾害宣传教育培训的体系架构

从当前中国各地区应急管理教育培训体系建设工作来看，自然灾害应急宣传教育培训体系主要包括组织体系、工作机制、课程体系、支撑平台（肖来朋和郑小荣，2021），如图4-6所示。

```
┌─────────────────────────────────────────────────────────────┐
│                         组织体系                              │
│  ┌──────────┐    ┌──────────────┐    ┌──────────────┐      │
│  │ 组织主体  │    │  实施主体    │    │  实施对象     │      │
│  └──────────┘    └──────────────┘    └──────────────┘      │
│  应急管理部门     党校、院校、企      管理人员、专业          │
│  组织部门         业、培训机构、       队伍、从业人员、        │
│  自然资源部门     社会团体……        社会公众……            │
│  ……                                                        │
└─────────────────────────────────────────────────────────────┘

┌─────────────────────────────────────────────────────────────┐
│                         工作机制                              │
│  ┌────────┐  ┌────────┐  ┌────────────┐  ┌────────┐        │
│  │ 工作目标│  │需求调研│  │  实施计划  │  │效果评估│        │
│  └────────┘  └────────┘  └────────────┘  └────────┘        │
│  提高危机、法制意识  观察法    短期计划（1年）   背景评估    │
│  提高决策、执行能力  访谈法    中期计划（3年）   输入评估    │
│  提高救援能力        调查问卷法 长期计划（5年）   过程评估    │
│  提高安全技能        资料分析法 临时性计划        成果评估    │
│  提高协同参与能力    小组讨论法                              │
└─────────────────────────────────────────────────────────────┘

┌─────────────────────────────────────────────────────────────┐
│                         课程体系                              │
│                      ┌──────────┐                            │
│                      │ 课程模块 │                            │
│                      └──────────┘                            │
│  法律法规   规划部署   体制机制   专业知识   公共沟通        │
│  案例分析   救援技能   安全技能   科普常识   综合知识        │
│                      ┌──────────┐                            │
│                      │ 授课形式 │                            │
│                      └──────────┘                            │
│  课堂面授   专题研讨   案例教学   现场教学   实践操作        │
│  情景教学   模拟演练   桌面推演   网络课堂   自我学习        │
└─────────────────────────────────────────────────────────────┘

┌─────────────────────────────────────────────────────────────┐
│                         支撑平台                              │
│  特色宣传培训教育基地  专业化宣传培训教育基地  网络宣传培训教育平台 │
└─────────────────────────────────────────────────────────────┘
```

图 4-6 自然灾害宣传教育培训体系架构

资料参考：肖来朋、郑小荣：《分类分层培训 整合培育资源——看陕西省西安市如何推动应急管理教育培训体系建设》，《中国应急管理》2021年第12期。

1. 组织体系

组织体系是宣传教育培训的基础，是实现宣传教育培训工作的载体，具体是指自然灾害应急管理宣传教育培训组织的结构设置，包括组织主体、实施主体和实施对象。组织主体根据实际需要及工作重点调集宣传教育培训对象，再根据不同的宣传教育培训任务和对象，指派具体实施单位负责任务的实施并监督落实。

2. 工作机制

工作机制的主要目的是确保宣传教育培训工作的正常运转，主要完成以下工作，即立足不同阶段的实际需要制定宣传教育培训的目标；运用观察法等方法调查宣传教育培训需求；依据不同的目标和任务，制订短期、中期、长期以及临时性宣传教育培训计划；按照背景、输入、过程和成果四个层次对宣传教育培训结果进行跟踪与评估，以发现各个环节存在的不足，并及时调整改进，提高宣传教育培训的水平。

3. 课程体系

完整的宣传教育培训应急管理课程体系包括课程内容设计和授课形式等多个方面。自然灾害宣传教育培训课程体系是针对自然灾害宣传教育培训需求而进行的课程设计、课程规划及相关内容配置。在实际问题中应不断丰富课程内容和授课形式，根据实施对象的不同职责、特点和学习阶段进行组合式选择。

4. 支撑平台

宣传教育培训的支持平台是指宣传教育培训的平台、场地、设备等，是开展宣传教育培训的物质保障。建立有力的支撑平台需要充分发挥现有培训基地的资源作用，结合各地区各单位专业优势，成立特色自然灾害教育培训基地；开展部门合作，共享资源，建设专业化教育培训基地，使之成为面向公众减灾防灾科普教育的重要平台；充分利用宣教网络平台和渠道，如微博、微信、视频等开展线上自然灾害应急管理常识的宣传教育，建立覆盖面广、形式多样化的网络宣传教育平台。

四 自然灾害社会动员

（一）自然灾害社会动员的概念

"动员"指的是政府宣传、发动和组织社会公众，充分调动社会力量有效地参与一些重大任务（王宏伟，2011）。随着社会管理模式的转变，中国逐渐形成了党和政府主导、单位和社区及社会组织协同、广大群众积极投入的新型社会动员机制。

自然灾害社会动员是指为有效应对可能发生或已经发生的自然灾害事件，各级党委、政府、社会团体、企事业单位启动动员措施，直接组织动员或通过各类专业部门组织动员，促使自然灾害影响区域内的各类机构、社会群体和公众进行自救、互救或参与应急管理行动。本节侧重于阐述对可能发生的自然灾害的社会动员。完善社会动员机制有利于从深层次实现民众的自救与互救，提高公众参与应急处置的积极性。

一般而言，自然灾害社会动员的主要工作包括志愿服务、捐赠管理以及国防动员。动员活动必须遵循一些基本原则，包括依法动员、以人为本、合理强制、有序动员、合理补偿、军地结合等。

从动员时序上来划分，可以分为前期动员、中期动员、后期动员。前期动员指的是在自然灾害发生之前动员各种社会力量，采取措施消除或降低风险，做好应急响应及后果管理的准备；中期动员指的是在自然灾害发生时或发生之后动员各种社会力量，立即采取措施，分析突发事件可能产生的各种不利后果，降低自然灾害带来的损失；后期动员是指在自然灾害发生后动员社会力量，立即采取措施，修复灾后社会情况。

从动员手段上来划分，可以分为常态动员与非常态动员。常态动员是指通过自然灾害应急宣传教育向社会公众宣讲、普及应急知识，提高其在紧急状态下逃生避险、自救互救的技能。非常态社会动员是指通过政府的强制力，整合利用非政府力量的应急资源处置自然灾害。

自然灾害社会动员是为实现防灾减灾而进行的一种社会群体性行为，其目标是调动群众团体、社会组织、基层自治组织参与应急工作的积极性，充分发挥公民在自然灾害预防、应对和处置等方面的作用，增强全民防灾减灾意识和能力。同时，积聚社会资源，动员社会力量参与，提高自然灾害应急管理效率。

（二）自然灾害社会动员机制

自然灾害社会动员机制涉及三个问题，即"谁来动员""动员谁"和"用什么来动员"，包括动员主体、动员客体及动员方式（薛莹莹，2018）。

1. 动员主体

就自然灾害应急管理来看，社会动员的主体包括各级党委和政府、武装力量、企事业单位、群众团体、民间组织、基层自治组织以及公众个人。其中，各级党委和政府是社会动员准备与实施的统率机构和社会动员组织体系的神经中枢，负责自然灾害社会动员的组织实施及监督；武装力量包括中国人民解放军现役部队、中国人民武装警察部队和民兵预备役部队，根据国务院、中央军事委员会的命令，参加自然灾害的应急救援和处置工作；企事业单位要负责好本单位的自然灾害应急管理工作；群众团体、民间组织、基层自治组织等非政府组织是社会动员中的重要资源，在灾害防范、救援、医疗救护、捐献、灾后重建等方面发挥重要作用；公民个人有义务在灾害来临时开展自救与互救，并服从当地政府的指挥安排，投入应急救援之中。

2. 动员客体

社会动员的客体即动员对象，受动员主体实施策略的影响而积极参与自然灾害事件的应对过程，实施防灾、减灾、抗灾行动。中国自然灾害社会动员的客体包括社区、企事业单位、非政府组织以及志愿者等。社区作为基层组织，通过社会动员，可以有效地调集应急管理所需要的人、财、物资源，建立起以社区为基础的网络状应急管理体系；企事业单位既是动员主体，也是动员客体，通过政府的动员，履行社会责任，参与抢险救灾和应急物资保障等任务；非政府组织具有公共性、自治性和民间性等特性，可以反映社会公众在紧急状态下的利益诉求，防止次生、衍生灾害的发生，通过社会动员，非政府组织还为应急管理提供了相关的应急人员和技术，在自然灾害应急处置中发挥着重要作用；志愿者的构成呈现多元化，包含了各行各业的人，他们在自然灾害应急救援中具有主动迅速、反应灵敏的特征，是应急救援中的重要力量。

3. 动员方式

动员方式指的是动员主体所使用的策略、方式方法等，如网络动员、新闻媒体动员、行政动员等，是连接主体和客体的介质，构成了社会动员的主要内容。

第二节　监测与预警机制

建设自然灾害监测预警机制和防治体系，对于实现"两个一百年"的宏伟蓝图、建设"平安中国""幸福中国""美丽中国"具有重要的现实意义。自然灾害的监测与预警机制，是指应急管理主体根据有关自然灾害事件过去和现在的数据、情报和资料，运用逻辑推理和科学预测的方法和技术，对某些自然灾害事件出现的约束条件、未来发展趋势和演变规律等做出科学的估计和推断,对自然灾害事件发生的可能性及其危害程度进行估量和发布,随时提醒公众做好准备,改进工作,规避危险,减少损失。具体来说,监测与预警机制的主要功能在于自然灾害的监测、研判、信息报告、预警等。

一　自然灾害监测

改革开放以后,中国提出了"以防为主、防救并举"的工作思路,及时改变了对灾害的认识,把工作重心放在了灾害防治上。习近平总书记指出,要认真研究在实现"两个一百年"奋斗目标的进程中,防灾减灾的短板是什么,要拿出战略举措(黄明,2018)。加快建立自然灾害监测预警机制,构建并完善互联互通的自然灾害分级监测系统是自然灾害防治体系建设的关键环节。

(一) 自然灾害监测的概念

自然灾害监测是指通过一个专门的、群体性的监测网络和监控系统来分析灾害的前兆,并对其进行变量的测量,以及灾难后的评价。自然灾害监测利用多种观测方法,观察和监控自然灾害发生、发展、致灾和危害的整个过程。自然灾害应急管理的监测既要对自然灾害进行实时监测,还要对自然灾害的相关信息进行集中、储存、分析、传输等,并与各级政府及其相关部门、专业机构、监测网点和邻近区域的紧急情况进行沟通,同时加强部门间和地区间的信息交换和情报协作,而自然灾害监测的核心就是监测自然灾害风险隐患。

自然灾害监测的目标就是要掌握各种自然灾害发生发展及其衍生的规律,健全监测预警网络,全面提升监测能力,以保证尽早发现隐患并及时解决。而自然灾害监测作为防灾工作的先导,其目标就是在对综合自然系统的变异进行深入研究的基础上,利用各类先进科技手段加大对单项自然灾害的预测力度,逐步走向系统性、综合性预测,从而尽可能减少自然灾害带来的人员伤亡和经济损失,为后续研判和预警工作提供科学依据。

自然灾害监测的实施需遵循的原则包括科学的原则、重点监测的原则、坚持政府主导和社会参与相结合的原则等。

(二) 主要内容

1. 构建自然灾害监测网络

经过数十年的发展,全国已基本建立起以地质灾害、气象灾害为主的单灾种监测体系。按行政区划划分为国家级、省级、市级,各种监测网络的建设日趋规范化。针对《全国灾害综合风险普查总体方案》中的灾害类型划分,根据自然灾害的原因及当前的灾害治理状况,本节着重对下列六种类型的单灾种监测网络进行分析。

第一,地震监测台网。全国地震监测台网由国家、省、市三个级别的地震监测台网构成。中国数字地震监测台网于20世纪80年代开始建设,数十年来不断完善台网规划、加大监控范围、强化海洋环境的观测,建设覆盖整个大陆和周围水域的地震监控体系。

第二,地质灾害监测。目前,中国已建成五千七百多个滑坡、崩塌和泥石流等自动监测站,并与有关部门(交通、水利、铁路等)的一些监测设施相互配合,包括地质灾害专业监测、泥石流监测预警、地质灾害综合预测预报体系等,为中国地质灾害监测工作奠定了坚实基础。

第三,气象灾害监测。目前,中国已经形成了"天基""空基"和"地基"三位一体的"三维立体"观测体系,并不断加强对气象灾害的综合观测,实现全方位、高精度的目标。在气象灾害高发区、西部地区、资料稀疏地区和重点建设区域,中国将不断丰富和完善观测手段,不断提高观测准确率、加强对气象灾害的监测。当前,监测气象灾害的主要方式有气象观测网、雷达网、气象卫星等,并将所得到的数据快速反馈至气象部门，以便对其进行及时的处理和综合分析。

第四，水旱灾害监测。为缓解水旱灾问题，必须不断地改进预测能力，并与气象部门合作，加强防汛抗旱工作，确保预测工作顺利进行；同时延长灾情预测时间，加强洪水、干旱、暴雨等气象灾害的预警和发布工作。

第五，海洋灾害监测。《2019年中国海洋灾害公报》显示，中国的海洋灾害以风暴潮、海浪、红潮为主，海冰、绿潮等灾害也时有发生。国家海洋局可利用海洋监测岸站、海洋监测浮标、海洋监测平台、岸基测冰探测系统和水下监测设备等构成的海上灾害监测系统，对潮位、海浪、海水盐度、温度等相关海情进行长期、连续、精确的监控。异常情形可及时发送到各相关部门，并对其发展情况进行严密监控，并将其实时监控资料传送给海洋环保部门。

第六，森林和草原火灾监测。一般将其划分成四级，包括地面巡逻、瞭望台定点观测、空中飞机巡视和卫星监测。森林防火指挥部、气象部门、森林部门和个人要时刻注意森林火势，做好森林防火的监测工作，如运用卫星森林火灾监控，实时掌握各地区的热点动态；重点监控卫星影像和实时观测资料；利用森林防火直升机对火灾现场进行监测。

近年来，中国陆续出台自然灾害监测网络建设的相关政策见表4-2，针对构建自然灾害监测网络体系提出了具体要求和目标。

表4-2　　　　　中国自然灾害监测网络建设的相关政策及会议

2018年中央财经委员会第三次会议	要做到以防为主，防救并举，将常态救灾与非常态救灾有机结合，强化综合减灾，统筹抵御各类自然灾害
	坚持改革创新，推进自然灾害防治体系和防治能力现代化
	开展自然灾害监测和预警信息系统建设，提升多灾种、灾害链的综合监测、早期识别与预测预警水平

续表

2019年《国务院安委会办公室 国家减灾委办公室 应急管理部关于加强应急基础信息管理的通知》	构建一体化全覆盖的全国应急管理大数据应用平台
	建立统一完善的风险和隐患信息监督管理体系,加强风险和隐患的监测预警
	动态监测灾害事故发生发展情况,提升应急智能预测预警水平
2019年《应急管理部关于建立健全自然灾害监测预警制度的意见》	不断完善自然灾害监测预警制度体系,建立国家、省、市、县四级监测预警信息报送制度,提高中国自然灾害监测预警水平,推动健全自然灾害分类监测体系,构建空、天、地、海一体化立体监测网络
	统筹建立自然灾害监测预警信息系统

资料来源：李方舟、贾宗仁（2021）。

2. 完善自然灾害监测系统

自然灾害监测系统是由国家、区域和地方三个层次的组织利用各种平台来分析和监测自然灾害的网络系统。在智慧城市的发展过程中，应急救援行业日益成为智慧城市的主要内容之一，人们对灾害的认识也在逐步加强，从而提高了灾害的应急响应能力。充分发挥监测系统在灾前监测、灾中跟踪、灾后评估中的支撑作用，最大限度保证人民的生命和财产安全，降低自然灾害带来的损失。不断强化遥感技术在自然灾害监测中的作用，发挥其信息获取量大、监测范围广、动态性强的技术优势；日益凸显地理信息系统综合信息处理和空间数据分析的作用，从而快速圈定危险区，指导抗灾救灾活动。随着智能化发展，监测系统已得到越来越多的应用，不仅使灾害防御工作不再单纯应对突发灾害，同时也成为灾害防治与救灾的重要手段。

3. 健全自然灾害信息监测制度

根据共建共享的原则，构建自然灾害监测信息共享与上报机制，实现自然灾害预警信息共享、评估预警信息共享和省、市、县三级灾害监测预警工作有效互联互通。一是要全方位整合自然灾害监测数据，实现多部门共享交换。二是全方位综合监测。主要内容有监测数据管理、数据可视化集成、灾害信息识别、灾害信息提取、历史灾害反演等。三是综合风险评估。基于各种基础地理信息、历史灾害、抗灾能力等资料，构建区域、时度、专题风险评估模式，并对区域风险进行全面评价，建立区域风险地图，直观显示区域风险指数。

二 自然灾害研判

当前，中国的自然灾害形势仍然十分严峻和复杂。一是灾害种类多、范围广、发生频率高、造成严重损失的基本国情没有改变。二是突发性和异常性日益突出，在全球变暖的背景下，我们面临的自然灾害的危险性越来越高。三是随着城市化和工业化进程的持续发展，自然灾害的危险性不断累积，使得防治工作变得更加困难。近年来，习近平总书记坚持历史唯物主义，将防灾减灾救灾工作作为衡量执政党领导力、检验政府执行力、评判国家动员力、体现民族凝聚力的重要方面，要求全面提高国家综合防灾减灾救灾能力（高孟潭，2022）。

（一）自然灾害研判的概念

自然灾害研判是利用现代信息技术和历史灾情信息，及时、准确、全面地捕捉自然灾害的征兆，对已收集到的信息进行多角度、多层次、全方位的评估，准确分析本地区、本单位、本部门的自然灾害风险形势，及时发现倾向性、苗头性的问题，为预警信息发布和采取预警措施提供决策基础。研判主体包括自然灾害应急管理的决策者、多学科专家及有关部门等。

自然灾害研判的目标是从思路、程序等多个环节把握全局、统筹考虑，在制度框架下建立以程序操作为核心、科学评判为目标的立体化信息采集和分析网络，采用科学的信息评价方法，提升信息评估的及时性和精准性，对自然灾害早发现、早研判，为科学决策提供基础。

自然灾害研判的原则包括拓展信息来源、即时核查信息、提高研判工作的实效性等。

（二）自然灾害研判的实现路径

自然灾害研判的实现路径包括推动自然灾害研判的信息化发展、加强多学科、跨部门的综合研判，注重次生衍生灾害的研判，加快建设健全研判会商机制。

1. 推动自然灾害研判信息化发展

当前，互联网和信息化技术飞速发展，并与人类的生产和生活紧密结合，已经对全球经济、利益和安全格局产生深远影响。要用好各类信息，保证分析得透、研判得准，必须建立一个完善的自然灾害信息收集系统。要实现对灾情数据的分析，需要对各类历史数据与现场监测数据进行采集；建立健全各有关部门的应急管理系统，以及各有关机构的监督管理网络数据、预报和数据分析等基本数据；加强基层信息交流，提升信息时效性与准确性；健全跨区域、跨部门的信息交流体系，加强部门间业务协同和信息互联互通，及时掌握关键信息，开展研判会商；在信息社会，尤其要加大对新型媒介信息的收集和分析。

2. 加强多学科、跨部门的综合研判

由于各部门的工作能力、专长等原因，单一的研判工作很难对自然灾害作出综合、全面的评价。因此，要根据研判需求主动协调，强化纵向、横向和环节三个层面的协调联动，明确各部门的主要任务职责，加强多部门合作，准确把握自然灾害风险研判的目标和任务，进一步细化自然灾害风险等级研判，持续深入抓好风险会商研判工作，不断提高综合会商研判工作效率和质量；针对自然灾害的发展特点，对省、部门监测信息、案例库等进行风险评价，对自然灾害的影响范围、作用方式、时间等进行全面研判。

3. 注重次生、衍生灾害的研判

研判时要运用专业知识和技巧对自然灾害进行全面分析，例如对地震或地质灾害后的衍生灾害进行判断，并注意收集基础地理信息数据，关注灾害之间的联系。

4. 加快建立健全研判会商机制

研判机制的建立是确保研判工作顺利进行的重要环节。因此要建立健全政府与公众共同参与、多学科综合交叉的定期报告与会商机制。同时，在自然灾害的整个发生过程中要对所收集到的信息进行实时、动态的分析。

综上所述，研判工作不仅要有时效性，还要能运用科学的方法对自然灾害的发展做出准确预测。对自然灾害进行研判就是要从复杂的发展过程中抓住实质，找出原因，当机立断。风险研判要避免泛泛而谈，不能只谈表面，要跳出过去的条条框框，要突出重点，做到精准研判。在现代社会，不同类型的自然灾害之间往往有着千丝万缕的联系。此外，随着经济社会的发展与城市化进程的推进，各种灾害的潜在风险也不容小觑。因此必须重视不同致灾因子的关联性，为自然灾害应急管理的后续环节打好基础。

三 自然灾害信息报告

随着城市化的快速推进和新媒体的迅速发展，自然灾害及其舆情事件越来越多，若处理不好，则很容易引起社会恐慌，从而影响社会安定。信息报告工作是处理好自然灾害事故的先决条件和依据，是处理社会舆论的重要内容。及时、准确、全面的信息汇报是衡量信息质量的一个主要指标，也是各级政府部门了解情况、科学决策的关键。各级政府或有关单位可以根据事件的发生和发展情况给予当地指导性意见，并根据事件的需求，适时派遣工作人员协助。因而信息报告越及时、准确，就越能主动、有效地应对紧急情况，迅速做出反应。

(一) 自然灾害信息报告的概念

自然灾害信息报告是指政府及其有关部门根据有关法律法规、自然灾害分级标准及有关规定，及时、准确、客观地向上级党委、政府及有关部门上报情况，为自然灾害防治提供信息支持和保障的工作过程。作为一项基础性工作，它是一项渗透整个应急工作的重要内容，是对自然灾害各种风险隐患进行有效处理的先决条件，也是反映中国政府自然灾害应急管理工作能力和水平的重要指标。加强信息报告工作规范化、系统化和制度化，有利于及时了解自然灾害形势，切实进行应急处置。

自然灾害信息报告的目标是按照法律法规，建立和完善自然灾害信息报告机制，加强对公众舆论的关注，不断拓展信息来源，强化各部门、各地区之间的信息共享机制，增强信息报告的时效性和精确度。

自然灾害信息报告的工作原则包括明确责任主体、严格时限要求、落实工作责任等。政府内部信息报送渠道一般包括会议渠道、文件渠道、网络渠道，政府外部信息报告流程与渠道包括信访渠道、新闻媒体渠道、内参渠道、调研渠道。

(二) 自然灾害信息报告的实现路径

1. 增强思想认识与组织领导

各级应急管理部门要深刻意识到自然灾害形势的复杂性与严峻性，要从保障人民生命和财产的大局出发，克服麻痹大意、投机取巧的心态，用大概率的思维应对自然灾害，强化信息报告的组织领导，通过多渠道收集重大自然灾害信息，做到早发现、早调度、早处置。

2. 健全自然灾害信息报告机制

各级有关单位要健全信息报告制度，按照各自的职责分工，加强与应急救援队伍的沟通联络，提高应对重大自然灾害的快速响应能力，切实做好应急处置工作。积极利用先进的信息技术，加强资源整合，健全应急信息精准推送机制，促进灾情信息统一发布。

3. 加强信息报告基础能力建设

各级应急管理部门要完善自然灾害应急处理机制，加强自然灾害风险预防与处理能力，做好救灾物资的储备工作。要强化监测力量，配备必要的自然灾害监测装备，制订相应的监测方案；加强应急管理队伍、应急救援队伍与多学科专家队伍的建设，做好应急训练与演习，为自然灾害应急救援工作的开展和上报工作奠定坚实基础。

4. 强化自然灾害信息报告部门联动

各级相关部门要加强统筹与协调，在紧急情况下形成应急救援和信息报告的强大合力。要强化对各部门和单位的自然灾害应急处置工作的指导，建立和完善应急协调联动制度。各级应急管理部门接到相关机关（单位）上报的自然灾害信息时，应按照事故的类型和程度，及时采取相应措施。当发生紧急情况时，相关部门（机构）应主动协调，并按照有关法规进行信息反馈。

5. 提升即时获取自然灾害信息的能力

各级有关部门、单位要继续加大信息化力度，不断拓宽信息报告渠道，推动信息互联互通。建立统一高效的自然灾害信息报告机制，运用信息化技术推进自然灾害的应急工作。要提高对灾害危险性的感知、预测和防范水平，必须利用大数据对各类致灾因子进行综合研究。各级人民政府要建立和完善信息报告员制度，保证信息报告行政区域全覆盖、行业领域全覆盖。

四 自然灾害预警

2018年10月10日，习近平总书记在主持召开中央财经委员会第三次会议时指出，实施自然灾害监测预警信息化工程，提高多灾种和灾害链综合监测、风险早期识别和预报预警能力。2021年5月13日，应急管理部印发《关于推进应急管理信息化建设的意见》，提出建设自然灾害综合风险监测预警系统（郭桂祯等，2022）。加强自然灾害监测预警工作对于提高中国自然灾害防治水平有着十分重要的实际意义。近年来，中国许多地区已进行了一系列自然灾害预警实践，并收到了良好成效。

（一）自然灾害预警的概念

预警的英文是"early warning"，这个词来自军事领域，它描述的是因敌人对我方造成威胁而发出警告，从而使我方做好相应准备的行为。目前，预警已经在政治、经济、社会、生态等各个方面得到了应用，并逐步建立起确认警情、界定警度、排警决策等多种预警机制。比如，针对威胁中国安全的问题应采取科技手段，强化信息追踪和预测，做出科学、合理的风险警示，以便及时采取有效的防治对策。"预警"虽与"预报""预测"等词类似，但"预警"更强调为可能受到灾害威胁的团体或个人提供灾害信息与行动指南，这也是"预警"与另外两个词的根本不同。

自然灾害预警是指各行业部门及时、高效地传递灾情信息，使处在风险中的机构或人员迅速采取措施，以避免或减少其风险，并及时做出反应。在自然灾害应急管理中，预警包括灾情监测—风险评估—撰写警报—发送警报—公众响应等环节。这是一套完整的程序，任一环节出错都会使预警失效。对自然灾害进行预警是落实"两个坚持、三个转变"防灾减灾救灾理念、避免人员伤亡和财产损失的主要手段（何秉顺，

2019）。

自然灾害预警的目标是建立准确、快捷、畅通的多种预报渠道，明确高效科学的预警措施，以最大限度降低自然灾害带来的损失。通过建立预警等级和发布机制，及时有效地向广大受灾地区和民众传达信息，提高他们在灾情爆发或扩大前的应对能力，从而发挥及时部署、防范风险的作用。

一般而言，自然灾害预警需遵循以下原则，即时效性、准确性、动态性、多层次和多途径、全覆盖。

（二）自然灾害预警的主要内容

目前，中国自然灾害预警大多依靠各行业部门产生并发布，各行业部门也都陆续制定了相应的行业预警标准，并据此发布预警信息。中国六类自然灾害各有特点，预警形势和条件也不同。

1. 气象灾害预警

当前，气象预警是中国自然灾害预警的主体内容，由县级以上各气象部门负责编写，根据其职权范围发布暴雨、台风、干旱等气象预警。预警标准根据《中央气象台气象灾害预警发布办法》（气发〔2010〕第89号）和《气象灾害预警信号发布与传播办法》（2007年），每类气象预警最多设为四个级别，分别以红、橙、黄、蓝四种颜色对应Ⅰ至Ⅳ级，Ⅰ级为最高级别。中央和地方预警标准也不尽相同（郭桂祯，2022）。预警信号分为台风、暴雨、暴雪、寒潮、大风、沙尘暴、高温、干旱、雷电、冰雹、霜冻、大雾、霾、道路结冰14类。

2. 水旱灾害预警

水情旱情的预警由防汛抗旱水利部门制作，县级以上人民政府防汛抗旱指挥机构、水利行政主管部门或者水文机构按照规定权限向社会统一发布洪水、枯水等水情预警（郭桂祯等，2022）。

在未来可能发生较大降雨的情况下，各级防汛抗旱指挥机构要按照分级负责的要求，明确洪涝灾害预警的范围与级别，根据权限发布预警信息，并做好排涝的准备工作；发生旱灾时，各级防汛抗旱指挥机构要根据其成因和特点，因地制宜，制定相应的预警措施。要建设完善的旱情监测网络和数据采集系统，及时了解当前旱情并预测其发展态势，针对其不同程度制定相应的防范措施，为抗旱工作提供科学依据；要积极引导和扶持社会力量参与抗旱工作，防止旱情扩散。根据早发现、早报告、早处置的要求，各级防汛抗旱指挥部门要及时组织抗旱会商，确定受灾情况和干旱区域，做好抗旱工作。

3. 地震灾害预警

中国地震局根据地震风险区的划定对震情进行追踪，并向预测区所在地人民政府提交短期地震预测结果；省人民政府据此做出决策，发布短期地震预报。在此基础上中国地震局继续对震情进行跟踪，并向其所在地人民政府提交临震预测结果；省人民政府随即发布临震预报，并做好防震减灾的准备工作。预报区所属市、区、县人民政府应采取紧急防范措施，具体包括强化震情监测，及时上报；依据地震发展、房屋的防震性能和周边施工设备状况，及时发出避震警示，并在需要时撤离；相关单位在生命线项目及其他次生灾害发生时及时进行应急保护，监督和指导应急救援工作；平息地震谣言，维护社会稳定。

4. 地质灾害预警

地质灾害预警由气象部门与自然资源部门共同制作并对外公布，县级以上人民政府自然资源管理部门和气象部门可根据权限向本地区发布相应预警信息。根据《暴雨诱发的地质灾害气象风险预警等级》（QX/T 487—2019），地质灾害风险程度分为Ⅰ—Ⅳ级，分别以红、橙、黄、蓝四种颜色表示（郭桂祯等，2022）。地质灾害预警根据地质灾害风险度模型来计算，综合考虑致灾因子危险度和承灾体（如人口、财产、资源环境等）易损度等指标因子（郭桂祯等，2022）。预报内容包括时间、空间和强度三个方面。在此基础上，利用地质灾害气象预报对特定地区的地质灾害概率进行预测，再利用专业技术与群防群测做出预测。

5. 海洋灾害预警

海洋灾害预警由海洋主管机构依据职责向公众发布预警信息，内容主要包括风暴潮、海浪、赤潮、海冰与海啸五种，其影响范围广泛，尤其会对沿海地区造成严重危害，甚至对自岸向陆的广大纵深区域的城乡经济和人民的生命财产安全构成了巨大威胁。

6. 森林草原火灾预警

森林火险预警由林业部门与气象部门共同编制并发布。当前，中国火险预警职能相对清晰、工作相对成熟，由中央林草防火办领导主抓，形成火险信息多方汇聚、火险形势滚动研判、预警信息联合发布的局面（郭桂祯，2022）。

7. 自然灾害综合风险预警

自然灾害综合风险预警是在监测致灾因子变化情况的基础上，将孕灾环境与承灾体结合起来全面考量防灾减灾能力，进行风险评估后若达到一定等级，便向公众发布预警信号。预警级别主要以灾害可能影响的程度为依据，即考虑致灾因子强度，结合承灾体的暴露度、脆弱性和减灾能力，利用风险评估模型，计算自然灾害综合风险指数，在此基础上划分自然灾害综合风险预警等级（郭桂祯等，2022）。中国灾害综合风险预警领域相比国外起步较晚，目前美、日、法、德四国的灾害预警与气象预警同时存在，而灾害预警是政府决策的重要基础，因此更具权威性和可信度。

五　自然灾害国际合作

习近平总书记在主持召开中央财经委员会第三次会议上深刻阐述了

自然灾害重大理论和实践问题,强调提高自然灾害防治能力要遵循"六个坚持",其中之一就是"坚持国际合作,协力推进自然灾害防治"(王宏伟,2018)。习近平总书记在会上特别指出,要吸取世界各国的先进经验,积极开展国际防灾合作,开展信息交流、人道主义援助和灾后重建等领域的务实协作。在全球自然灾害应急管理方面,中国应急管理部为促进"一带一路"高质量发展、推动国际救援合作、促进人类命运共同体建设等做了大量开创性工作。

(一)自然灾害国际合作的概念

习近平总书记立足于人类发展的新阶段,以大国领导人的责任感深刻思考了"建设什么样的世界、怎样建设这个世界"等关系全人类未来的重大问题,并在各种场合作出了深刻的论述,形成了一套科学完整、内涵丰富、意义深远的理论体系,指出要将"一带一路"与建设人类命运共同体、实施2030可持续发展战略密切联系在一起,创造新的国际合作舞台,增强共同发展的新动能。

自然灾害国际合作是指与各国在自然灾害防治方面进行合作和交流,特别是加强信息管理、宣传教育、专业培训、科技研发和国际人道救援等国际交流与合作,在此基础上增强与其他国家和国际组织的协作,在国际社会中发挥中国力量。

国际合作的主体包括国际机构、政府、企业和非政府组织。例如,联合国国际减灾战略(ISDR)是由168个国家、民间组织、金融机构等联合参与的联合国下属减灾机构之一,其宗旨是降低由致灾因子引起的自然灾害所造成的伤亡。在自然灾害应急管理领域需要有更多非政府组织参与,其主要作用是提供救灾信息与资金力量。

开展对外合作要坚持以下原则:一是开放合作,共享资源。中国积极参与国际防灾减灾交流合作,并在国际上产生了积极影响。鼓励各国政府、政党、社会团体、有关国际组织与国际友人提供救灾物资,捐助救灾资金，派遣救援队、医疗队伍等多种形式的应急支持。二是内外分开，遵守纪律。在开展自然灾害防治的交流与合作时要做到内外有别，严格遵守保密规定，维护党和政府的机密。

(二) 自然灾害国际合作的主要内容

1. 研讨/会议

2021年4月19日，金砖国家灾害管理工作组会议以视频方式举行，五国代表重点围绕多灾害早期预警系统、志愿服务与灾害管理及灾害韧性基础设施等议题分享了本国经验和举措；中国应急管理部于2020年8月26日在京召开关于加强澜沧江流域多灾种与灾难链视频技术研讨会；2021年11月3日，"一带一路"自然灾害防治和应急管理国际合作部部长论坛以视频形式召开，签署《"一带一路"自然灾害防治和应急管理国际合作北京宣言》，各方表示愿进一步深化自然灾害应急管理领域的合作，为"一带一路"的发展奠定坚实基础。

2. 减灾合作项目

中国已与联合国机构进行了一系列减灾协作项目，并与多个国际性或地区性组织进行了多项国际项目合作，极大地推动了中国自然灾害应急管理能力的发展。例如，《东盟灾害管理和应急响应协议》（以下简称《协议》）自签署后已产生了重大影响。各国之间的协作能让人类在面临自然界的各种挑战时更好地应对；《协议》还建立了许多专门机构和组织，使其能更好地指导灾害应对工作；最后，《协议》对减轻灾害造成的损失起到了重要作用。

3. 减灾救灾活动

随着中国国力的日益增强，中国积极参与自然灾害应急救援行动，及时援助灾区。例如2022年5月27日，应巴基斯坦紧急请求，应急管理部与巴国家灾害管理署举行视频会议，讨论如何扑灭近日苏莱曼山区俾路支省的火灾。中国应急管理部部长黄明当即做出决策，要求抓紧时间、积极支持。我们将继续密切关注火灾的发展，积极动员各种力量收集灾情信息，并安排专家细致分析火灾影响。中国专家结合实际工作经验为巴基斯坦提供了有针对性的扑救建议。

防范化解重大自然灾害风险，是包括共建"一带一路"国家和地区在内的国际社会所面临的共同挑战。强化应急工作，积极应对自然灾害，保障民众的生命财产安全是世界各国的普遍责任。在进入新发展阶段的大背景下，中国应加强双边国际协作，要积极参与联合国和区域框架下的减灾合作机制，聚焦"一带一路"自然灾害防治和应急管理国际交流合作，增强国际救灾力量，积极参加全球人道主义援助，推进人类命运共同体建设，展现大国担当和责任。

第三节 应急处置与救援机制

应急处置与救援机制是指自然灾害事件发生后，政府或公共组织为了尽快控制和减少灾害造成危害而采取的应急措施，主要包括自然灾害先期处置、快速评估、决策指挥、协调联动机制及信息发布等。《"十四五"应急救援力量建设规划》（以下简称《规划》）指出，党的十八大以来，应急救援能力现代化迈出坚实步伐，专业应急救援力量、社会应急救援力量、基层应急救援力量建设不断加强，对国家综合性消防救援队伍的支撑协同作用进一步凸显。在"十四五"期间，针对各种重大自然灾害要提高应急救援能力，增强应急救援力量，灵活运用各类资源，使政府各部门之间、不同行政区域之间、政府和军队之间有效协同，从而提升应对自然灾害的能力，保障人民生命财产安全。

一 自然灾害先期处置

（一）自然灾害先期处置的概念

自然灾害先期处置是指在自然灾害发生前或者发生后的初期，有关部门或者地方政府对自然灾害的种类、发生时间、危害程度等只能做出初步判断或还不能做出准确判定的情况下，对自然灾害进行的早期防治、预警和灾后的处置与救援，并随时报告数据监测情况，最大限度地预防和控制自然灾害或损害升级的一系列决策与执行行动。自然灾害的先期处置工作的及时而有效可以为灾害发生前人员疏散、降低损害争取时间，灾后避免次生衍生伤害，以尽可能少的应急资源投入有效地控制损失和保障人民生命财产安全。

根据2016年12月中共中央、国务院《关于推进防灾减灾救灾体制机制改革的意见》，自然灾害先期处置要坚持分级负责、属地管理，明确和厘清中央与地方应对自然灾害的事权划分。对达到国家启动响应等级的自然灾害，中央发挥统筹指导和支持作用，地方党委和政府在灾害应对中发挥主体作用，承担主体责任。省、市、县级政府要建立健全统一的防灾减灾救灾领导机构，统筹防灾减灾救灾各项工作。地方党委和政府根据自然灾害应急预案，统一指挥人员搜救、伤员救治、卫生防疫、基础设施抢修、房屋安全应急评估、群众转移安置等应急处置工作。规范灾害现场各类应急救援力量的组织领导指挥体系，强化各类应急救援力量的统筹使用和调配，发挥公安、消防以及各类专业应急救援队伍在抢险救援中的骨干作用。统一做好应急处置的信息发布工作。

一般而言，先期处置的原则包括救人第一、科学施救，统一现场指挥，根据事态性质决定处置方式，边处置边报告等。

根据《中华人民共和国突发事件应对法》第四十九条，自然灾害发生后，履行统一领导职责的人民政府可以结合实际情况采取下列一项或者多项应急处置措施（见表4-3）。

表4-3　　　　　　　　　　先期处置措施

分类	具体内容
人员救治	组织专业救援队伍营救受害人员，选择合理方案安置受灾人员以及采取其他救助措施。如在汶川地震中，救援人员实施"先多后少、先近后远、先易后难、先轻后重、优先医务人员"的救助原则，为更快地展开营救创造了良好的条件
现场管理	迅速控制危险源，标明危险区域，封锁危险场所，划定警戒区，实行交通管制以及其他控制措施。该措施的目的是防止自然灾害进一步蔓延扩大，使人员伤亡与财产损失降到最低
基础设施恢复	相关部门立即抢修被损坏的通信、交通、水、电、气等生活基础保障设施，基层工作人员向受灾群众发放基础生活物资，提供避难场所，保障灾区人民基本生活，并且配备相应医疗卫生救助，保障群众健康。一般，自然灾害发生后会发生疫情，要注意疫情防控，注意消杀，关闭或者限制有关场所使用，避免群众聚集导致的危害扩大
物资保障	启动应急预案，按照相关规定使用应急救援物资和经费，在必要时可以紧急征用急需物资，比如通信设备和基础生活物资。保障群众基本生活物资供应，避免引起恐慌
维持秩序	按照法律法规监督管控市场，避免因自然灾害导致的物资紧缺而诱发囤积居奇，不合理的涨价。依法惩处破坏市场秩序的行为、干扰自然灾害灾后处置的行为，维护社会稳定
灾害预防	自然灾害发生后一般会伴随次生、衍生灾害，比如地震发生后会有余震发生。采取相应措施，避免因衍生灾害发生而造成的二次伤害，如洪涝后很容易发生疫情，造成更大损失，所以要防患于未然，进行灾害预防

自然灾害先期处置的流程主要包括收集信息、成立现场指挥部、灾后救援、排除险情等（见表4-4）。在可能的情况下，抢占有利空间，为指挥部的建立和后续处置力量的展开创造有利条件。

表4-4　　　　　　　　　　自然灾害先期处置流程

流程	具体内容
收集信息	自然灾害发生前,相关部门发布自然灾害预警信息并做好准备工作,疏散人员;灾后,受灾地收集受灾状况,及时上报
成立现场指挥部	启动应急预案,对灾后概况(详细地点、规模、类型、人员伤亡)及发展趋势做初步判断
灾后救援	现场指挥部下达指令并为救援人员提供动态灾情,指导救援工作,做到信息实时同步,随时掌握情况、随时决策。救援决策人员通过系统可以准确掌握救援力量部署、位置动态、装备配备等信息
排除险情	现场指挥部组织专家排除险情,避免灾情造成的二次伤害

(二) 自然灾害先期处置的主要内容

首先,在自然灾害发生之前,相关部门如气象部门和地震局,及时发布预警信息疏散群众。强化属地管理为主、充分授权、及时决策的原则,提高当地相关部门的先期决策能力与处置权,以确保自然灾害发生前能够得到及时预警,充分准备尽快疏散人员,降低受灾风险。细化自然灾害发生后先期处置措施,减少损失。

其次,自然灾害发生后,在初步了解现状的基础上明确需要支援救助的内容与要素,向有关部门和上级部门报告事态进展情况,必要时向上级有关部门请求支援。明确先期处置队伍中向有关部门和领导报告事态进展的程序、内容、方式,提高信息报送的质量。明确先期处置队伍向上级有关部门和领导请求支援以及上级有关部门和领导提供支援的条件、方式和内容,建立情况紧急时上级部门和领导进行越级指挥的制度。

再次,重视基层组织在自然灾害先期处置中的作用。基层是自然灾害发生后信息报送的第一来源,也是先期处置的重要主体,并且是出现在第一时间的群体。由于基层离灾害发生现场近、熟悉当地基本情况，是先期处置的最佳主体。自然灾害发生后，只有基层才能做到发现早、行动快，及时开展工作，避免次生伤害造成人身财产损失加重。同时灾害发生地基层组织也是协助灾后救援工作的最佳帮手。基层组织熟知当地状况，可以发动当地群众力量积极配合上级、外部专业救援队伍开展处置工作。基层组织在现场数据收集、道路疏通和引领、物资保障、维护秩序等诸多方面发挥着积极协助处置的作用。同时要建立政府、社团、企业和居民等多主体之间"自救、互救、共救"相结合的合作关系，明确相互的权利、责任和义务。区域之间也要加强协作，相互援助，共同防灾救灾，防止灾情的衍生和扩散。

最后，及时、主动和正确地引导舆论。随着信息化的发展，现代自然灾害先期处置要特别注意信息发布问题，基层组织要善于同媒体打交道，强化舆论引导。相关部门要与媒体保持及时沟通与联系，让其参与其中，自觉接受监督；对灾后伤亡情况实事求是地上报；依照应急管理相关法律法规及时更新救援现场最新信息，同时充分利用新媒体，如官方微博、官方微信，及时有效发布有关信息，主动正确引导舆论。

二　自然灾害快速评估

自然灾害快速评估是评估类型的一种，但有其特殊性，分为灾前的快速评估和灾后的快速评估。灾前的快速评估由于其时间紧、任务重，需要在极短时间内迅速收集信息，专业分析后及时发出预警，所以自然灾害快速评估更重视定性结论。灾后，所处环境、设备都在一定程度上受到损害，通信中断，灾后环境对评估有极大约束性，所以在自然灾害处置中常用快速评估灾后损失。

(一) 自然灾害快速评估的概念

自然灾害应急处置和救援的快速评估是指在事故发生之前或之后，根据相关法规，由自然灾害处置相关工作单位和专家迅速针对自然灾害开展调查，并在短时间内迅速高效地评估灾害情况。其中，自然灾害的迅速评估旨在为灾害早期处理与应急处理过程中的非常态化的决策提供依据。自然灾害的快速评估主要是指灾前灾后的基本信息，以及在此基础上专家作出的情况判定。快速评估主要为决策的制定服务，所以在作出决定前一定要做好评估工作，但由于灾前灾后受到各种限制，快速评估的结果需要注重实际。

自然灾害快速评估主要分为两个部分，一方面是灾前评估；另一方面是灾后快速评估。灾前快速评估的内容主要包括灾害的种类、灾害级别、发生时间、影响范围等，根据评估内容及时发布预警信息，疏散灾区群众，比如地震前通过电视、短信、广播等发布地震预警可以极大减少伤亡。自然灾害发生后的快速评估主要是对受损状况进行评估，具体内容包括灾害发生的时间、地点、灾区受损状况、灾区基础设施受损状况、人员伤亡状况、房屋受损状况、直接经济损失、影响区域公共服务状况、抢险救灾状况、基本生活物资需求、医疗防疫需求以及次生衍生灾害等。

快速评估注重实效性、宏观性、指导性和交互性。在快速评估过程中，应与应急决策指挥者保持及时沟通和交流，随时了解决策者的需求动态并汇报快速评估进展。快速评估的方法主要有上报汇总法、遥感法、历史事件类比法、实地考察法、综合法。在实际的自然灾害快速评估实践中，较常用综合法。灵活使用各种方法，取长补短，以便充分利用应急处置和救援中各个方面的力量，从多方面快速获取所需要的信息和资料。

（二）自然灾害快速评估的主要内容

自然灾害应急救援阶段的快速评估是指在灾害发生后对受灾情况进行及时、准确和系统的评价，并以此为依据来制定应急救援方案和资源配置的过程。它主要包括以下四个方面。

1. 灾害损失评估

灾害损失评估主要是评估灾害对人员、设施、设备等造成的直接经济损失和间接经济损失。例如，2020年的贵州茂兰滑坡灾害，根据后续评估可知，共有21人死亡、43户房屋被毁，约40公顷农田受到影响。

2. 灾害影响评估

灾害影响评估主要是分析灾害对社区功能、环境、生态等产生的影响。2019年江西省丰城市受洪水侵袭，导致道路、桥梁破坏，电力、供水中断，对生产生活造成严重影响。

3. 救援需求评估

救援需求评估是指根据受灾人口的数量、分布特点，以及食物、衣服、住所、医疗等基本生活需求，确定救援物资的种类和数量。如2020年湖南长沙发生暴雨灾害，20余万人受灾，紧急转移安置人数达4.7万人，大量救援物资和医疗资源需求迅速提升。

4. 恢复重建需求评估

在救援阶段就要考虑灾后恢复重建的需求，包括基础设施、房屋、生态环境等的修复和重建。比如，2020年四川壤塘县地震，震后即开始规划和实施恢复重建工作。

需要注意的是，这四个方面有时会有所交叉，但每个方面都是至关重要的，缺一不可。而且在自然灾害的应急救援阶段，以上四个方面的评估需要同时进行，只有这样，才能保证应急救援工作的有效性和效率。

三 自然灾害决策指挥

自然灾害决策指挥是自然灾害应急管理的关键环节，旨在有效地防止和处理突发的自然灾害。应急决策指挥机制一般包括结构设置、决策机制、资源调动、信息传递、培训与演练等内容。总的来说，自然灾害应急决策指挥是一个动态、复杂的系统，需要在多个层面上进行精细的设计和持续的优化。从预警到救援，再到恢复重建，都需要清晰统一的决策链条、充足的应急资源、顺畅的信息传递和经常性的训练评估。

（一）自然灾害决策指挥的概念

自然灾害决策指挥是指应急指挥者在对自然灾害产生的特定原因、种类、时间、地点、扩散态势及影响后果等进行快速评估的基础上，采用以人为本、科学合理、及时有效的应急管理模式，对灾前预警和灾后处置救援过程中的各种力量、各项工作进行时间上、空间上的安排与调整的过程。

建立健全自然灾害决策指挥机制的目标是，充分发挥各级各类自然灾害应急指挥机构的统一指挥和协调作用，强化各方面之间的协作，形成有效处置自然灾害的合力。应急决策的直接目标是追求应对自然灾害方案的最优选择，最大限度地减少伤亡和损失。科学性是自然灾害决策过程的目标。应急决策的科学性是实现上述直接目标与最终目标的根本保证。

一般而言，决策指挥应当遵循的工作原则包括统一领导，分级负责；以人为本，减少损失；运用科技，专业处置；属地管理，先期处置；充分授权，及时决策；减少沟通层级，沟通畅通。

自然灾害现场指挥部是指灾区政府及相关部门针对自然灾害的决策、指挥与处置的临时性机构，是自然灾害应急决策处置的核心机构，是决定应急处置高效快捷的关键因素。针对不同类型的自然灾害，可以有不同类型的现场指挥部。现场指挥部的要素包括场所、设备、人员与车辆标志等。现场指挥部的工作流程包括现场指挥部的建立、现场指挥部的运行、撤销等。

现场指挥部承担以下重要职能。第一，根据自然灾害损失的情况、相关应急预案和应急领导小组的指示，组织指挥各方力量参与救援，力争挽救损失，将灾后损失降到最低；第二，实施属地管理，组织交警等相关部门，做好道路交通保障；第三，做好群众疏散和安置工作、维护秩序稳定，避免物资紧张造成的哄抬物价；第四，协调自然灾害相关职能部门和单位，做好调查、统计数据，做好善后工作，防止出现灾后疫情，尽快恢复正常秩序；第五，及时掌握和上报重要信息，研究制定紧急处置决策并报上级部门，接受上级指示。

各级自然灾害应急预案应该明确规定现场指挥部的领导机构和内设机构。领导机构和内设机构具体设置如图 4-7 所示，具体到各种不同的灾种以及不同级别，则可以根据实际需要和应急决策与处置的原则合理设置。

```
领导机构              内设机构
  总指挥               现场指挥组
  副总指挥             信息保障组
  各组组长             后勤保障组
                      综合协调组
                      专家顾问组
                      治安交通管理组
                      医疗救治组
```

图 4-7 现场指挥部的结构设置

资料来源：闪淳昌、薛澜主编：《应急管理概论：理论与实践》（第二版），高等教育出版社 2020 年版。

(二) 自然灾害决策指挥的主要内容

在先期处置中，应急处置机构的决策指挥工作主要有启动应急响应、专业化现场指挥、资源调配与征用、专家参与、临时救助安置等内容。

1. 启动应急响应

按照"条块结合，以块为主"的原则，自然灾害处置救助工作以灾情地区政府为主导。自然灾害发生后，各级人民政府和相关部门要根据具体灾情，按照分级管理、各司其职展开工作，启动相关层级和相关部门应急预案，做好灾害监测、灾区人民紧急转移安置和生活安排工作，做好抗灾救灾工作，最大限度地减少人民群众生命和财产损失。

2. 专业化现场指挥

要建立一个由专业化的应急救援人才组成的现场指挥队伍，提高专业化水平。《中华人民共和国突发事件应对法》第八条规定："国务院在总理领导下研究、决定和部署特别重大自然灾害的应对工作；根据实际需要，设立国家自然灾害应急指挥机构，负责自然灾害应对工作；必要时，国务院可以派出工作组指导有关工作。""县级以上地方各级人民政府设立由本级人民政府主要负责人、相关部门负责人、驻当地中国人民解放军和中国人民武装警察部队有关负责人组成的突发事件应急指挥机构，统一领导、协调本级人民政府各有关部门和下级人民政府开展突发事件应对工作；根据实际需要，设立相关类别突发事件应急指挥机构，组织、协调、指挥突发事件应对工作。"

3. 资源调配与征用

第一，资源调配。应急资源由专业应急救援队伍、应急救援物资设备、群众志愿组织等组成。应急资源调配是应急决策和应急响应的重要内容。及时有效调动人、财物、通信、技术等各种资源，为应急处置与救援提供重要保障。各单位要根据应急救援的要求，储备一定数量的应急物资及资金，同时平时要注意对应急资源的维护和保养，切实保证应急资源的质量，延长应急资源的寿命。各单位要定时对应急资源进行检查，对应急资源的数目、状况进行全面的登记。可以通过与生产厂家签订救灾物资紧急购销协议、建立救灾物资生产厂家名录等方式，进一步完善应急救灾物资保障机制。依托信息技术，建立应急管理中统一的资源地图和资源调配机构并明确紧急情况下对人、财、物、通信、技术等各种资源进行紧急调配的条件、程序和方法，提高资源调配的效率，根据灾情特点、灾区需求以及抢险救援需求在不同地区和部门之间实现应急救援资源的科学、有序和快速调度。

第二，紧急征用。因为自然灾害发生突然，影响深、破坏大，人力物力资源提前储备有限无法应对灾害，所以会采用紧急征用的方法。自然灾害紧急征用是指依照法律规定的相关程序，暂时使用组织和个人财政资金用于抢险救灾的行为。征用权来源于全国人民代表大会通过的《中华人民共和国宪法》（1954）、《中华人民共和国物权法》（2007）、《中华人民共和国突发事件应对法》（2007）等相关法律的明确规定。实施征用需要满足以下几点：一是征用条件，行使征用权必须是自然灾害发生前后为了紧急避险和抢险救灾需要；二是征用范围，紧急征用的物资主要是救援及基本生活所需物资、救援设备、场地、通信工具、交通工具等一些必要物资，实施征用行为必须严格依照法律规定的权限和程序；三是征用行为必须依照法律法规及正当程序；四是保障权益，紧急征用的物资在使用期间应合理使用，使用结束后返还给财产所有人，若不慎损坏、损毁应予以财产所有人合理补偿。

4. 专家参与

专家参与是指自然灾害专家根据受灾地客观实际，参照收集的真实数据，使用科学研究方法，以实事求是的态度，运用专业知识为自然灾害应对工作提供科学、合理、可行的方案，供决策主体参考的过程。通过推进专家机构建设，探索建立应急管理专家参与应急管理工作的联动模式，不断提高专家在预防和处置自然灾害工作中的参与度，有利于为自然灾害应对工作提供各种专业的决策支持，从而提高自然灾害应急管理的水平。

5. 临时救助安置

自然灾害临时救助安置是在灾后针对灾区人民的临时性生活安排救治制度。自然灾害的突发性、破坏性以及衍生次生灾害给灾区人民造成巨大影响，衣食住行等基本生活诉求无法得到满足，用水用电通信等可能存在困难，针对此类情况安排临时救助安置，保障群众基本生活。临时救助安置对灾后的重建工作也十分有帮助，所以自然灾害的临时救助安置应契合灾区群众需求。《中华人民共和国突发事件应对法》第六十一条规定："受突发事件影响地区的人民政府应当根据本地区遭受损失的情况，制订救助、补偿、抚慰、抚恤、安置等善后工作计划并组织实施。"

四 自然灾害协调联动机制

自然灾害协调联动机制在自然灾害应急处置与救援领域具有至关重要的地位。其本质是一个系统化、高效化的过程，意在将各类资源、能力与信息整合起来，实现救援效果的最大化。这种机制可以确保不同部门之间、不同行动者之间的协同工作，防止因管理层次过多而导致的信息交流不畅、决策延迟等问题。

（一）自然灾害协调联动机制的概念

协调联动是政府应对自然灾害最常用的处理手段，即不同地区和不同部门之间相互配合、信息分享、资源整合、共同行动，形成应对自然灾害的合力，从而化解自然灾害带来的人民生命财产安全危害。协调联动机制是指在自然灾害管理中政府各部门、各行政区域以及政府与军队之间，在各自职能相互配合的基础上，将自然灾害处置与救援的协调过程规范化、程序化，提升部门和组织之间协调效率的运作模式。

自然灾害应急协调联动建设的目标是使不同地区和部门在自然灾害管理工作中相互配合和交流。不同地区和不同部门的协同配合使交流协作工作可以跨地区、跨组织、跨部门甚至跨国家。在自然灾害处置与救援的实际工作中，切实形成条块结合、上下联动的组织体系和跨地区、跨部门的协调合作框架，整体提高自然灾害管理和协调应急能力。

自然灾害应急协调联动应当遵循"党委领导、政府负责、军地协同、社会参与"的工作原则。一是建立健全自然灾害处置与救援联动机制；二是政府负责、社会参与；三是军地联动、有序协调。

协调联动的主要类型有政府部门之间的协调联动、不同行政区域的协调联动以及军队与地方政府的协调联动。

(二) 自然灾害协调联动机制的主要内容

1. 预警与信息共享机制

在自然灾害应急管理中，预警与信息共享是协调联动机制的重要组成部分。快速、准确地获取和传递灾情信息是提高应急处置效率、降低灾害损失的关键。在中国，随着科技的发展，我们已经建立了一套比较完善的自然灾害监测预警系统，通过卫星遥感、气象雷达等设备对自然灾害进行实时监控，并及时发布预警信息。

以 2020 年长江洪水为例，中国气象局在洪水到来前就已经发布了预警信息，并通过各种渠道迅速传递给社会大众，使得人们有足够的时间做好防范措施。同时，各级政府之间也通过信息系统实现了数据共享，从而提高了决策效率和应急响应速度。

尽管我们的预警系统已经相当成熟，但仍然存在一些问题需要解决。例如，如何将复杂的科学预警信息转化为普通公众可以理解的语言；如何确保预警信息的覆盖率，特别是对于偏远地区和弱势群体的覆盖；如何通过科技手段提高预警的准确性，等等。

2. 资源配置与利用机制

自然灾害发生后，一个有效的资源配置与利用机制对于救援工作的顺利进行至关重要。这包括人力资源、物资资源、财务资源等各种资源的合理配置和高效利用。

例如，在2020年新冠疫情暴发初期，全国各地纷纷向武汉派出医疗队支援，这就是一个很好的人力资源配置的例子。在物资资源方面，国家紧急调动和采购医疗物资，甚至从国外进口，保证了医护人员的防护需求和患者的治疗需求。在财务资源方面，国家投入了大量的财政资金，设立了专项基金来应对疫情。

当然，资源配置并不是在灾害发生后才开始的，更重要的是在平时就要做好预防和准备工作。这就需要我们根据历史灾害数据和风险评估结果，制定合理的资源储备和配置计划。

3. 应急行动协调机制

自然灾害的应急管理涉及多个部门、多个层次的协调与配合。因此，建立一个有效的应急行动协调机制至关重要。这个机制不仅包括上下级政府之间的协调，也包括同级政府、跨区域政府、政府与企业、政府与社会组织等之间的协调。

如2018年的山东莱芜6.0级地震，通过政府的有效协调，各级政府、红十字会、消防、救援队等各方力量迅速到位，并且各司其职，形成了有序的救援局面，极大地减少了灾害损失。

在这个过程中，我们需要注意的是，协调并非简单的命令和服从，而是需要通过沟通和协商来实现目标的一致性和行动的协同性。

4. 政策法规和机构建设

政策法规和机构建设是构建有效的自然灾害应急协调联动机制的关键环节。例如，中国已经制定了一系列关于自然灾害管理的法律法规，如《中华人民共和国防灾减灾法》等，并逐步建立了包括国家减灾委员会、国家防汛抗旱总指挥部、省级应急管理厅等在内的防灾减灾机构体系。

同时，为提升应急管理能力，中国政府也大力推进相关人员的培训和教育工作。比如近年来，中国政府在全国范围内开展了广泛的防灾减灾知识普及活动，旨在提高公众的防灾意识和应急能力。

以上四点内容构成了自然灾害应急协调联动机制的基本框架。在实际操作中，还需要根据具体的地域和灾害类型，灵活调整并实施上述策略。

五 自然灾害信息发布

自然灾害信息发布体现了政府对灾害的处置能力、现代政府政务服务的透明度。信息公开是现代民主制度的根基，也是现代政府取信于民的基础。中国自2008年5月1日起实施《中华人民共和国政府信息公开条例》，规范了政府信息工作，积极推进政治民主化进程，保障公民能够对政府进行监督，提高了政府工作的透明度。信息公开透明不仅体现在对行政机关在履行职责过程中制作或者获取的常规信息的披露，也体现在对自然灾害信息的公布。通过有效的信息沟通，让公众在第一时间获知自然灾害相关信息，并掌握相应的避免、减轻危害的常识，有助于政府更有效地组织、动员群众应对自然灾害。

（一）自然灾害信息发布的概念

自然灾害信息发布是指按照法律法规和相关程序，政府及相关部门在处置自然灾害过程中向公众发布准确、及时、统一的自然灾害事态发展和处置救援信息的行为或过程。

自然灾害信息发布的内容包括灾前预警信息、有关地区政府应对灾害的决策、发布灾害信息的渠道、有关自然灾害的分析结果、自然灾害相关常识、建议、咨询电话、灾后处置工作和救援信息等。

《国家自然灾害救助应急预案》规定信息发布坚持实事求是、及时准确、公开透明的原则。信息发布形式包括授权发布、主流媒体发布、相关新闻办公室组织报道、举行新闻发布会、接受记者采访、重点新闻网站或政府网站发布等。在自然灾害发生前，及时向社会发布预警信息，以及灾害相关常识、服务救助电话。自然灾害发生后，受灾地区县级以上人民政府或者人民政府的自然灾害救助应急综合协调机构应当评估、核定并按有关规定发布自然灾害损失情况。

自然灾害信息发布的目标是相关部门及政府能够及时主动、公开透明地发布受灾信息和救援信息，主流媒体要充分发挥其引导舆论和指导公众行为的作用，及时消除不良信息造成的负面影响，增强群众应对自然灾害的信心。同时，主动设置相关议题，认真回应社会关切；组织专家解疑释惑，正确深度有效引导。

自然灾害信息发布的原则一般包括以人为本，满足信息需求；坚持及时准确，积极引导舆论；坚持公开透明，做到开放有序；坚持统筹协调，明确工作职责。

（二）自然灾害信息发布的主要内容

1. 自然灾害管理过程中的新闻发布和舆论引导

完善政府自然灾害信息发布和舆论引导制度，做好各类自然灾害管理信息发布工作,采取授权发布、组织记者采访、举办新闻发布会等多种方式。及时向公众发布自然灾害发生发展情况、应对处置工作进展和防灾避险知识等相关信息,保障公众的知情权和监督权。依法做好重大自然灾害的信息发布和舆论引导工作,大力宣传党委政府采取的措施和干部群众的优秀事迹,树立政府形象,增强公众信心,形成良好的舆论环境。

2. 决策者在灾害现场进行现场沟通

明确应急管理领导者在自然灾害现场进行沟通和交流的渠道、方式、内容、程序和技巧,提高应急管理部门和决策者进行现场信息发布和有效沟通的水平。利用灾害现场应急通信系统,强化灾害现场与后方之间的信息交互机制,提高在巨灾抢险救援过程中现场救援队与后方信息保障中心之间进行海量信息交互的能力,加强对毁灭性灾害灾情现场快速调查的手段,健全第一时间收集灾情的整体信息机制,强化现场向后方及时报送信息的能力。

3. 建立信息发布的专家参与机制

自然灾害信息发布要重视专业团队、专业人士的作用,建立健全专家参与信息发布的应用机制,提高专业化水平。应主要依靠专业团队来制定信息发布和公共沟通的机制,政府官员应更多地在专业团队后面进行指导,并在恰当的时间充当发言人。

第四节 恢复与重建机制

在自然灾害得到有效控制后,中国的应急管理工作就进入了以恢复重建为主的阶段。建立和完善灾害应急管理的恢复与重建机制,既要使受灾设施和社会生产生活秩序得到迅速恢复,又要以可持续发展战略为指引,把恢复和重建作为提高社会防范灾害、降低灾害风险的契机,提高社会的综合抗灾能力。自然灾害发生之后应急管理恢复重建的核心机制是设置恢复重建、救助补偿、心理抚慰、调查评估、责任追究的相关监督管理的工作流程。

一 自然灾害恢复重建

（一）自然灾害恢复重建的概念

自然灾害恢复重建是指在自然灾害应急管理处置工作结束后，为了保障人们正常的生活，为了更好地促进社会经济快速稳定发展，为最大限度地减少灾害给人类带来的各种巨大损失，修复各类公共基础设施和重要生命线工程而采取的相关措施和所做的规划等工作。

恢复重建的目标是使受自然灾害影响区域的群众的生活、工作、生产恢复正常，恢复重建受灾害影响区域的社会经济发展所需要的各类要素，以及恢复生命线工程和其他各类生活基础设施和公共设施，保证受影响区域的群众进行可持续发展的经济社会活动。

灾后重建要坚持以人为本、统筹协调、及时高效、社会帮扶、自助自救、科学规划、分步实施等原则，在恢复重建过程中要抓住重心，按照计划顺序，将保障人民群众的基本生活安全放在第一位。

（二）自然灾害恢复重建的主要内容

在消除了自然灾害的危险性和风险后，必须及时进行恢复和重建。既要恢复受灾地区的经济来源，还要重建居民住房，恢复社会秩序，恢复公共基础设施，恢复生产生活，恢复生态环境。具体内容包括以下几点。

1. 重建居民住房

在停止执行应急处置措施之后，首先需要重建居民住房，在充分尊重群众意愿和需要的前提下，通过维修加固或原址重建、易地重建、自主购房等多种方式，确保灾区群众住上安全房、放心房。需要采取或者继续实施相关的必要措施保障受灾群众的住房安全问题。

2. 恢复社会秩序

自然灾害发生之后不仅破坏了人民的生活秩序，使其生命和财产遭受重大损失，而且容易产生违法违规，甚至犯罪的问题，使社会处于不稳定状态。因此，即使在自然灾害发生以后，公安机关、消防机关等仍然要根据受灾地区的实际情况，加强对人员的人身、财产的保护，预防和制止各种扰乱社会秩序的活动，及时发动相关部门，保障灾区的生活必需品和重建物资。恢复社会秩序的重要工作是对实施扰乱秩序的犯罪行为和虚假散布谣言的行为进行打击，情节严重、构成犯罪的，依照法律法规追究责任，从而稳定人民情绪，保障尽快恢复正常的生产生活及社会秩序。

3. 恢复公共基础设施

公共基础设施的修复要按优先顺序，有计划有步骤地进行，第一步是恢复水、电、气、交通、通信等各种公共基础设施。交通运输设备的正常运转对保障受灾地区的物资供应，稳定受灾地区的人心、增强民众的信心起到了很大的作用；移动无线通信也必不可少，成为人们获取信息、取得联络的重要手段，也应尽快安排恢复。

4. 恢复公共服务

按照城乡规划、人口规模、统筹资源、合理布局、加强规范化建设，实现基本公共服务均等化。在救灾的过程中，所有的社会活动都以赈灾为中心，社会生产、经济活动基本上陷入停顿，而与之对应的是人民的精神和心理状态也一直处在一种灾难之中。作为社会最基本的公共事业，学校、医院等公共服务设施的修缮和改建工作应优先安排，并严格按照国家强制标准和规范要求使其更为安全牢固。因此，重视社会公共服务对社会经济的恢复具有重要的现实意义。

5. 产业恢复振兴

产业恢复振兴要按照当地政策要求、地方特色和人才情况，合理引导受灾企业原址恢复重建、异地新建和转型，支持发展当地的特色产业，促进发展方式转型升级，增加就业机会。大力推进第一、二、三产业的全面恢复，推动产业结构优化升级，加快现代化进程，为灾区提供产业技术支持。

6. 生态修复和环境保护

加大灾区生态修复和环境保护力度，统筹山水林田湖草系统治理，推动生态系统良性循环。践行生态文明理念，加强自然资源保护，持续推进生态修复和环境治理，保护具有历史价值、民族特色的文物以及单位建筑，传承优秀的民族传统文化，促进人与自然和谐发展。

二 自然灾害救助补偿

中国历来重视自然灾害的救助补偿工作。近五年来，中央每年安排救助资金50亿元，专门用于受灾群众紧急转移安置，因灾倒塌民房恢复重建、冬春救助以及临时生活救助，平均每年救助6000万到8000万人次，体现了政府对人民财产和生命安全的重视。

（一）自然灾害救助补偿的概念

自然灾害救助补偿就是通过各种方式对在自然灾难中受到生存影响的社会成员提供衣、食、住、行、教育、医疗等基本生活资料以维持其基本生活状态，并且利用必要的行政手段、财政资金、市场行为等工具，对灾难造成的损失进行补偿的应急管理机制，尽量把自然灾害带来的影响和损害降到最低。

降低自然灾害对群众及其他人员造成的损失和影响是自然灾害救助补偿的目标。这一举措既是为了保障基本民生、促进社会公平、维护社会稳定，也是我们党全心全意为人民服务的根本宗旨的集中体现。为全面贯彻党中央、国务院决策部署，救助补偿制度是统筹生存和发展，切实把握基本民生保障底线，有利于最大限度地保护公民、单位、合法权益的重要措施。

救助补偿应当遵循以下工作原则。一是坚持以人民为中心，把维护受灾群众基本权益作为救助补偿的根本出发点和落脚点，既能减轻受灾最严重的对象的损失，又能统筹兼顾所有救助对象获得基本的救助补偿服务，保障受灾群众的基本生活。二是科学合理地制定救助补偿标准。科学测算自然灾害受灾程度，从而确定救助补偿比例和程度，按照国家规定和实际需要来确定救助补偿的一般标准。三是坚持适度补偿的原则，防止出现救助补偿比例过高或补偿比例过低而补偿透支或不足的现象。四是建立健全自然灾害救助补偿资金和物资的监督检查制度，坚持专项管理、科学管理、定期审计、民主监督，严格限制补偿救助资金和物资的使用范围，防止资金和物资的滥用。

根据《中华人民共和国突发事件应对法》，受自然灾害影响地区的人民政府应当根据本地区遭受损失的情况，制订救助、补偿、抚慰、抚恤、安置等善后工作计划并组织实施。具体而言，主要包括救助和补偿两大方面的内容。

一是救助。对受自然灾害影响的群众实行救助措施，属地政府应该及时制订这方面的安置计划，提供最基本的生活条件，以尽快满足灾区群众最基本的生活需求。对受自然灾害影响的特殊群体（老人、孤儿）人员进行积极的救助。根据《中华人民共和国突发事件应对法》规定，在自然灾害发生的紧急状态下，参与紧急事件处理或协助维持治安的公民，有就业岗位的，其在本单位的工资、福利待遇不发生变化；无就业岗位的，由所在地人民政府给予补助。对于因自然灾害应急处置工作而死亡的人员，当地政府应当按照法律规定予以赔偿。当地人民政府和有关部门要及时将自然灾害发生的情况告知保险监管机关和保险公司，并协助其做好相关的保险和理赔相关工作。

二是补偿。根据有关法律法规，在处理自然灾害时，对公民、事业单位和其他单位造成财产损害的，国家有明确规定的，依法予以赔偿；国家未明确规定的，由地方人民政府组织制订赔偿方案。建立完善的应急资源征收、征用补偿制度，解决基层群众和综合应急队伍的实际困难和后顾之忧，根据有关规定，结合实际情况，暂时制定补偿标准和补偿办法，完善补偿程序，建立补偿评估机制，必要时召开由受损者参加的听证会，确定补偿方式、补偿标准和补偿数额，并进行公示。

（二）自然灾害救助补偿的主要内容

1. 灾后重建的立即性补偿

自然灾害造成的损失是巨大的，民众对于生活基础设施和日常所需品的需求很迫切。在这种情况下，应急救助补偿机制应当立即启动，以尽快满足受灾人群的基本需求。

该部分主要包括为受灾人口提供食物、饮水、庇护所及医疗服务等。此外，还需要考虑到特殊人群，如老年人、儿童、残疾人等的特殊需求。在有效利用现有资源的同时，也需要尽快获取并调配其他地区的援助资源。

此外，由于灾后初期往往混乱无序，因此，透明、公平的资源分配机制至关重要。管理者应建立有效的信息通报系统，确保所有人都能了解到最新的救助进展和资源分配情况，从而最大限度减少不确定性和焦虑。

2. 短期恢复计划与补偿

在灾后的短期内，除了满足人们的基本需求，我们还应实施一系列补偿措施来帮助他们恢复正常生活。

重点应放在修复基础设施，如电力、水利、交通等方面，以便恢复社区的正常运作。同时，要对家庭财产进行评估并提供相应的赔偿，让更多人迅速恢复生活。

此外，精神心理援助也是短期恢复计划中的一个重要环节。自然灾害可能会给受灾人群带来严重的心理创伤，因此，应提供心理咨询和支持，帮助他们更好地应对困难。

3. 长期重建计划与补偿

长期重建计划应着重于促进经济的恢复和发展。经济恢复的核心在于创造就业机会和恢复商业活动。

灾后重建的就业机会不仅可以帮助恢复受灾地区的经济，而且还可以增强社区成员的自我效能感，提高他们应对未来灾难的能力。此外，通过赔偿或低息贷款等方式激励商业活动的恢复也十分重要。

然而，长期重建计划也应注重可持续性。例如，重建过程中应考虑环境因素，避免对环境造成进一步的伤害，并尽量采用能够抵御未来灾难的建筑设计和城市规划。

4. 社区参与的重要性

受灾社区的居民是救助补偿机制中的主体，他们的需求和意愿应被充分考虑和尊重。

社区参与可以确保救助补偿机制更加符合受灾群体的实际需求，并提高资源利用的效率。此外，积极的社区参与还能增强社区的凝聚力，促使社区早日恢复正常。

为了实现这个目标，管理者应设法提升社区成员的参与度，例如开展社区会议、发起调查问卷等，以了解他们的需求和期待。同时，也应尽量简化申请和分配资源的流程，以便于他们获取和使用救助资源。

三 自然灾害心理抚慰机制

在自然灾害应急管理领域，心理抚慰机制是关键的组成部分。自然灾害，如地震、洪水、海啸或火灾等，不仅会导致财产的损失和人员的伤亡，更会对受灾者的心理健康产生长期而深远的影响。因此，在自然灾害恢复与重建过程中，心理抚慰机制至关重要。

（一）自然灾害心理抚慰机制的概念

在自然灾害中，人们往往会经历一系列情感上的波动。最初的震惊、恐惧和不安会逐渐转化为愤怒、无助和绝望，这就使得在物质救援的同时，心理抚慰机制的重要性显现出来。

心理抚慰，又称心理援助，是对自然灾害受灾者及时给予适当的心理救助，以将自然灾害所带来的心理伤害降到最低，从而使其能够尽早恢复心理健康，摆脱困境。心理抚慰机制是一种帮助个体应对创伤和压力，恢复心理健康的方法和程序。它包括各种形式的援助，包括但不限于心理咨询、情绪疏导、心理治疗和社区支持等。在自然灾害恢复与重建的背景下，心理抚慰机制尤其关注以下几点。

第一，创伤后应激反应的识别和处理。许多灾难幸存者可能会经历创伤后应激反应（PTSD），这是一种会发生在经历了可怕事件之后的精神疾病。心理抚慰机制能够识别出这些反应，并提供适当的干预措施。

第二，缓解心理痛苦。自然灾害会引发各种情绪反应，包括恐惧、困惑、绝望和无助感。心理抚慰机制能通过有效的手段来帮助受灾者处理这些负面情绪。

第三，心理复原力的建设。心理复原力是一个人在面对压力或困难时保持或迅速恢复心理健康的能力。通过培养灾难幸存者的心理复原力，心理抚慰机制有助于他们更好地应对未来的挑战。

第四，社区支持和联结。社区的支持和联结对于个体的心理恢复至关重要。通过促进社区的团结和互助，心理抚慰机制可以帮助增强个体和社区的抗灾能力。

总的来说，心理抚慰机制是自然灾害恢复与重建中不可或缺的一环，旨在帮助受灾者处理和克服灾难带来的心理创伤，促进他们的心理健康，以便他们可以继续进行日常生活并重新建设他们的家园。

自然灾害发生后，需要进行心理抚慰的人员主要包括四类。第一类受害者，是现场的灾害亲历者；第二类受害者，是亲人为灾害受害者的人；第三类受害者，是一、二类受害者的同学、朋友等与其有密切关系的人群；第四类受害者，是参加灾后救助及恢复重建的一线人员。

(二) 自然灾害心理抚慰机制的主要内容

一般而言，心理抚慰机制主要包括以下四个方面。

1. 心理应急介入

自然灾害发生后，受灾者往往会面临巨大的心理压力和精神创伤，这里，心理应急介入作为心理抚慰机制的重要组成部分起着至关重要的作用。

心理应急介入主要包括对受灾者及时的心理疏导和心理咨询服务。首先，专业人员会通过各种方式及时获取受灾者的心理状态信息，了解他们的需求和困扰。其次，通过心理疏导技术，如认知行为疗法等，帮助受灾者缓解紧张情绪，减轻恐慌，稳定心态。同时，心理咨询服务也需要给予受灾者足够的关注，以其个体化的需求为导向，在面对面的交谈中发现并解决受灾者的心理问题。在整个过程中，尊重受灾者的感受和选择是最为重要的原则。

2. 群体心理康复

在自然灾害的恢复与重建阶段，非常重要的一个环节是培养和恢复受灾者的集体信心和团队精神。人是群居动物，我们依赖社区，依赖集体。群体心理康复旨在通过增强群体凝聚力和团队协作能力，提高受灾群体抵御灾害和适应环境的能力。

在具体实施上，可以组织各种集体活动，如小组讨论、团体游戏等，让受灾者有机会分享他们的经历和感受，相互支持，共同面对困难。同时，还可以进行必要的心理教育，帮助受灾者理解和接受他们的情绪反应，学会有效的应对策略，并保持积极乐观的生活态度。

3. 长期心理援助

对于灾难的恢复和重建，不能仅仅停留在短期的应急介入和群体心理康复阶段。很多时候，受灾者的心理问题可能需要长期的治疗和关注，因此，建立长期心理援助机制是十分必要的。

长期心理援助应包括定期的心理评估、持续的心理咨询和必要的药物治疗。这些服务应当由专业的精神卫生工作者提供，并在必要时与医疗机构紧密合作。此外，为了使受灾者更好地获得心理援助，相关政策也需要给予足够的支持和保障，如提供免费或低成本的心理援助服务，加强对心理健康的知识普及，提高受灾者对心理援助的接受度等。

4. 心理抚慰文化建设

另外一个容易被忽视却十分重要的环节是心理抚慰文化的建设。不同文化背景下的人们对灾难的理解和应对方式可能会有所不同，因此，建立符合本地文化特点的心理抚慰机制是十分必要的。

具体来说，可以从以下几方面入手。一是尊重和认识本地文化，了解当地人对灾难的认知和应对方式；二是利用本地文化资源，如传统的心理调整方式，以此来提供更符合当地人需求的心理援助服务；三是推广心理健康知识，改变可能存在的心理健康误解或污名，以提高受灾者对心理援助的接受度。

总结而言，心理抚慰机制包括心理应急介入、群体心理康复、长期心理援助以及心理抚慰文化建设，它们为受灾者提供了全方位的心理支持，帮助他们更好战胜灾难带来的困难，重新找回生活的希望和勇气。

四 自然灾害调查评估

当自然灾害发生时，它的影响并不仅限于其即时对人类和环境造成的破坏。灾害发生后，恢复和重建工作的成功与否将大大影响受灾社区的长期恢复和发展。

（一）自然灾害调查评估的概念

自然灾害调查评估是应急管理工作中的一个重要内容，也是应对重大突发事件的一个重要环节，它被广泛地运用于应急管理有关工作中。调查评估机制主要指的是在自然灾害发生后，通过科学的方法和手段，对灾害的性质、规模、影响范围、灾害损失等进行全面、准确、详细的调查，为灾后的救援、恢复重建提供依据和参考。

调查评估机制是指通过系统性的、结构化的方法和程序，对自然灾害恢复和重建活动进行定性和定量分析，以了解其效果如何，是否达到预期目标，以及如何改进未来的灾难处理策略。评估的目标可能包括但不限于恢复程度、满意度、可持续性，以及投入资源的有效性。

自然灾害调查评估可以由国家、地方、非政府组织或其他相关实体进行，并涵盖各种恢复和重建活动，包括住房重建、基础设施修复、经济振兴、社区规划等。

自然灾害调查评估的重要性可以从两个方面来理解。一方面，自然灾害调查评估对任何恢复和重建策略的形成与实施都是必不可少的。评估结果可以帮助政策制定者和实施者更好地了解他们的工作如何影响受灾者，以及他们的策略是否有助于实现预期的恢复目标。另一方面，评估也是监督和问责的重要手段。公众有权知道公共资源如何被使用，而且应该有途径追究不负责任或低效率的恢复和重建行为。

自然灾害调查评估的主要步骤包括以下几个方面。

第一，确定评估目标和范围。根据实际需要，明确评估的目的，例如是否改善策略，确保公平，提高效率，增加透明度等。同时，也需要确定评估的范围，即如何选择参与评估的群体，如何选择和定义评估的主题。

第二，设计和实施评估。确定合适的评估方法，如采访、问卷、观察、文档分析等，并按照既定的计划进行评估。此阶段需要收集大量数据，可能包括数量和质量两方面的信息。

第三，分析和报告。处理和分析收集的数据，得出评估结果，并将这些结果编写成报告。报告应该清晰，易于理解，并包含如何改进恢复和重建策略的建议。

第四，反馈和改进。将评估结果反馈给相关的决策者和执行者，让他们理解他们的工作如何被看待和评价，以便于他们能够做出改进。

总的来说，调查评估机制是一个动态的过程，需要随着灾难恢复和重建的变化而调整。只有这样，才能确保我们的恢复和重建策略是符合实际需要的、可持续的、公正的，并且能够最大限度地降低灾难的影响。

自然灾害调查评估在整个灾害应急管理过程中具有桥梁的作用，将科学研究与实践紧密结合，以科学的、系统的、有序的方式对应对自然灾害进行管理。通过调查评估，可以实现灾害的快速反应、有效救援和有序恢复，最大限度地降低自然灾害对社会的影响。

（二）自然灾害调查评估的主要内容

根据自然灾害应急管理调查评估，分为自然灾害事件本身评估和应急管理能力（工作）评估两类。

1. 自然灾害调查评估流程

自然灾害本身的调查评估以找出自然灾害发生的原因、类似事件发生的规律，补偿受灾群众为目的，重点调查自然灾害的成因、经过、影响、造成的损失等，也包括自然灾害事前、事发、事中、事后全过程的应对及处置工作的评估。

自然灾害调查评估工作应在不影响事件应急处置的前提下尽快开展，评估流程如图4-8所示。

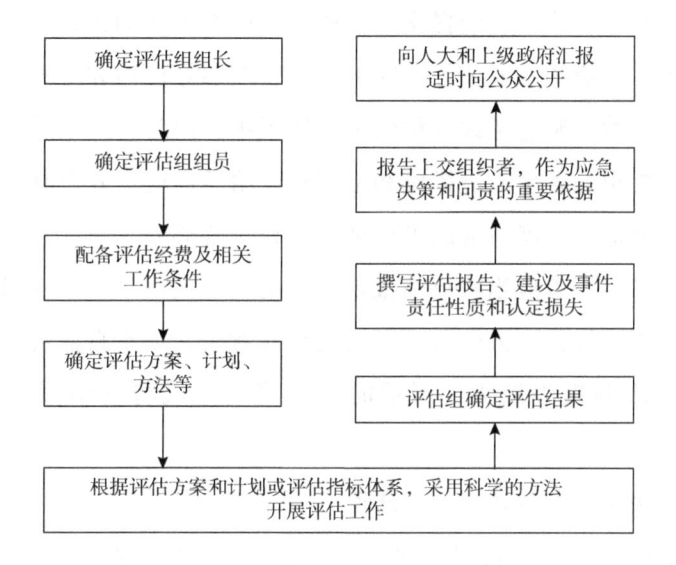

图4-8 自然灾害调查评估流程

第一，自然灾害调查评估工作的组织者应根据自然灾害的性质、规模等因素，确定合适的人选担任评估组组长及组员，成立自然灾害应急调查评估小组。

第二，工作组应根据要求制定相应的调查评估工作方案、计划和经费预算，并寻求相关工作经费和其他工作条件，最好进行实地调查，到自然灾害类突发事件发生地或现场进行勘察、调查取证，获取相关证据资料。原则上，调查评估工作组应在自然灾害发生后即全程参与事件应急处置，以保证第一手资料的获得。但通常情况下，自然灾害调查评估工作在自然灾害应急处置结束后才组织开展。

第三，调查评估报告的形成和应用。根据自然灾害类突发事件发生的时间、地点、成因、造成的生命财产损失等，从预防、监测、预警、应对、处置和善后过程进行分析评估，根据调查情况形成调查评估报告。调查评估报告一般分为自然灾害类突发事件概述、自然灾害成因和性质、存在问题及责任认定、教训启示、整改建议五个部分。调查评估报告完成后，应提交给自然灾害调查评估的组织者，以作为相关决策和问责的重要依据。同级应急管理领导机构和办事机构应当把评估报告纳入奖惩考评等绩效考核体系中，同时应采取适当措施对评估报告提出的各项改进措施和工作建议给予回应，并对其中有参考价值的部分适时开展后继的可行性研究和政策制定（修订）工作。自然灾害评估组织者应当将评估报告递交给上级人民政府，并以适当的形式向同级人民代表大会（或其常委会）报告。如果自然灾害的级别较高，造成的损失较大，可适时以适当的方式将评估报告向公众公布。

2. 应急管理能力调查评估流程

应急管理能力调查评估针对各级政府和政府各相关部门对自然灾害的应对能力、部门协调能力及其常态应急管理工作，如应急预案、应急机制、监测预警体系等工作的开展情况进行调查评估，目的是通过监督、考察，发现常态化自然灾害应急管理工作中出现的问题和薄弱环节，进而推动政府及相关部门开展和完善相关工作。此类评估时间较为固定，通常依部门而定。

调查评估的工作周期受到具体评估部门数量和评估开展方式的影响，周期不固定，多数情况下每个部门外部评估工作周期为2—3周。加之时间、人员、经费等方面约束较多，调查评估总体的实施周期较长，如每3—5年实施一次，或对不同部门轮流进行评估，或每年随机抽取数个部门进行评估，抑或根据内部评估的结果，选择某几个部门进行外部评估。

应急管理能力调查评估流程如图4-9所示。根据调查评估既定的实施计划，应急管理领导机构确定负责应急管理能力评估的负责组和需要进行外部评估的部门，并根据外部评估的规模和实际需要，拨付评估工作经费和提供其他必要工作条件，开展评估。

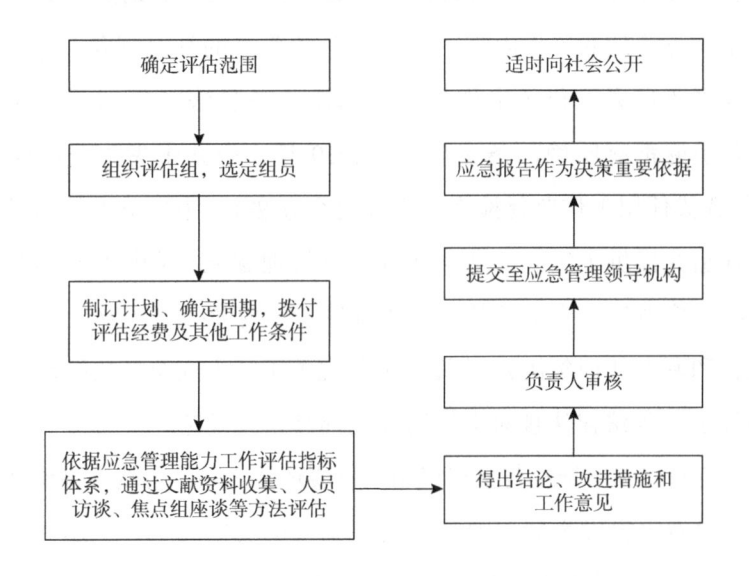

图4-9 应急管理能力调查评估流程

评估的方式之一是在评估组之下分数个小组，分别负责不同的被评估部门，当需要评估部门不多时，也可由评估组轮流对其进行评估。评估组最终向上级人民政府和应急管理领导机构递交一份评估报告，内容主要是应急管理能力调查评估过程和评估结果，并得出总的结论和相应的改进措施和工作建议。应急管理领导机构应对应急管理能力评估报告给予适当回应，尤其是报告所提出的改进措施和工作建议。应急管理办事机构应把调查评估报告作为自身工作和政策制定的重要依据，针对报告提出的意见和建议开展可行性研究，并贯彻落实改进后的方案。在适当的时机，应急管理能力调查评估报告可由应急管理领导机构向社会公布。

五　自然灾害责任追究

（一）自然灾害责任追究的概念

有权必有责，用权受监督，失职要问责，违法要追究，责任追究不仅是应急管理的工作内容，而且是非常普遍的社会现象。《中华人民共和国监察法》和《中华人民共和国公务员法》等相关法律法规对责任追究都有明确的条文规定。2019 年，中共中央办公厅印发了《干部选拔任用工作监督检查和责任追究办法》，为规范干部选拔任用和责任追究提供了法规依据。针对应急管理领域，《中华人民共和国突发事件应对法》《国家突发公共事件总体应急预案》《生产安全事故报告和调查处理条例》以及《国务院关于特大安全事故行政责任追究的规定》等法律法规对责任追究也都有相关规定。

作为自然灾害恢复与重建机制的重要环节之一，自然灾害责任追究是指在自然灾害发生后，围绕追究相关人员责任的工作，建立一套决定、公布及执行责任追究措施的工作流程。

自然灾害责任追究的目标，并不是单纯的追究责任，而是要通过责任追究对领导干部和工作人员进行有效的约束和激励，防止其出现不应有的失误和错误，从而真正地提高应急管理的能力和水平。问责往往与特定的权力行使或职责履行相对应，以规范和制约权力的行使或职责的履行。与此相对应，自然灾害责任追究也必然包含了一个系统的过程，即确认、履行和问责。

一般而言，自然灾害责任追究应遵循以下程序，如图 4-10 所示。

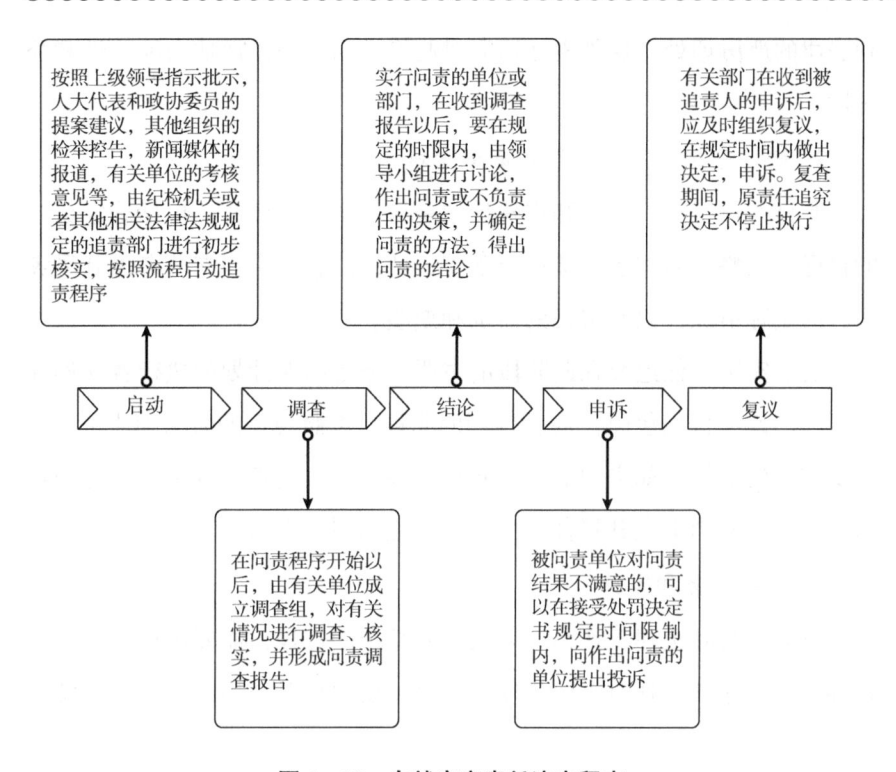

```
┌─────────────┐      ┌─────────────┐      ┌─────────────┐
│按照上级领导 │      │实行问责的单 │      │有关部门在收 │
│指示批示,人大│      │位或部门,在收│      │到被追责人的 │
│代表和政协委 │      │到调查报告以 │      │申诉后,应及时│
│员的提案建议,│      │后,要在规定的│      │组织复议,在规│
│其他组织的检 │      │时限内,由领导│      │定时间内做出 │
│举控告,新闻媒│      │小组进行讨论,│      │决定,申诉。复 │
│体的报道,有关│      │作出问责或不 │      │查期间,原责任│
│单位的考核意 │      │负责任的决策,│      │追究决定不停 │
│见等,由纪检机│      │并确定问责的 │      │止执行        │
│关或者其他相 │      │方法,得出问责│      │              │
│关法律法规规 │      │的结论        │      │              │
│定的追责部门 │      │              │      │              │
│进行初步核实,│      │              │      │              │
│按照流程启动 │      │              │      │              │
│追责程序     │      │              │      │              │
└──────┬──────┘      └──────┬──────┘      └──────┬──────┘
       ↑                    ↑                    ↑
  ▷ 启动 ▷    ▷ 调查 ▷    ▷ 结论 ▷    ▷ 申诉 ▷    ▷ 复议 ▷
              ↓                          ↓
       ┌─────────────┐            ┌─────────────┐
       │在问责程序开 │            │被问责单位对 │
       │始以后,由有关│            │问责结果不满 │
       │单位成立调查 │            │意的,可以在接│
       │组,对有关情况│            │受处罚决定书 │
       │进行调查、核 │            │规定时间限制 │
       │实,并形成问责│            │内,向作出问责│
       │调查报告     │            │的单位提出投 │
       │             │            │诉           │
       └─────────────┘            └─────────────┘
```

图 4-10　自然灾害责任追究程序

(二) 自然灾害责任追究的主要内容

自然灾害恢复与重建过程中的责任追究主要涉及以下四个方面。

1. 灾后立即评估和调查

自然灾害发生后,最重要的第一步是立即进行评估和调查。这包括对受灾区域的损失进行全面而详细的评估,以确定恢复和重建工作的优先级和顺序。评估应当包括所有可能受到影响的领域,比如基础设施、公共设施、住房、农田、商业活动等。

自然灾害责任追究在这个阶段需要打破传统的部门壁垒,形成跨部门和多学科的协作团队进行评估。同时,必须明确指出,任何试图故意隐瞒或夸大损失的行为不仅会干扰恢复和重建工作的正常进行,也会受到法律的严厉惩处。这种责任追究机制将有助于确保评估的准确性和公正性。

2. 制订并执行灾后恢复和重建计划

制订并执行灾后恢复和重建计划是另一个关键环节，包括确定重建的目标、策略、时间表、资源分配等。计划的制订应当充分考虑到受灾区域的实际情况，以及灾民的需求和期望。

自然灾害责任追究在此阶段的主要任务是确保计划的执行者（例如政府部门或项目承包商）履行他们的职责，按照规定的时间和质量完成恢复和重建工作。如果他们未能履行这些责任，或者出现腐败、滥用权力等问题，应当追究其责任，并采取相应的纠正措施。

3. 持续监督和审计

灾后恢复和重建工作是一个长期和复杂的过程，需要进行持续的监督和审计。这既包括对工作进度的监督，也包括对使用的资金和资源的审计。

自然灾害责任追究在这个阶段的主要任务体现在以下两个方面。一是通过实施有效的监督和审计，确保恢复和重建工作的透明度和公正性；二是对于那些违反规定、滥用资源或疏忽职责的人或单位，必须依法追究其责任。这种机制对于预防和打击腐败，保护公众利益具有重要作用。

4. 灾后评估和反馈

灾后恢复和重建工作结束后，应当进行全面的评估和反馈，以了解工作的效果和存在的问题，为今后类似的工作提供经验。

在这个阶段，自然灾害责任追究的主要任务是对工作效果进行评价，如果发现存在偏离计划的情况或达不到预期效果，应追究相关责任人的责任。同时，实施责任追究也可以促使相关部门和人员将反馈与评估的结果用于改进他们的工作，提升灾后恢复和重建工作的效率和效果。

第五章　自然灾害应急管理法制

　　法制是应急管理体系的重要组成部分，更是应急管理过程中各项活动的基本依据与保障。自然灾害应急管理不仅需要各权力机构、各社会组织以及民众之间和谐高效的互动配合，更需要科学的法制作为体制机制运行的坚实保障。本章简要介绍自然灾害应急管理法制相关知识概念、中国自然灾害应急管理法制基本现状以及自然灾害应急管理法制国内外对比，为进一步完善中国自然灾害应急管理法制提供建议。

第一节　自然灾害应急法制的概念和属性

　　自然灾害对于中国的经济社会发展影响很大，我们应当加强应急管理法律体系、行政体系、执法体系等理论研究，构筑完整的自然灾害应急法制体系，提升科学立法、科学执法和公正司法的能力和水平，加强防灾、抗灾、灾后处理体系建设，进而推动自然灾害应急法制进程的完善。本节将通过对自然灾害应急法制的概念和属性界定、结构划分以及紧急状态及其相关立法内容的梳理，为深入研究自然灾害应急法制构建整体框架。

一 概念内涵

法制是指由国家制定并执行的一套完整的、适用于全社会的法律制度。应急法制是指调整因突发事件而展开的危机管理过程中各种社会关系（包括国家机构之间、国家与公民之间、不同公民之间关系）的法律规范和法律原则的总和。

自然灾害应急管理法制是对自然灾害应急管理活动的全程进行规范和指引的一种机构化、程序化的法律系统。这种法律系统具有合规性、强制性和保障性等特点，能够保障国家和社会公众在应对自然灾害时的行为符合法律法规，并且能够维护社会公正和公平。

一般而言，自然灾害应急管理法制主要体现在以下几个方面。第一，预防先于救灾。通过建立健全自然灾害风险评估和预警系统，尽可能减少灾害的出现和影响，实现灾害管理的前移。第二，责任明确，分工协作。明确各级政府、相关部门、企事业单位和公民在自然灾害应急管理中的职责和义务，形成协同高效的应急管理机制。第三，权力运行受到法律约束。所有参与自然灾害应急管理的行为都必须遵守国家的法律法规，所有权力行为都必须在法律允许的范围内进行。第四，定期审查和更新法规。随着科技进步和社会发展，应定期修订和完善自然灾害应急管理的法律法规，以适应新的需求。第五，公众参与和监督。鼓励和保障公众参与自然灾害应急管理，增强应急管理的透明度和公信力。第六，重视救灾后的恢复重建。除了积极开展救灾工作，还应注重灾后的恢复和重建，尽快恢复正常生活和生产秩序。

总的来说，自然灾害应急管理法制是一个多元化、全过程、动态的法制系统，需要社会的广泛参与和持续改进，才能更好地服务于社会，达到减少灾害损失、保障人民生命财产安全的目标。

二　主要特征

自然灾害等突发公共事件的三个不同时间阶段为前馈、同期和反馈，为及时应对就必须采取相应的法律手段，作为国家法律体系重要的一环，应急法律作为非常态下的法制具有很多特征。

一是内容和类型的综合性、多环节性。危机具有类型丰富、损害性强、变化难预料等特点。因此危机管理法律的内容覆盖面广，涵盖政治、经济、文化与社会多个环节，其中政治领域包括外交、军事、民宗、恐怖袭击等；经济领域包括市场、劳资等；文化领域包括媒体等；社会领域包括救助、卫生等多方面内容。

二是适用的特殊性和预先性。一般的法律调整的是常态社会下的内容，而危机管理法律则是涉及社会的非常态，其调整和作用的发挥，必须在特定时间或特定区域经由危机触发或危机爆发产生的危险性，根据危机状态制定相应的政策措施，最终妥善解决。

三是实施中需有效把握行政紧急权。一旦社会处于非常态的状态，行政紧急权力相比于立法、司法等其他国家权力更具有效性。不仅能限制某些法定公民的权利，而且依据危机的严重程度，也可以中止某些法定公民权利。但这种特殊情形下行政机关紧急处置权的运用，可以阻止公民权利和利益遭受更大损失。

四是立法目的更强调对权利的保障。常态法制要保护权利，自然灾害应急管理法制更需要强调对公民权利的保障，这是因为非常态下的社会秩序更加混乱，容易造成紧急权力被滥用，作为利益最薄弱的一环，公民权利会比常态下更易受到紧急权力的侵害。

五是法律制裁实施更全面、严格。危机管理法律的制定是对危机带来的伤害与破坏的强制干预，主要是调整社会不同主体间的权利义务关系。所以相较于社会常态下的法律应更严格、全面。对于一些普遍的违法行为，社会常态下的行为产生的后果比非常态下轻得多，所以同样的违法行为在非常态下的处罚就必须加重。

从中国现有的自然灾害应急法律、行政法规来看，灾害应急法律制度有以下几个主要特点。

一是把以人为本、保障人民群众生命和财产安全作为根本原则。例如，《中华人民共和国防震减灾法》规定，地震灾区的各级地方人民政府应在破坏性地震发生后发挥其指挥者的作用，组织基层单位、社会组织等多元力量对不同程度受灾人员进行救援，普及自救与互救知识。地震灾区的县级以上地方人民政府应当组织有关部门和单位，做好伤员、避难建筑物和应急物资储备点的规划和执行，切实做好灾民基本生活保障，协调其转移和安置工作。《中华人民共和国防汛条例》规定，当洪水危及群众生命财产安全时，当地人民政府应尽快有序组织群众撤离，并转移至安全地域，保障受灾居民基本生活。

二是把灾前预防、灾中应对和灾后处理纳入国民经济社会发展规划，实施预防为主，预防、应对和恢复三阶段相融合的防治策略。例如，中国灾害具体防治工作已写入中国灾害应急的法律法规、行政规章、部门规章，并纳入国民经济和社会发展规划以及各级政府的财政预算。中国已建立涵盖七种灾害类型的自然灾害监测网络，其中，气象、水文等预报普及率高、准确率较高，大规模的水利水电设施的建设与完善对重大水旱灾害的防范起到了重要作用。

三是对灾害防治采取"一事一法"的立法原则。中国自然灾害具有分布地域广、发生频率高、人财物损失重等多重特点，针对这一现象，中国在灾害防治立法中制定了涵盖地质灾害、环境灾害、海洋灾害、地震灾害、气象灾害、森林草原火灾等单项立法模式。这一模式的优点是针对性强、适用性高。

四是在灾害应急处置的管理体制方面，国家统一领导、部门归口管理。整合水利部门、地震部门、公安部门、应急灾害部门各种资源,各司其职,共同应对各种自然灾害。

五是重视科学技术以及大数据的发展。科学技术的推广和应用对于现代自然灾害的预防和成功治理发挥了重要作用。在实践中,中国现有灾害应急的法律、法规对自然灾害科学技术相关研究及成果应用也十分重视,要求政府加大科技研究的资金投入和科研成果推广。

三 目标与功能

(一) 目标

自然灾害应急法制目标包含应急目标和法制目标两方面。第一,应急管理的目标是以法律手段保障应急管理活动的合法和有序进行;第二,法制目标是用法律秩序约束应急状态,避免因紧急权力的无限膨胀和任意长期延续导致践踏人权、颠覆民主。

(二) 功能

自然灾害应急管理法制建设对于任何一个法治国家都是非常重要的,不仅能有效防止紧急状态下权力与权利的完全失衡,也能强化行政紧急权力的合法程度,保障公民的基本权利。其功能具体包括以下几点。

1. 规范行政紧急权力的行使

应急法律应赋予政府应急响应期间紧急状态权的行使,包括组织人力、物力、财力及协调一切可利用资源,为尽快恢复生产、生活秩序,降低公众利益受损程度打下基础。但是,为避免出现行政紧急权力的滥用、误用,政府紧急状态权的使用需要有边界和范围,对其使用应予以必要的限制,即应急法律法规在授予政府行政紧急权力的同时要附加行政紧急权力的行使条件。

2. 权衡政府权力和公民权利

法治是在全社会得到认可的一种社会状态，体现了政府权力与公民权利的合理配置。在紧急状态下，常态下权力与权利的平衡条件会失衡，权力与权利的配置可能会发生重大变化，甚至出现新的配置结果。在这一时期，政府的权力会变得更强大，公民的权利会受到一定的限制。应急法律法规的制定不仅要有利于政府在紧急状态下采取有效措施，控制、消除紧急状态，以尽快使经济、社会恢复常态水平，加强行政紧急权力行使的合法、合理化水平；同时也要有效防止出现权力与权利的过度或完全失衡，确保公民的基本权利不受侵犯。只有这样，紧急状态下政府权力和公民权利才能保持最有效的合理配置。

3. 保障公民的合法权利

公民在常态下的部分正当权利由于受到紧急状态的现实影响会受到一定限制，这一时期可能会承担常态下法律法规未规定的额外义务。这些措施归根结底都是为了更及时、更有效地保护人民的生命财产安全。需要明确的是，对公民基本权利的限制只能由法律法规来规定。同时，紧急状态下公民的权利更应该受到保护，法律法规中应有明文规定公民的基本权利，在保证有效地应对危机的同时对紧急权力加以必要约束，以免公民的基本权利受到侵害，其余权利受到非法、过度的侵害。

四 基本原则

法制体系既包括具体的法律规范，也包括抽象的法律原则。从世界范围看，各国政府在应对重大公共危机事件时有普遍的原则和做法。

一般来说，自然灾害应急管理应当遵循以下几项基本法治原则。

(一) 合法性原则

合法性原则是指遵循法律规范,履行法定职责。按照国家紧急权力的设立行使权力,遵循宪法和法律的规定,违法的国家机关或个人应对其违法行为承担相应的法律责任(刘小冰,2007)。灾害事件属于非常规决策和非程序问题,但不能因应对灾害而背离法制原则。因此,在灾害应对中,紧急权力行使的合理、合规、合法尤为关键。危机状态下,管理者所拥有的特殊权利必须受到法律的规范。首先,必须通过相关法律法规的制定,明确各部门在灾害事件处理中应承担的职责和权限。其次,政府相关部门应当强化法律责任,在取得相关灾害数据的情形下,有效地建立应急灾害管理系统,形成一套应对各种突发事件的法律框架和制度体系,正确发挥法律对灾害事件的防范和矫正功能。

(二) 合理性原则

合理性原则是指在启动灾害应急管理机制时,必须针对灾害发生时的具体状态,采取相应解决策略。紧急权力的实施者在采取措施时,其行为必须符合法律法理性规定和公平正义精神,在此基础上按照法律法规规定采取解决方案。合理性原则要求权利的行使必须符合立法的目的与要求,符合公共伦理道德、协调关系,若不能达到上述基本准则,行使者应对此承担相应后果。

(三) 应急性原则

应急性原则是指政府为确保紧急状态下国家、社会公共利益最大限度受到保障,通过合理运用紧急权力,采取的各种有效措施,有一些甚至会使公民的合法权利和利益受到限制(莫于川,2004)。包括先予实施没有法律授权的紧急措施并于事后请求追认,甚至暂停某些法律规范的实施;采取对公民的某些宪法权利加以限制或剥夺的措施,也可以实施比常态下更为简易的紧急程序，当然也不排除针对某些特殊行为设置较之常态下更严厉的程序约束（韩大元、莫于川，2005）。

（四）保障公民权利原则

紧急权力的行使由于其特殊性会在一定程度上限制公民的合法权利，这虽然符合灾害应对中"让小利保大利"的原则及立法需求，但并不能以此为借口背离保障人权的民主宪政精神（刘小冰，2007）。民主宪政精神是应急法制在现代法治国家的宪政基础。基于此，各国宪法和法律从保障公民权利的角度对应急权力的范围做了界定。灾害应急管理措施必须依法实施，严禁滥用或超越职权。

（五）信息公开原则

当灾害发生后，危机管理者如果故意瞒报，就会侵犯公众的知情权，这一信息差不能使公众及时、准确地了解与灾害有关的进展，甚至会耽误一些必要的应对举措。因此，当灾害发生后，管理者必须遵循信息公开原则，及时、有效地传递灾害真实信息，避免虚假舆论发酵。若不及时控制，一旦事态出现不可控制的局面，还会对社会安全造成不良影响。因此，诚信是危机管理者在危机应对工作中的基本准则，也是使灾害转危为安的必要举措。

第二节　中国自然灾害应急管理法制现状

自然灾害应急管理法制不断发展完善，成为中国社会治理的一个重要组成部分。早在20世纪80年代，中国就开始针对土地管理中的自然灾害、森林灾害等立法，这标志着中国自然灾害应急法制建设的初步形成。进入21世纪，紧急状态及其立法在中国得到了明确的提升和规定，2007年实施的《中华人民共和国突发事件应对法》是中国第一部专门针对突发事件进行应对管理的法律。近十几年来,灾害应急法律体系随着经济社会的发展和科技创新的推动,得以深度地演变和发展。但中国灾害应急管理法制与西方国家如美国、日本等相比,还存在一些差距,法律执行力度、灾后恢复重建等方面需要进一步加强。总的来看,中国自然灾害应急管理法制正在不断改革创新,逐步向更高水平发展。

一 紧急状态及其立法相关内容

(一) 紧急状态与紧急状态法

1. 紧急状态

紧急状态是指法律规定的危急状态,特指一定范围和时间内出现严重威胁或破坏公共秩序、公共利益及国家利益的行为。通过实施应急状态法律,保障国家机关依法行使紧急权力,努力控制、消除各类严重突发事件的社会影响和危害。针对严重的自然灾害、公共卫生事件、事故灾难和社会安全事件等,政府依法控制严重危机状态,恢复经济社会良好秩序,有效保障公民、法人和其他组织的合法权益。

2. 紧急状态法

在最初的计划中,《紧急状态法》是应对和处置紧急状态的法律规范和原则的总和。第十届全国人大常委会原本将《紧急状态法》列入一类立法规划,但最终夭折,却于2007年出台了《中华人民共和国突发事件应对法》,法条中删除了有关紧急状态的具体内容,仅在附则中保留了涉及紧急状态的开放性条款。

(二) 突发事件应对法

突发事件应对法是为了预防和减少突发事件,控制、减轻和消除突发事件引起的严重社会危害,规范突发事件应对活动,保护人民生命财产安全，维护国家安全、公共安全、环境安全和社会秩序的法律。本法所称突发事件，是指突然发生，造成或者可能造成严重社会危害，需要采取应急处置措施予以应对的自然灾害、事故灾难、公共卫生事件和社会安全事件。《中华人民共和国突发事件应对法》的颁布实施被视为中国应急法走向体系化的标志。

（三）紧急状态法与突发事件应对法

2003年"非典"疫情的经验告诉我们，在当时中国应急法制体系中存在两个突出漏洞。一方面，缺少紧急状态制度的建立；另一方面，缺少一部应对突发事件的基本法律。因为2003年及以前中国应急管理领域的法律文件是按照事件类型的不同确立的，属于单行性法律，总体来看缺少一个具有领导力、发挥"领头羊"作用的基本法律。基于此，必须启动宪法的修改，希望建立以宪法为根本、以《紧急状态法》为根据、以应急专门法律和行政法规为主体的一整套法律制度。但是随着法律研究起草工作的深入，如何处理突发事件的一般应对和紧急状态后的特殊应对，以及如何调整该法名称成为亟待解决的问题。通过各部门协调，最终《紧急状态法》更名为《中华人民共和国突发事件应对法》，并删除了有关紧急状态的具体条款。主要原因有以下几点。

1.《紧急状态法》的命名无法涵盖突发事件应对的全部内容

紧急状态的内涵与应对突发事件的内涵有一定重合，但突发事件的应对范围相比于紧急状态涵盖的内容更为丰富。因为从突发事件应对的定义来看，其内容包括自然灾害、事故灾难、公共卫生事件和社会安全事件四大类，而紧急状态只占其类型的一部分，一般偏向于公共卫生事件和社会安全事件。所以，用《紧急状态法》来概括突发事件应对的全部内容是远远不够的（林鸿潮，2019）。

2. 调整常规突发事件的应对比建立紧急状态法制更迫切

突发事件的发生具有不同等级，紧急状态只是相对较高的一个层级。而现实中达不到这一层级条件的突发事件占比较大。本着立法资源应根据最急迫的社会需求来进行资源配置的原则，从优化立法资源的角度，应优先制定一部行政法意义上的《中华人民共和国突发事件应对法》，提高频繁发生的局部突发事件的法律应对能力，这与制定《紧急状态法》相比更有现实意义。

3. 制定《中华人民共和国突发事件应对法》更能体现应急管理理念的转变

应急管理过程中突发事件的全过程分为事前预防、事中应对和事后恢复三阶段。而宣告紧急状态一般属于第二阶段，即事中应对阶段，对于危机的事前准备、监测和预防以及事后的恢复、责任划分等环节涉及较少。而2003年"非典"的实践经验告诉我们，应急管理应该是一个覆盖突发事件三阶段的全过程管理，而且事前预防尤为重要，应得到优先关注。所以如果立法环节没有对全过程进行规划，而是仅仅关注紧急状态的解决，就无法对突发事件从预防到最终妥善处理实现全面覆盖（林鸿潮，2019）。

（四）自然灾害相关法律法规

自然灾害往往伴随着各种紧急情况。当自然灾害较严重时，政府就会采取相关紧急措施，保障国家、公民财产和安全，有效维护社会秩序，不受侵犯。基本上各种自然灾害都体现在相应的法律法规中，如《破坏性地震应急条例》《中华人民共和国防汛条例》《森林防火条例》《气象灾害防御条例》等。在相关的法律法规中也可以找到各种灾害应急活动的法律依据，特别是政府在灾害应急活动中可以行使的行政紧急权力，以及可以采取的紧急措施。以灾害的种类来划分，目前中国主要的灾害应急法律法规见表 5-1。

表 5-1　　　　　　　　中国自然灾害相关法律法规

灾害类型	法律/法规名称	颁布/修订时间
地震灾害	《破坏性地震应急条例》	1995 年 2 月 11 日国务院令第 172 号发布,1995 年 4 月 1 日施行
	《中华人民共和国防震减灾法》	1997 年 12 月 29 日第八届全国人民代表大会常委会第二十九次会议通过,1998 年 3 月 1 日施行
洪涝灾害	《中华人民共和国防汛条例》	1991 年 7 月 2 日中华人民共和国国务院令第 86 号发布,2005 年 7 月 15 日第一次修订,2011 年 1 月 8 日第二次修订,自发布之日起施行
	《中华人民共和国防洪法》	1997 年 8 月 29 日第八届全国人民代表大会常务委员会第二十七次会议通过,2016 年 7 月 2 日第三次修正
森林生物灾害和森林火灾	《中华人民共和国消防法》	1998 年 4 月 29 日第九届全国人民代表大会常务委员会第二次会议通过,2008 年 10 月 28 日第五次会议修订,2019 年 4 月 23 日第一次修正,2021 年 4 月 29 日第二次修正
	《中华人民共和国森林法》	1984 年 9 月 20 日第六届全国人民代表大会常务委员会第七次会议通过,1998 年 4 月 29 日第一次修正,2009 年 8 月 27 日第二次修正,2019 年 12 月 28 日第十五次会议修订
	《森林防火条例》	《森林防火条例》来源于《中华人民共和国森林法》,该条例于 2008 年 11 月 19 日国务院第 36 次常务会议修订通过,2008 年 12 月 1 日发布,自 2009 年 1 月 1 日起施行
地质灾害	《地质灾害防治条例》	2003 年 11 月 19 日由国务院第 29 次常务会议通过,2003 年 11 月 24 日国务院令第 394 号公布,2004 年 3 月 1 日起施行

续表

灾害类型	法律/法规名称	颁布/修订时间
气象灾害	《中华人民共和国气象法》	1999年10月31日第九届全国人民代表大会常务委员会第十二次会议通过。2016年11月7日第十二届全国人民代表大会常务委员会第二十四次会议第三次修正
	《气象灾害防御条例》	2010年4月1日施行
	《中华人民共和国大气污染防治法》	1987年9月5日发布,1995年8月29日修正,2000年4月29日修订,2015年8月29日修订
农作物生物灾害	《农作物病虫害防治条例》	2020年5月1日施行
海洋灾害	《关于加强近岸海域赤潮预防与管理的通知》	1990年1月15日国家海洋局发布
	《海洋环境预报与海洋灾害预报警报发布管理规定》	1993年9月8日国家海洋局发布
	《中华人民共和国海洋环境保护法》	1982年8月23日第五届全国人民代表大会常务委员会第二十四次会议通过,1999年12月25日修订,2013年12月28日第一次修正,2016年11月7日第二次修正,2017年11月4日第三次修正

二 自然灾害应急法律体系的发展演变

部分学者按中国灾害应急管理的发展阶段把自然灾害应急管理法律体系划分为四大阶段。第一个阶段是1949—1977年,这是中国灾害法律体制的萌芽期;第二个阶段是1978—2007年,这一阶段是形成与发展阶段;第三阶段是2008—2017年,在这一阶段,汶川地震的发生促使中国自然灾害应急法制建设迈上新的台阶;第四阶段是2018年至今,在这一阶段，应急管理体制改革后产生了立法新趋势。

（一）萌芽期

新中国成立后，中国高度重视自然灾害应急管理。但新中国成立初期，百废待兴，法律法规几乎处于空白状态，主要是各类规范性文件在实践中发挥重要作用。在自然灾害应急管理机构设置和权力分配方面，采取的是政府统一领导、专业部门分工治理、议事协调结构组织治理的模式。这种模式一直延续至今。当时由政务院统一领导开展各种自然灾害应急管理工作，国务院成立后继续承担这方面的领导工作。直至1971年，中国地震局成立，承担其中的防震减灾工作，同时逐渐成立了一些议事协调机构。

（二）形成与发展

自1978年改革开放以来，中国的自然灾害应急管理工作从事实的处理和经验性应对转变为系统性、规范性的法律保障。在这个阶段，中国政府开始认识到自然灾害应急管理的重要性，并启动相关法律法规的编制程序。例如，《中华人民共和国宪法》（以下简称《宪法》）（1982年）明确规定国家有责任保护公民和财产免受自然灾害的侵害，也提出了防灾减灾的概念。此外，1986年颁布的《中华人民共和国土地管理法》首次将防止和抵御自然灾害纳入法律调整之列，为后续的自然灾害应急管理法制建设打下了基础。

进入20世纪90年代，自然灾害频繁发生，如1998年的长江洪水等，使得自然灾害应急管理法制建设的必要性被更多人关注。在这一阶段，中国发布了一系列重要的法律法规，强化了自然灾害应急管理的法制保障功能。例如，《中华人民共和国森林法》（1984年）和《中华人民共和国防洪法》（1997年）等，都对防止和应对自然灾害提出了具体的法律要求。这些法律法规的颁布及实施，标志着中国自然灾害应急管理法制建设进入了一个新的历史阶段。

进入21世纪后,中国进一步明确了防灾减灾应急管理的战略位置。2006年,中国成立了国家减灾委员会,由国务院副总理担任主任,这表明了中国对自然灾害应急管理的高度重视。2007年,《中华人民共和国突发事件应对法》的颁布明确了中国在突发事件应对中各级政府与相关部门的职责,为中国的自然灾害应急管理法制建设添加了新的内容。

一般认为,到2007年中国自然灾害应急管理法制形式已较全面,涵盖了防灾、减灾、救灾等环节,不仅包括预防和应对自然灾害的法律规定,还包括灾后恢复重建的法律安排。

(三) 汶川地震后的密集立法

2008年汶川地震的发生暴露了《中华人民共和国突发事件应对法》的缺点与不足,为此中国把治灾重点转移至完善相关法律法规,对自然灾害应急法律的立法空白部分进行制定与修改。同时地方为响应中央治灾理念,按照各地区的特点与各方面条件,制定地方性相关法律法规。目前,中国已颁布了多部与自然灾害应急管理相关的法律及行政法规,在自然灾害应对方面基本上做到了有法可依(闪淳昌和薛澜,2020)。

(四) 2018年应急管理体制改革后的立法新趋势

2018年,应急管理部的设立是中国应急管理体制的重大改革,也必然要求法制体系做出相应的调整。概括而言,应急管理体制改革后灾害立法的新趋势主要体现在以下几个方面。

1. 立法体系的进一步完善与强化

2018年,中国进行了应急管理体制改革,标志着应急管理立法进入了一个新阶段。在这个阶段中,灾害应急立法更加注重全过程、全方位的管理,并逐渐形成了以《中华人民共和国突发事件应对法》为核心，涵盖预防、响应、恢复等多个环节的立法体系。此外，各类自然灾害也有了专门的法律法规，例如《中华人民共和国防震减灾法》《中华人民共和国防洪法》《中华人民共和国森林法》等，形成了相互支持、相互配合的立法格局。

同时，中国还通过立法加强了灾害风险管理。2018年，公安部发布了《关于印发〈防范和处理严重突发事件应急预案〉的通知》，要求结合实际，制定灾害风险预警、风险管控、风险评估等方面的具体制度。此外，《中华人民共和国环境保护法》等相关法律也着重强调了灾害风险管控工作。

2. 政策导向的明确与强化

2018年的改革同时明确了政策导向，突出了防灾减灾救灾一体化的理念。在应急管理立法中，越来越强调防灾、减灾和救灾的一体化，同时，明确了优先防灾、综合减灾、科学救灾的原则，强化了应急管理的预防性、主动性和科学性。

政策导向也体现在建立健全责任追究制度上。对于自然灾害应急管理明确了"谁主管、谁负责"的原则，无论是地方还是部门，都有其职责和任务；对于不履行或者不当履行自然灾害应急管理职责的将依法追究其责任。

3. 公众参与机制的推进与完善

除了立法体系的完善和政策导向的明确，2018年的改革还强调了公众参与机制的推进，鼓励和支持公众参与自然灾害应急管理。同时，也在立法中明确了信息公开的原则，强化了信息共享，增强了应急管理的透明度。这样既有利于提高公众的应急意识，增强自我防护能力，又有利于监督应急管理工作的落实情况。

总的来说，中国自然灾害应急法律体系发展阶段及特点见表5-2。

表 5-2　　中国自然灾害应急法律体系发展阶段及特点

发展阶段	具体时间	特点
萌芽期	1949—1977 年	1. 采取政府统一领导、专业部门分工治理、议事协调结构组织治理的模式 2. 事前预防、事后总结的治灾理念尚未形成，救灾工作是重心 3. 形成大众抗灾、对口支援的动员体制 4. 军队是抗震救灾的重要组成部分
形成与发展	1978—2007 年	1. 自然灾害法律法规大规模出现 2. 应急预案大规模出现，行政规范占主要部分 3. 治灾的重点是维护人民生命及财产安全
灾后密集立法	2008—2017 年	1. 重视完善自然灾害法律法规，对立法空白部分进行立法填补，形成密集立法时期 2. 地方人大常委会以及政府部门按地区实际情况制定相关法律法规
立法新趋势	2018 年至今	1. 立法体系的进一步完善与强化 2. 政策导向的明确与强化 3. 公众参与机制的推进与完善

三　中国自然灾害应急法律体系

中国应急管理与其他国家相比发展较晚，因此其法律体系也起步较晚。但是随着社会经济和科技的发展，中国自然灾害应急法律也逐步迈入新的篇章。中国以常态化与非常态化两种状态作为标准，把应急法律体系分为两种，即一般危机管理法律体系、紧急状态法律体系。其中，紧急状态法是专门应对和处置紧急状态的法律规范和原则的总和。

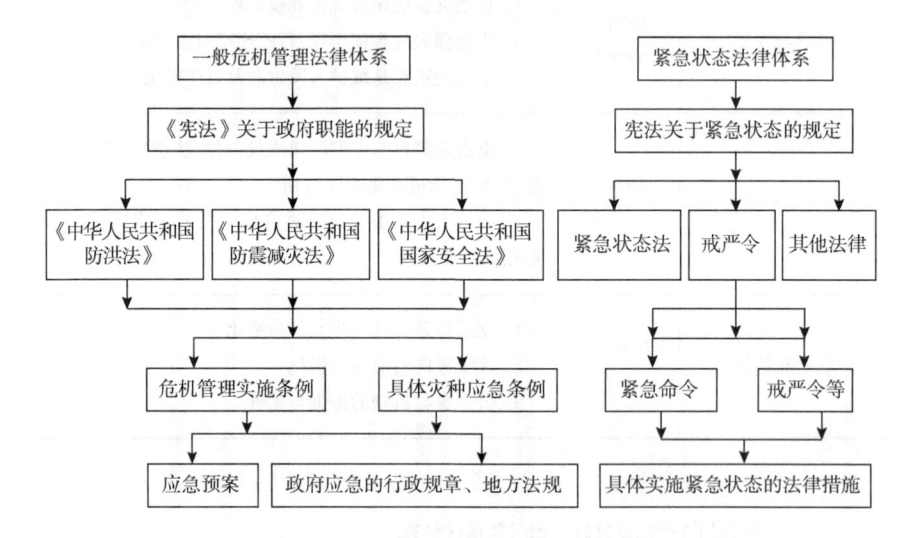

(一) 中国应急法律体系框架

中国应急法律体系基本框架如图 5-1 所示。一是一般危机管理法律体系,其中,《宪法》规定了在一般危机情况下政府可行使的职能,如《中华人民共和国防洪法》《中华人民共和国防震减灾法》《中华人民共和国国家安全法》以及各类危机管理实施条例和具体灾种应急条例。二是紧急状态法律体系,其中,《宪法》规定了在紧急状态下相关的法律法规,如紧急状态法、戒严令等(莫纪宏,2005)。

图 5-1 中国应急法律体系基本框架

中国目前的紧急状态法的立法比较分散,虽然在《宪法》中规定了紧急状态法律制度,但由于规定得较晚,还没有一部独立的《紧急状态法》法典。依据中国宪法、法律、行政法规等的规定,中国目前的紧急状态法律体系主要由以下几方面的法律制度构成。

1. 紧急状态法律体系的宪法和法律

中国虽然没有制定统一的紧急状态法律或法规,但在《宪法》和其他一些相关法律、法规以及中国加入的国际法中都有所规定,从学理上可以将其视为中国紧急状态法法律体系的重要组成部分。具体来说，紧急状态法是以下列形式存在的，即《宪法》规定了紧急状态的问题；中国在基本法中规定了紧急状态法律制度；有关法律法规确认了紧急状态法律制度。

2. 紧急状态中单行的灾害应急法律体系

在自然灾害发生后，需要采取一些紧急措施才能有效地控制社会局势，维护社会稳定，保障民众人身财产安全不受侵犯。故以灾害应急作为灾害法的重要调整对象是具有实践意义的。除了《宪法》规定，部分灾害应急活动还制定了专门的灾害应急条例，如《破坏性地震应急条例》《核电厂核事故应急条例和处理规定》《突发公共卫生事件应急条例》等。

(二) 紧急状态立法发展趋势

经过多年的改革，中国的紧急状态立法取得了明显的进展，除《宪法》的有关规定外，一些法律法规也有所涉及。目前，紧急状态法为中国应急法律体系提供了法律基础，但因起步晚、社会发展快，中国的相关法律与社会发展的客观需求产生了一定的差距（见表5-3）。

表5-3　　　　　　　中国紧急状态立法现状及发展趋势

立法现状	发展趋势
1. 从法律体系的构成上看，尚缺乏统一的紧急状态法 2. 应急管理体制需要完善 3. 具体制度存在设计缺陷	1.《宪法》对紧急状态作出不同层次的规定 2. 制定紧急状态基本法 3. 以法律手段来明确紧急状态时期的权力与权利关系，明确紧急状态下公民权利也只能受到有限程度制约的相关规定 4. 制定紧急状态专门的法律法规 5. 应当是一个法制体系，将普通法律中有关紧急状态的条款纳入开放的紧急状态法制体系之内

为构建新时代紧急状态法制体系，首先要在《宪法》中规定紧急状态条款，对紧急状态进行分类，以此为立法依据，及时制定一部紧急状态法，并对现有的《中华人民共和国戒严法》《中华人民共和国突发事件应对法》《中华人民共和国传染病防治法》等法律以及不同层级的法规进行修改，以适应不同类型紧急状态的立法需要。

（三）关于紧急状态制度的原则

根据世界各国紧急状态制度的立法经验，学术界对紧急状态制度提出以下四项原则，即合法性原则、合理性原则、有效性原则、权利不可克减原则。落实好紧急法治四大原则使国家机关成为紧急权力的中心，并且有效保护公民在宪法和法律上的权利，同时严格遵循宪法和法律程序来加以实施特殊的宪法和法律制度。

（四）中国自然灾害应急法律的三个层面

中国欲在自然灾害应急法律上实现新的跨越，则需厘清自然灾害应急法律与立法、执法、司法的关系。制定法律能够保证权力恰到好处地被用但又不能被滥用。依法执法是将被法律赋权的行政行为落到实处，杜绝不作为、慢作为、懒作为的情况。灾害应急管理中司法的存在意义是在突发灾害的特殊情况下起到权力监督的作用，同时判定执法人员的应急行政行为是否合理合法，若不合理不合法则应作出相应的处罚。

1. 中国自然灾害应急法律与立法

自然灾害可造成国内乃至国际上的广泛影响，如受灾程度过重致国家处于瘫痪的状态；应急管理不当催生政府倒台隐患；影响国家可持续发展；给民众带来创伤和痛苦；对环境造成大范围的破坏等。

可见，自然灾害立法具有十分重要的作用。虽然有些与自然灾害有关的征兆可以通过现代科技实现准确的预报，但仍然存在部分情况无法预测。因此，为了有效地防灾减灾与管理灾害，不仅要认真地预测预警自然灾害，更要采取一系列抗灾措施。因此，适当的法律支持一定会使抗灾活动受益。同时，历史上的许多实例也有力地说明了因缺乏自然灾害应急法而产生了许多问题和困难，从而阻碍了人类的发展。立法能够为应急救灾行动提供法律依据，辅助应急救灾活动有序进行，赋予政府机构正式权力并正面支持救灾工作。同时，立法为各部门明确分工，有利于统一指挥、高效应急救灾。灾害法还为政府、机构和个人提供了广泛的保护措施。

2. 中国自然灾害应急法律与执法

应急行政行为，广义上即行政机关为了应对突发事件在应急管理全过程中实施的各种行政行为。但考虑到突发事件事前与事后的管理属于常态行为，相关行政行为和其他领域比起来并无特殊之处，因此，真正具有紧迫性、权力优先性等特征的应急行政行为应做狭义理解（林鸿潮，2020）。

为有效防灾减灾，切实维护民众生命财产安全和社会稳定，推动实现更为安全的发展，应急管理部针对应急执法提出以下意见。明确层级职责；科学确定重点检查企业；聚焦执法检查重点事项；严格执行处罚；建立典型执法案例定期报告制度；密切行刑衔接；加强失信联合惩戒；建立联合执法机制；全面落实行政执法"三项制度"；规范执法程序；加强案卷评查和执法评议考核；建立完善企业安全基础电子台账；建立健全安全生产执法信息化工作机制；大力推进"互联网＋执法"系统应用；加强组织领导；加强执法教育培训；加强专业力量建设。

3. 中国自然灾害应急法律与司法

执法人员必须在突发事件切实发生时，或者发生突发事件的可能性较大的情况下才可以做出应急行政行为。然而，近年来，关于某一行政行为是否属于应急行政行为的争议却开始在各级人民法院频频出现。对这类案件的审理和裁决就涉及司法权与行政权的界限问题。对此，实际上当前中国司法实践存在以下判定标准。

第一，基于事实的认定标准。在绝大部分案件中，法院首先依照行政机关做出的各种决定、通告、通知、勘验报告、鉴定意见、专家建议或者公开信息，对"是否存在紧急情况"做出判断，此判定主要作为行政机关是否具有紧急权力的判断依据。

第二，基于职权和程序的认定标准。"被告是否具有职权行使及行政行为""应急行政的相关程序是否合法合理"是事实认定以外较常用的判断标准。

第三，基于应急管理阶段衔接的认定标准。应急管理分为事前及事发预防、准备、监测、预警阶段，事中处置、救援阶段，事后恢复救助阶段等多阶段，所以，此类处置行为是具有连接性的，必然会与事前、事中、事后等其他一些应急管理活动衔接。

第四，基于紧急权力监督机制的认定标准。滥用行政紧急权力的情况出现频率较高，其负面影响严重，因此，需制定一些特殊监督制度来应对应急行政活动，尤其是来自立法机关的监督。

第五，基于上级文件的认定标准。个别案例中还会以"被诉行为是否有上级文件"作为依据。

第三节　自然灾害应急管理法制中外对比

本节简述了美国、日本等先进国家自然灾害应急管理法制现状，通过中外对比，可以为中国自然灾害应急管理法制建设提供参考。

一　国外自然灾害应急管理法制现状

法律法规的颁布不仅是防灾规划、体系建设的主要依据（张磊等，

2019），还是提高防灾减灾能力、保障人民生命财产安全的重要手段（张红萍等，2014）。作为自然灾害频发的国家，美国、日本都在不断探索和提高其自然灾害应急管理法制能力（Otsuyama et al., 2018）。为此，以美国、日本为代表，简要介绍国外自然灾害应急管理法制现状，为进一步完善中国自然灾害应急管理法律法规体系建设提供参考。

（一）美国

作为世界第一大国，美国的自然灾害应急管理法制涉及宪法中紧急状态的权力分配、国会对行政机关的授权说明等，在国外法制研究中具有代表性。现主要对美国自然灾害应急立法、灾害应急反应机构及其职权等现状进行简要陈述。

自然灾害应急管理法制立法方面，美国主要通过制定《斯坦福法案》《灾害救助和紧急援助法》《洪水保险法》《洪水灾害防御法》《国家紧急状态法》《国家地震灾害减轻法》《美国油污法》《联邦应急计划》等多部法案，作为自然灾害应急管理的法律依据。

自然灾害应急管理机构方面，美国设立多个部门管理灾害应急事项，主要有联邦紧急事务管理局、美国国土安全部、美国陆军工程师团、美国联邦调查局、美国中央情报局、国家安全委员会、美国疾病控制与预防中心等，这些部门机构有其专门职责。例如，作为国土安全部四大部门之一的联邦应急管理局直接对总统负责，是美国应对危机的主要机构，其总部在华盛顿，该局将美国分为十个应急区，同时在各区设立办公室，作为联邦应急管理局在各地的派驻机构。另外，作为灾害应急管理中央核心机构，灾害发生时，联邦应急管理局会收集相关信息资料，与国防、司法、交通、劳工、财政和卫生等部门协调合作，调动资源，制订应急计划，实行救助。除此之外，美国的州、县、市和社区均有与联邦应急管理局对口的自然灾害应急管理机构，联邦层面的联邦应急管理局与州、县、市和社区的自然灾害应急管理机构互相配合，且当灾害发生时，由灾害发生地政府指挥应急行动。

　　灾前预防准备工作立法方面，美国通过法律规范相关建筑建设，例如通过立法确保建筑抗震达标。1906年，旧金山发生大地震后，该市总结经验，并对城市进行重新规划设计，使之能够经受得起剧烈摇晃。美国部分由专业建筑公司建造的楼房，门口墙壁上都刻有建筑公司名字、设计师名字及时间，便于对有关公司和相关人员追究法律责任。美国1990年通过的《联邦建筑安全法规》，规定凡是获得政府资金帮助和贷款兴建的所有建筑，必须要达到抗震的标准。为了使这一法规得到落实，美国紧急管理学院提供了专业的技术指导和培训。美国联邦法律规定，任何一个社区都要按高标准兴建学校，它们需要比普通工业建筑和居民大楼坚固。建设坚固的学校一是为了保护学生们的安全，二是当灾害发生时，学校即可成为紧急避难场所。社区和学校每年举行灾害自救演练，让民众掌握在紧急情况下如何采取自救措施，了解平时应该为灾害发生做哪些准备，以及一旦发生自然灾害，民众和社区负责人知道跟哪个政府部门联系，如何联系等。如果地震摧毁了路面交通和所有通信，美国会让通信公司派遣紧急通信设备进入灾区，包括卫星通信电话等，受灾民众可以通过这些移动通信设备同外界联系。

　　(二) 日本

　　日本也是自然灾害频繁发生的国家之一，其自然灾害主要包括火山、地震、海啸等。在长期与自然灾害斗争的过程中，日本自然灾害应急管理体系不断发展，其灾害应急管理法制不断完善，有其独特特点，主要包括以下三方面。

　　自然灾害应急立法方面，《备荒储备法》是日本最早颁布的关于自然灾害应急管理的法律，颁布时间是1880年。此后，日本防灾法律制度的制定出台均与自然灾害有关。例如1946年，日本发生南海地震，

第五章　自然灾害应急管理法制

但由于灾害救助、农林水产设施灾后修复等方面未形成相关法律规定，1947年日本颁布了《灾害救助法》。1959年日本发生伊势湾台风，于是1960年颁布了《治山治水紧急措施法》。而后，1961年日本颁布了《灾害对策基本法》，该法主要包括总则、灾害预防、灾害应急对策、灾后重建、财政金融措施等内容，是日本自然灾害应急管理的根本大法。此外，《灾害对策基本法》针对不同灾害类型，例如地震、火灾、火山喷发、风灾、水灾等，以及不同防灾减灾阶段，制定相应法律法规。直到1995年阪神大地震发生，日本颁布了《地震防灾对策特别措施法》，并对《灾害对策基本法》中部分内容进行了修改。

自然灾害预防规划方面，以《灾害对策基本法》为依据，日本将中央防灾会议作为最高权力机构，统筹国家防灾对策相关事务，建立起了涉及各地区、各领域的综合性灾害对策体制。具体内容包括中央防灾会议制定防灾基本规划作为指导纲要，各地方政府在中央防灾会议防灾基本规划基础上制订地区防灾规划，即横向规划；指定机关和公共事业团体在地区防灾规划下制订防灾业务规划，即纵面规划。此外，日本的防灾规划具有编制凸显时序性、国家和地方公共团体在灾害对策中的权责构成明确、强化城市防灾规划、重视灾害弱势群体的防灾救济等特点，其中灾害种类包括地震、火灾、台风、洪涝等，规划也按照从预测到对策再到重建等顺序编制。

自然灾害应急管理机构方面，日本有常设机构和临时应急机构之分。常设机构包括安全保障会议、中央防灾会议、内阁应急事务等。临时机构中，《灾害对策基本法》做了相关规定，即要求针对紧急事态建立专门应急机构。另外，根据日本《灾害对策基本法》，日本的防灾组织有内阁指定的行政机关（包括经济产业省、中小企业厅等29个机关团体）和地方行政机关（包括粮食事务所、经济产业局等24个机关），以及公共机关（包括日本电信电话公司、日本银行等在内的37个公共机构)。而1995年阪神大地震后，日本又设立了内阁情报收集中心和首相官邸危机管理中心，其中，内阁情报收集中心24小时工作，还设置了常设的官邸对策室和非常设的"非常灾害对策本部"。也是在阪神地震后，日本政府重视政府管理部门、防灾研究者和地区民众之间的互助协作，例如，在日本3000多个市、区、町、村中，自主防灾组织率约达60%，许多家庭加入这些自主防灾组织。

二 自然灾害应急管理法制中外对比分析

为了厘清中外自然灾害应急管理法制的异同，本节从中、美、日三国的自然灾害应急管理法律法规的颁布时间及演变过程、体系特征、运行现状三个角度，对中外现行自然灾害应急管理法律法制进行深入解析，以期为中国自然灾害应急管理法制提供启示。

(一) 从颁布时间及演变过程角度对比分析

1. 颁布时间对比分析

1950—2015年，美国先后制定《灾害救助和紧急援助法》《联邦民防法》《地震灾害减轻法》《斯坦福法案》《国家紧急响应计划》等多部关于自然灾害应急管理的法案。1947—2011年，日本颁布《灾害救助法》《建筑基本法》《海岸法》《都市计划法》《灾害基本对策法》《水防法》《受灾市、街重建特别措施法》《受灾者生活再建支援法》等诸多关于自然灾害应急管理的法律法规。1982—2014年，中国相继出台《中华人民共和国海洋环境保护法》《中华人民共和国森林法》《森林防火条例》《草原防火条例》《中华人民共和国防洪法》《中华人民共和国防震减灾法》《蓄滞洪区运用补偿暂行办法》《国家自然灾害救助应急预案》《地质灾害防治条例》《中华人民共和国突发事件应对法》《汶川地震灾后恢复重建条例》《自然灾害救助条例》等法律法规（见表5-4）。

表5-4　中、美、日自然灾害应急法律法规颁布时间对比

时间	国家		
	中国	美国	日本
1950年以前	—	—	《灾害救助法》正式颁布
1950—1980年	—	《灾害救助和紧急援助法》《联邦民防法》《地震灾害减轻法》	《建筑基本法》《海岸法》《都市计划法》《灾害基本对策法》《水防法》等
1981—1985年	《中华人民共和国海洋环境保护法》《中华人民共和国森林法》等	着手建立事前重建计划	《大规模地震对策特别措施法》，对《建筑基本法》进行了修正
1986—1999年	《森林防火条例》《草原防火条例》《中华人民共和国防震减灾法》等	《斯坦福法案》	《受灾市、街重建特别措施法》《受灾者生活再建支援法》等
2000—2010年	《蓄滞洪区运用补偿暂行办法》《国家自然灾害救助应急预案》《地质灾害防治条例》《重大动物疫情应急条例》《中华人民共和国突发事件应对法》《汶川地震灾后恢复重建条例》《自然灾害救助条例》等	《国家紧急响应计划》《全国突发事件管理系统》《短期国家基础设施保护计划》	对密集街区进行防灾整顿，对相关法律进行修正
2011年至今	《社会救助暂行办法》	灾前减灾捐款计划	颁布了关于推进海啸对策的法律、防灾法律、地震特别对策措施法及重建法等，之后对相关法律法规进行修正

通过对中、美、日三国自然灾害应急管理法律法规颁布时间的对比，发现美国和日本对于自然灾害应急管理法律法规的制定比中国早了近三十年，中国现在虽出台了一系列的自然灾害应急管理法律法

规，但仍然以单行法为主，防灾基本法缺位，而美国、日本早已颁布了防灾减灾基本法，具有本土适用性、综合性以及多部法律共同组成等特点。日本由于其地理位置的特殊性，常受灾害困扰，面对突发灾害能够总结经验，迅速制定相关法律，中国则对于灾后法律制定不及时、不完善，存在一定的滞后性，自然灾害应急管理法制化程度低，缺乏明确规定。

2. 演变过程对比分析

美国一贯重视通过立法来界定政府机构在灾害发生时各部门的职责和权限，先后制定了上百部专门针对自然灾害和其他紧急事件的法律法规，逐渐形成了以法律为核心的危机应对体系（Saunders et al., 2015; Berke et al., 2014; Otsuyama et al., 2018）。早在1950年，美国就首次将防灾减灾工作纳入法律层面，有了自己的"根本大法"。1977年制定了国家地震灾害减轻计划，科学技术成为核心力量，在减灾中具有核心地位。而"灾后恢复重建"也是防灾减灾体系中必不可少的一环，在经历了1989年旧金山、1994年洛杉矶北部等不同程度的大地震后，美国加快了事前重建计划的制订进程。20世纪90年代后期，各种大规模、破坏力强的自然灾害频繁发生，导致国家损失惨重。例如2004—2005年12次台风登陆，给社会经济、财产及生命安全造成了严重损失，灾后重建计划得到人们的重视。此外，再加上雷曼危机，导致其经济衰退严重，特别是对佛罗里达州的旅游业影响最大。为了增强国家危机管理和后果管理，美国颁布了《国家紧急响应计划》。2010年以后，地方政府开始制订一些强制性的灾后重建计划，以此减轻自然灾害造成的损失，从而挽留相关企业及吸引游客到当地旅游（Olshansky et al., 2014）。从2015年开始，美国着手建立与重建计划不同的举措，出台面向州政府和市政府的灾前减灾捐款计划作为灾害救助基金。

日本因自身地理位置的特点使其成为一个灾害大国，在长期的抗灾救灾过程中也逐渐形成了一套完善的自然灾害应急管理法律法规体系，（Otsuyama et al.，2018）。1947 年颁布的《灾害救助法》是日本防灾减灾的根本大法，法案中详细地规定了防灾组织体系、预防措施、应急措施、灾后重建、灾后拨款及灾民安置等一系列法规条例；之后在《灾害救助法》的基础上，日本政府制定的一系列防灾基本法律中，《灾害基本对策法》亦是所有灾害法律的基本法，它保留了原有法律、对策及条例的完整性，并对以往法律法规的不足进行补充与修正。之后日本政府开始对灾害救助方面进行立法，如《次生灾害法》。为了应对阪神大地震及以后可能发生的大地震，政府开始出台关于受灾地区重建、受灾者援助等的相关法律，以此保障灾后国民基本生活需要，从而快速地重建家园；2000—2011 年发生的东日本大地震给日本造成了巨大损失，为了应对重大灾害，同年陆续颁布了关于推进海啸对策、地震特别对策措施法及重建法等更加详尽细致的法律法规（Otsuyama et al. 2018）。2012—2016 年，日本未发生特大灾害，未颁布新的法律法规，但 2016 年发生的熊本地震及其他造成损失较小的灾害，检验了日本相关法律法规的有效性和可行性，政府在此期间对相关法律法规进行了修正。

随着中国经济的快速发展，人口、财富高度集聚导致灾害暴露度骤增，防灾减灾任务十分艰巨。自然灾害应急管理法律法规的制定是防灾减灾工作的重要保障。20 世纪 80 年代初，为了使自然灾害应急管理工作顺利进行，中国关于应对各种灾害的法律法规开始逐渐建立起来，从开始的一事一法发展到有了基本法，再向一个阶段一法的方向发展，但目前为止还未形成一个完善的法律体系。中国积极响应联合国关于开展国际减灾十年活动的号召，成立了国家减灾委员会，负责制定中国自然灾害应急管理的各项方针与政策，以及协调各部门和社会各界力量进行自然灾害应急管理工作，陆续颁布了三十多部具有针对性的自然灾害应急管理法律法规。中国的自然灾害应急管理工作在地震、火灾、水灾、气象灾害等方面，普遍采用的是单独立法的单一模式。近些年，为了更好地保障中国自然灾害应急管理工作的有效实施，中国出台了《国家自然灾害救助应急预案》以应对自然灾害类突发公共事件，同时又将自然灾害应急管理工作纳入国家与地方可持续发展战略，为中国防灾减灾工作提供了法律保障。

从三个国家自然灾害应急管理法律体系演变过程来看，美、日两国都是以基本法为基准，延伸展开各类专项灾害的法律法规，同时又有针对性地制定有关灾后重建、应急救助等法律法规，有效保障了防灾减灾机制的有效运行。完善的法律体系正是自然灾害应急管理工作顺利进行的重要保障和前提。从上述内容来看，中国关于自然灾害应急管理基础设施建设、灾害救助、灾后恢复等方面的法律体系并不完善，而是碎片化、单一化，缺少综合性与总结性的法律规定，仍需要进一步完善。同时，应以灾种为分类基准，形成体系化、全面化、综合化的灾害应对法律法规。只有出台全面的、综合性的自然灾害应急管理法律法规，才能真正做到"有法可依"。

（二）从体系特征角度对比分析

1. 应急管理法律体系特征对比分析

近年来，美国先后制定了上百部专门针对防灾减灾事件的法律法规，已经逐渐形成了以法律为核心的应急管理体系。如《斯坦福法案》《全国突发事件管理系统》等在此基础上制定全国防灾减灾应急管理办法、灾后重建计划及社区可持续发展计划，逐步形成了以联邦法、联邦条例、行政命令、规程和标准为主体的完善的防灾减灾法律体系。

日本在长期的抗灾救灾过程中也逐渐形成了一套完善的防灾减灾法律法规体系。截至目前，日本共制定应急管理法律法规二百余部，以

《灾害基本对策法》为主，辅以各类专项灾害法及相关条例，又有专门针对灾后重建的法律法规，涉及事前防灾、救灾及事后恢复的一系列环节。除此之外，日本还要求各级政府制订各都、道、府、县、市及町、村的具体防灾计划及预案，防灾基本计划、防灾业务计划及地域防灾计划等，细化上下级职责，并定期进行修订与完善，增强了应急计划的针对性和有效性。

中国近年来先后颁布了三十多部有关防灾减灾的法律，同样也涉及防灾—应急—恢复各个环节，形成了一定的防灾减灾法律体系。针对水灾、火灾、地震灾害、气象灾害等灾种的立法，大都采取单独立法的模式，如《中华人民共和国防震减灾法》《中华人民共和国突发事件应对法》《自然灾害救助条例》等，主要以单行法为主。中国虽出台了防灾减灾系列法律法规，但对比美、日两国防灾减灾法律法规，仍然存在一定的短板。一方面，美国和日本早早地便出台了本国关于防灾减灾的基本大法，以其为基准，在其基础上延伸开展各项法律法规；而中国法律体系主要以单行法为主，缺少自己的基本法，导致后续各项法律的制定缺少共同的法律基准；另一方面，中国的体系碎片化问题突出，现有防灾减灾法律仅限抗旱、地质灾害、森林保护、防沙治沙等几个具体灾种，缺乏综合性法律法规，导致防灾减灾过程中对目标、权利、义务、程序缺乏明确的规定，防灾减灾法制化程度低。

2. 应急管理组织体系特征对比分析

美国实行联邦制，各级政府纵向上分立并存；政治体制实行议会制，政府部门横向上采取分权，防灾减灾体系权力分散是美国政治结构的主要特征。但是其自然灾害应急管理体制演化却呈现相反趋势，表现为政府间纵向上权力集中、部门间横向上权力整合，主要体现在以下几点：一是从应急管理事权方面来看，美国灾害应急管理体制完全被纳入了全国性的国土安全体制中，呈现综合管理模式，但自然灾害应急管理仍是以地方为主，一旦遇到重大自然灾害或事故，需由地方政府向州和联邦政府提交申请，寻求帮助；二是在应急管理对象方面，美国政府转变思路，将传统的、单一的灾害应急管理模式向多灾种应急管理模式转变，并由专注"救灾"向"防灾救灾"全过程的综合管理模式转变；三是美国灾害应急救援机构及救援队伍已经从专业部门管理向综合部门管理、专业救援队伍向综合救援队伍转变。

自20世纪90年代中期，日本已经形成了以内阁府为中枢，由中央政府、都道府县（省级）和市町村分级负责，以市町村为主体，密切配合消防、国土交通等有关部门分类管理，防灾局综合协调的自然灾害应急管理组织体制。其中，"防灾委员会"为决策层，负责制定全国的防灾基本规划，以及部署安排防灾业务计划的实施，再由内阁大臣负责协调和联络。首相是"防灾委员会"的主席，委员会由国家公安委员会委员长、相关部门大臣、公共机构组成。当发生重特大规模的自然灾害时，中央政府立即成立"非常灾害对策本部"，同时设立"非常灾害现场对策本部"在灾区进行现场指挥。一般情况下，日本上一级政府主要指导下一级政府工作，提供技术、资金等支持，不直接参与管理。

中国防灾减灾组织机构总体由国家应急办公室主管，下设国家防汛抗旱指挥部、国家抗震救灾指挥部及国家减灾委员会。目前，中国在防灾减灾领域逐渐形成了具有中国特色的管理体制，即政府统一领导，综合协调，分类管理，灾害分级管理，属地管理为主，事发地当地人民政府和企事业单位负总责。中国防灾减灾还有一项重要的原则是军地结合，在应对重大灾害事故时是极为有效的救灾手段。另外，社会团体是中国应急救援的重要参与对象。

中、美、日三个国家都有适合各自国情的灾害管理应急组织体系，美国政府部门将传统的、单一化的灾害应急管理模式向综合救援队伍转变。当自然灾害发生时，日本成立由政府总指挥的"非常灾害现场对策本部",组织指挥本辖区进行应急处置。中国有明确的救灾组织机构及军方、社会等救援团体,在灾害事故发生初期能够实施高效的救援。对比来看,中国政府部门承载过高导致监督、监管机制不健全,从而可能会抑制各机构的有效救援,救灾机制缺乏灵活性。中国虽然已经出台了一系列法律法规,但灾前、灾中、灾后的权责缺乏明确规定,导致灾害发生时存在由中央机构推动地方政府实行救灾,中央、地方及社会团体间的协调机制不够明确等问题。

3. 公共防灾意识特征

日本非常重视灾害事故应急科普知识宣传,将每年的8月30日至9月5日定为"防灾训练周",9月1日定为"防灾日"。其间,从幼儿园到大学、从个人到单位,都会进行防灾科普知识宣传,并进行防灾演练。通过志愿者的宣传,鼓励民众参与防灾训练,掌握防灾技能,以达到防灾减灾的目的。同时通过实地调查、灾害分析与预测,日本编制了本国的防灾地图与避难地图,使居民了解可能发生灾害的地点及避难去向,防灾意识有所提高。

中国经常组织应急演练,开展"防灾减灾日"宣传教育活动,还通过社区、学校等组织招募志愿者,同时深入城乡社区、学校、厂矿等基层单位和灾害易发地区,广泛普及防灾减灾法律法规和基本知识,尤其是各类灾害基本认识和防灾避险、自救互救等基本技能,这些措施使近年来中国全社会的防灾减灾意识和灾害防御能力有所提高(熊贵彬等,2009)。

与日本居民相比,中国居民防灾减灾意识相对薄弱。如汶川地震前,约有70%的居民未进行过防灾演练、防灾知识及自救方面的学习,导致灾害发生时造成巨大损失。中国社会关于减灾防灾自救、互救知识普及率较低,许多防灾活动仅限于形式,民众对减灾防灾必备技能和有效行为的认识还不够,进而影响整个自然灾害防御、恢复、重建和应急救助的效果。中国志愿者队伍及其防灾减灾能力还处于起步阶段，和日本相比，中国志愿者队伍建设还存在管理体制不完善、队伍不够正规、技能水平低、缺乏激励机制等问题。

4. 应急保障特征对比分析

美国联邦政府通过整合现有应急管理机构与平台，将5个民事防御区改为10个应急管理区，作为应急管理署的分支机构，同时将各区内的军、政、民三方力量整合起来，逐步建立了在政府综合应急管理机构主导下，由联邦军队、州国民警卫队、保险机构、社会组织、志愿者等多个主体共同参与的备灾备战一体化综合应急管理体系。

日本的应急保障主要包括三方面。一是应急队伍设有专职和兼职两类，其中专职是指由警察、消防署员、陆上自卫队组成的应急队伍；兼职应急队伍主要是国民自愿参加的消防团。二是日本的应急设施齐备。在日本的学校、体育馆、广场、公园等，分别建设了众多的应急避难所，并设置醒目的应急避难所指示标志，包括避难所的位置、容量、安全级别等。三是日本的应急避难物资储备齐全，各级政府和地方公共团体事先在应急避难所放置救灾物资，且对人员和物资使用制定了完善的定期轮换制度及调配制度。

目前中国已经在多个地区设立了中央级物资救灾储备库，一些多灾易灾地区也已经建立了地方物资救灾储备库，不断地加大对防灾减灾的投入。同时还通过卫星遥感监测、地面网监测以及通信和网络技术监测等灾害的前期性监测措施，提高应急保障能力。对比美、日两国，中国应进一步加强应急保障的前期工作，并明确地方相关部门权责和分工，统一对各类灾害进行全面规划与协调，以确保应急工作高效进行，从而全面提升国家综合防灾减灾救灾能力。

（三）从运行现状角度对比分析

目前，美国灾害应急管理体制被完全纳入了全国性的国土安全体制中，灾害应急管理由单一模式转变成多灾种模式，从强调"救灾"变为"防灾救灾"的综合管理模式。但自然灾害应急管理仍以地方为主，各区内的军、政、民三方力量被整合在一起，逐渐形成政府综合应急管理机构主导下，联邦军队、州国民警卫队、社会组织共同参与的多主体备灾备战一体化综合应急管理体系。

截至目前，日本制定的自然灾害应急管理法律法规共有二百余部，包括各级政府制订的防灾规划，以及市、町、村制订的具体防灾计划、防灾基本计划、防灾业务计划及地域防灾计划等，并定期进行修订与完善，灾害应急管理法律体系实现全面化。同时日本公共应急防灾意识普遍较高，应急保障有力。2016年熊本地震以及其他损失较小的自然灾害的应对，检验了日本相关法律法规的有效性和可行性。

现阶段，中国在灾害事故发生初期能够在有明确的救灾组织机构及军方、社会等救援团体的帮助下实现高效救援。但随着救灾工作的全面开展，由于政府部门的承载过高导致监督、监管机制不健全，从而可能会抑制各机构的有效救援。相较于美、日两国相对完善的防灾法律体系，中国现行的防灾减灾法律法规体系过于碎片化且不够全面，仅限于防洪抗旱、防沙治沙、森林保护、地质灾害防治等少数方面。同时，很多防灾宣传活动仅仅拘泥于形式，导致中国居民对于防灾减灾的相关知识如防灾演练、自救等方面有所欠缺，防灾减灾意识相对薄弱，致使灾害发生时造成巨大生命财产损失。

三　国外自然灾害应急管理法制启示

自然灾害应急管理不仅注重持续有效的管理运行，强调紧急形势下权力机构、各社会组织、民众三者之间的有效互动，更需要系统稳定的法制保障。美国、日本自然灾害应急管理法律法规，对中国自然灾害应急管理法制建设具有以下启示。

(一)制定健全灾害基本法

灾害基本法应包含应对灾害时的各方面，例如灾害发生时命令的下达、灾情反馈、人员安排、阶段性的应对方法以及问责机制等。自然灾害基本法的建立健全是应对自然灾害的法制保障。国家通过立法作为自然灾害各种突发情况的应对措施，完善灾害基本法的基本框架，提高灾害应对的效率和质量。虽然中国已接连颁布了一些关于自然灾害的法律法规，但是，当灾害发生时，依然存在手忙脚乱的情况，因为缺乏一套完善的法律法规体系来规范。所以，我们应该向有灾害应急管理经验的美国和日本学习，建立一套适合中国国情的灾害基本法律体系，以弥补中国灾害基本法缺乏综合性的缺陷。

(二)建立完善自然灾害防治法律体系

美国、日本的自然灾害法律数量较多，例如《灾害救助和紧急援助法》《洪水保险法》《国家紧急状态法》《国家地震灾害减轻法》等，这些法律法规是系统的自然灾害应急管理法制的体现，有助于自然灾害应急管理法律体系的形成和完善。中国除了需要制定颁布与《灾害对策基本法》有同等效力功能的法律，还需要出台类似《灾害救助法》《巨灾保险法》等的配套法律法规。因为自然灾害的种类丰富，灾害发生的情况，灾后重建、恢复的条件也各不相同，只有建立一套完整的、涉及方方面面的循环法律体系，才能为自然灾害应急管理提供重要法律依据与支持。

(三)修订专门法律法规

时效性对于法律法规至关重要。自然灾害应急管理法律的制定要根据当下自然灾害情况做出调整和修订，以保证法律法规紧跟时代发展步伐。《中华人民共和国防震减灾法》等其他多部法律，应及时根据实际情况适当调整和修改，但同时也应该及时总结和提炼中国自然灾害应急管理中好的做法和成功的经验,将它们上升为法律法规。例如《中华人民共和国防震减灾法》中,应对各部门和人员在地震救灾中的权责做出更加明确的规定,如对救助部门人员无法到位的重灾区,制定特殊时期救助原则,或者设立特别程序,保证各机构在灾区的行动顺利开展。

(四) 立法推动政策手段落地

拓宽应急保障思路和渠道,从各领域强化应急保障工作开展。探索金融领域实践建设工作与立法情况,从而保证应急准备、响应、恢复及防灾减灾各阶段的财政支持,通过立法手段,推动税收减免、贴息贷款、财政补贴、政府垫付等相关政策落地实施,保障关键企业自然灾害应急工作顺利开展,保证关键设备的供应,特别是在重大项目建设实施、重特大事件应急响应事件等灾后恢复重建上要给予政策倾斜,确保其顺利实施。

(五) 加强关键环节、重点部位立法建设

美国、日本自然灾害应急管理立法有联邦和各州、中央和市(区)之分,尤其是美国各州,自然灾害应急管理法律有与体制改革相关的,与基础交通相关的,与财政保障相关的,说明加强关键环节、重点部位立法是美、日自然灾害应急管理成功的重要因素。中国需要在自然灾害发生前对应急准备投入、灾害治理、灾后恢复等工作做出科学适当的规定,并提供财政支持,保障自然灾害应急管理资源需求,同时,促使社会应急观念发生转变,寻求社会力量帮助。

第六章 自然灾害应急预案

自然灾害应急预案是自然灾害应急管理的重要内容,是提高自然灾害应急管理能力不可缺少的重要环节。本章主要介绍自然灾害应急预案的概述、自然灾害应急预案的编制、自然灾害应急预案的动态管理以及中外自然灾害应急预案的相关研究进展。对灾害应急预案中的基本要素进行必要的探讨,不仅有利于各级政府建立更好的灾害应急预案,还可以加强应急预案制定的规范化和标准化,有利于建立地区间的应急救灾网络体系,从而提高整个社会的应急救灾能力。

第一节 自然灾害应急预案概述

应急预案的制定和实施可有效地控制事态发展、降低灾害造成的危害和减少损失,其已成为各级政府和企事业单位应急工作的重点任务。本节主要介绍自然灾害应急预案体系、自然灾害应急预案的标准与响应、自然灾害应急预案分类以及自然灾害应急预案的作用与意义,为自然灾害应急预案的编制提供理论基础。

一 自然灾害应急预案体系

(一) 自然灾害应急预案的含义

应急预案是指根据可能发生的突发事件及其产生的影响,制定相应的处置办法的正式书面计划。

自然灾害应急预案是自然灾害应急管理的重要内容,是提高自然灾害应急管理能力不可缺少的重要环节。自然灾害的突发性、不确定性、危害性等特点表明了监测自然灾害是极其重要的。但是现有的技术水平仍无法精准监测一些灾害的发生,当面对难以避免的灾害时,积极应对、采取合理的措施便成为重点。有了预案的建设,自然灾害一旦发生,有关部门就可以根据预案并结合实际情况采取相应的措施对自然灾害进行处置。

针对突发性自然灾害,需要一个完备、科学、有效的应对方案,居安思危,有备无患。从概念上讲,自然灾害应急预案是针对可能的自然灾害突发公共事件,为保证迅速、有序、有效地开展应急与救援行动、降低人员伤亡和经济损失而预先制定的有关计划或方案。它是在辨识和评估潜在的重大危险、事件类型、发生的可能性及发生过程、事件后果及影响严重程度的基础上,对应急机构与职责、人员、技术、装备、设施(备)、物资、救援行动及其指挥与协调等方面预先做出的具体安排,它明确了在公共事件发生之前、发生过程中以及结束之后,谁负责做什么,何时做,以及相应的策略和资源准备等(刘铁民,2007)。一般而言,包括自然灾害在内的各类突发公共事件应急预案的主要内容,见表6-1。

表 6-1 应急预案的主要内容

主要方面	具体内容
总则	说明编制预案的目的、工作原则、编制依据、适用范围等
组织指挥体系及职责	明确各组织机构的职责、权利和义务,以突发事故应急响应全过程为主线,明确事故发生、报警、响应、结束、善后处置等环节的主管部门与协作部门;以应急准备及保障机构为支线,明确各参与部门的职责
预警和预防机制	包括信息监测与报告、预警预防行动、预警支持系统、预警级别及发布(一般分为四级预警)
应急响应	包括分级响应程序(原则上按一般、较大、重大、特别重大四级启动相应程序)、信息共享和处理,通信、指挥和协调,紧急处置,应急人员的安全防护,群众的安全防护,社会力量动员与参与,事故调查分析、检测与后果评估,新闻报道,应急结束 12 个要素
后期处置	包括善后处置、社会救助、保险、事故调查报告和经验教训总结及改进建议
保障措施	包括通信与信息保障,应急支援与装备保障,技术储备与保障,宣传、培训和演习,监督检查等
附则	包括有关术语、定义,预案管理与更新,国际沟通与协作,奖励与责任,制定与解释部门,预案实施或生效时间等

资料来源:《国务院有关部门和单位制定和修订突发公共事件应急预案框架指南》(国办函〔2004〕33 号)。

自然灾害应急预案的内涵包括常态下预防突发事件的发生和实现突发事件的有效应对。应急预案是根据国家相关法律法规和标准规范要求制定的,也是具有一定法律效力的文件。建立健全在突发事件准备和应对中的组织体系，承担相关职责的各种角色，规范预警和响应程序，明确应急资源和保障要求，是预防与应急准备工作系统化和具体化的表现。

(二) 中国的自然灾害应急预案体系建设

依据自然灾害的类型、发生地不同，其管理主体各异，自然灾害应急预案也存在不同层次、不同地域和单位以及针对不同自然灾害类型等的各种预案。此类预案组成了自然灾害应急预案体系。在中国，目前已经基本形成了从中央到地方和基层单位、从总体到专项部门和特定灾害等由数十万部预案组成的自然灾害应急预案体系。

1. 国家总体应急预案

国家总体应急预案是指由国务院制定的应对各类危机的综合性预案，具有纲领性、准则性、指南性和指导性等特点。中国政府为了提高政府保障公共安全和应对突发事故的能力，尽可能地预防和降低人员伤亡、财产损失、环境破坏，维护国家安全、促进社会和谐稳定发展，依据《宪法》及有关法律行政法规，于2005年制定和颁布了《国家突发公共事件总体应急预案》，它是各项自然灾害应急预案制定和实施的基本依据之一，是指导预防和处置各类突发事件的规范性文件。

2. 国家专项应急预案

由政府有关部门制定，经国务院批准的应对某类具有重大影响的突发自然灾害事件或者为发挥某项重要专业功能制定的。

主要特点为应对的危机社会影响大；突发危机事件造成的生命和财产损失大；应对工作涉及面广、动用的资源多，需要几个职能部门共同参与处置或需要政府主要领导组织、指挥处置；具有重要的辅助性，主要还是协助事件发生地政府做好应急工作。

当前国家已制定四类突发事件应急预案 25 件，其中自然灾害类 5 件，如图 6-1 所示。

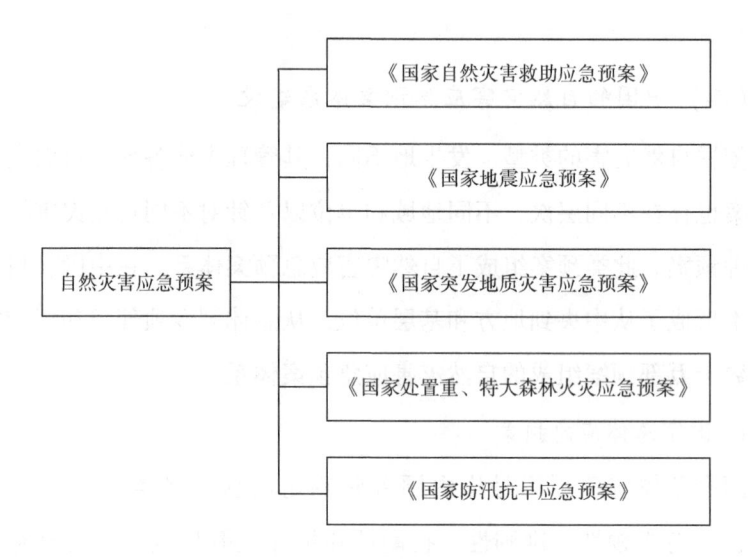

```
                        ┌─《国家自然灾害救助应急预案》
                        │
                        ├─《国家地震应急预案》
                        │
自然灾害应急预案 ────────┼─《国家突发地质灾害应急预案》
                        │
                        ├─《国家处置重、特大森林火灾应急预案》
                        │
                        └─《国家防汛抗旱应急预案》
```

图 6-1　自然灾害类应急预案

3. 部门预案

部门预案是由政府相关部门和单位根据部门职能，为应对自然灾害而制定并报本级政府备案的应急预案。主要特点为自然灾害造成的社会影响范围相对单一；具有明显的辅助性，主要是协助事件发生地政府做好某一方面的应急工作；动用的社会资源相对较少，一般情况下，基本由制定应急预案的职能部门自行承担地方政府的处置任务。

当前，中国已经出台的主要针对自然灾害应急管理的部门预案包括《铁路防洪应急预案》《农业重大自然灾害突发事件应急预案》《重大沙尘暴灾害应急预案》《海洋灾害应急预案》《赤潮灾害应急预案》等。

4. 地方应急预案

由于地方的突发事件较多，编制相应的应急预案显得尤为重要。

在"分级负责、分类管理"的基本框架下,某类突发事件可能造成的损失大小取决于该类突发事件地方应急预案的编制质量,编制质量好的地方部门应急预案可以减少损失。其主要特点是由地方上多层次的预案组成;由地方上多类型的预案组成;具有地方特色和针对性。

当前,中国各省级区域均根据国家自然灾害应急的总体预案、专项预案和部门预案并结合省情制定和出台了相应的地方预案,地市一级和县区一级的自然灾害应急预案也纷纷出台。

5. 企事业单位的应急预案

为有效应对突发环境事件,提高企事业单位应对突发自然灾害事件的能力,将突发灾害事件对人员、财产和环境造成的损失降至最小,最大限度地保障人民群众的生命财产安全及环境安全,维护社会稳定,企事业单位应根据国家、地方相关应急预案要求编制本企业单位的应急预案。按照自然灾害应急管理"纵向到底"的要求,大型或易受自然灾害影响的企事业单位应制定自然灾害应急预案。企事业自然灾害应急预案具有以下特点。一是应对的自然灾害(包括原生、次生和衍生灾害)与本单位的工作任务相关;二是应对的自然灾害种类较少。

6. 特定事件或活动预案

特定事件或活动预案指的是针对特定地点、可能发生特定自然灾害的小范围应急预案,其主要特点是预案内容极为具体。

二 自然灾害应急预案的标准与响应

(一)响应标准

根据自然灾害的危害程度等因素,国家自然灾害救助应急响应分为Ⅰ、Ⅱ、Ⅲ、Ⅳ四级。启动响应的依据主要包括死亡人口、紧急转移安置或需紧急生活救助人口、倒塌和严重损坏房屋间数、干旱灾害造成缺粮或缺水等生活困难，需政府救助人数占该省（自治区、直辖市）农牧业人口等指标。

救灾预案具有很强的操作性，一是规定了应急响应级别及其对应的决定人级别（见表6-2），二是设定了国家自然灾害救助应急响应启动条件（见表6-3）。

表6-2　　　　　应急响应级别及其对应的决定人级别

响应级别	一级响应	二级响应	三级响应	四级响应
决定人级别	国家减灾委	民政部部长	国家减灾委秘书长	国家减灾委办公室常务副主任

表6-3　　　　　国家自然灾害救助应急响应启动条件

响应等级	死亡人口/人	紧急转移安置人口或需紧急生活救助人口/万人	倒塌或严重损坏房屋间数/万间	因旱需救助人口/万人	因旱需救助人口占当地农牧业人口的比例/%
Ⅰ级响应	[200,00)	[200,+∞)	[30,+∞)	[400,+∞)	[30,+∞)
Ⅱ级响应	[100,200)	[100,200)	[20,30)	[300,400)	[25,30)
Ⅲ级响应	[50,100)	[50,100)	[10,20)	[200,300)	[20,25)
Ⅳ级响应	[20,50)	[10,50)	[1,10)	[100,200)	[15,20)

（二）应急响应

救灾应急响应是重大自然灾害管理的重要依据。自然灾害的应急响应与管理是有效降低灾害影响、保障社会可持续发展的重要举措（黎健，2006）。应急响应的具体内容见表6-4。

第六章 自然灾害应急预案

表6-4　　　　　　　　　　　应急响应的具体内容

响应级别	措施
Ⅰ级响应	（1）召开国家减灾委会商会，国家减灾委各成员单位、专家委员会及有关受灾省（区、市）参加，对指导支持灾区减灾救灾重大事项作出决定 （2）国家减灾委负责人率有关部门赴灾区指导自然灾害救助工作，或派出工作组赴灾区指导自然灾害救助工作 （3）国家减灾委办公室及时掌握灾情和救灾工作动态信息，组织灾情会商，按照有关规定统一发布灾情，及时发布灾区需求。国家减灾委有关成员单位做好相关工作等 （4）根据地方申请和有关部门对灾情的核定情况，财政部、民政部及时下拨中央自然灾害生活补助资金。民政部紧急调拨生活救助物资，指导、监督基层救灾应急措施落实和救灾款物发放；交通运输、铁路、民航等部门和单位协调指导开展救灾物资、人员运输工作 （5）公安部加强灾区社会治安、消防安全和道路交通应急管理，协助组织灾区群众紧急转移。军队、武警有关部门根据国家有关部门和地方人民政府请求，组织协调军队、武警、民兵、预备役部队参加救灾，必要时协助地方人民政府运送、发放救灾物资 （6）国家发展改革委、农业农村部、商务部、国家粮食和物资储备局保障市场供应和价格稳定。工业和信息化部、住房城乡建设部、水利部、国家卫生健康委员会、科技部、国家测绘地理信息局明确各自在应急救援中的职责，并做好相关工作 （7）中央宣传部、新闻出版广电总局等组织做好新闻宣传等工作 （8）民政部向社会发布接受救灾捐赠的公告，组织开展跨省（区、市）或者全国性救灾捐赠活动，呼吁国际救灾援助，统一接收、管理、分配国际救灾捐赠款物，指导社会组织、志愿者等社会力量参与灾害救助工作；外交部协助做好救灾的涉外工作；中国红十字会总会依法开展救灾募捐活动，参与救灾工作 （9）国家减灾委办公室组织开展灾区社会心理影响评估，并根据需要实施心理抚慰 （10）灾情稳定后，根据国务院关于灾害评估工作的有关部署，民政部、受灾省（区、市）人民政府、国务院有关部门组织开展灾害损失综合评估工作。国家减灾委办公室按有关规定统一发布自然灾害损失情况 （11）国家减灾委其他成员单位按照职责分工，做好有关工作
Ⅱ级响应	（1）国家减灾委副主任主持召开会商会，国家减灾委成员单位、专家委员会及有关受灾省（区、市）参加，分析灾区形势，研究落实对灾区的救灾支持措施 （2）派出由国家减灾委副主任或民政部负责人带队、有关部门参加的工作组赴灾区慰问受灾群众，核查灾情，指导地方开展救灾工作

· 241 ·

续表

响应级别	措施
Ⅱ级响应	（3）国家减灾委办公室及时掌握灾情和救灾工作动态信息，组织灾情会商，按照有关规定统一发布灾情，及时发布灾区需求。国家减灾委有关成员单位做好相关工作等 （4）根据地方申请和有关部门对灾情的核定情况，财政部、民政部及时下拨中央自然灾害生活补助资金。民政部紧急调拨生活救助物资，指导、监督基层救灾应急措施落实和救灾款物发放；交通运输、铁路、民航等部门和单位协调指导开展救灾物资、人员运输工作 （5）国家卫生健康委员会根据需要，及时派出医疗卫生队伍赴灾区协助开展医疗救治、卫生防病和心理援助等工作。测绘地信部门准备灾区地理信息数据，组织灾区现场影像获取等应急测绘，开展灾情监测和空间分析，提供应急测绘保障服务 （6）中宣部、新闻出版广电总局等指导做好新闻宣传等工作 （7）民政部指导社会组织、志愿者等社会力量参与灾害救助工作。中国红十字会总会依法开展救灾募捐活动，参与救灾工作 （8）国家减灾委办公室组织开展灾区社会心理影响评估，并根据需要实施心理抚慰 （9）灾情稳定后，受灾省（区、市）人民政府组织开展灾害损失综合评估工作，及时将评估结果报送国家减灾委，国家减灾委办公室组织核定并按有关规定统一发布自然灾害损失情况 （10）国家减灾委其他成员单位按照职责分工，做好有关工作
Ⅲ级响应	（1）国家减灾委办公室及时组织有关部门及受灾省（区、市）召开会商会，分析灾区形势，研究落实对灾区的救灾支持措施 （2）派出由民政部负责人带队、有关部门参加的联合工作组赴灾区慰问受灾群众，核查灾情，协助指导地方开展救灾工作 （3）国家减灾委办公室及时掌握并按照有关规定统一发布灾情和救灾工作动态信息 （4）根据地方申请和有关部门对灾情的核定情况，财政部、民政部及时下拨中央自然灾害生活补助资金。民政部紧急调拨生活救助物资，指导、监督基层救灾应急措施落实和救灾款物发放；交通运输、铁路、民航等部门和单位协调指导开展救灾物资、人员运输工作 （5）国家减灾委办公室组织开展灾区社会心理影响评估，并根据需要实施心理抚慰，国家卫生健康委员会指导受灾省（区、市）做好医疗救治、卫生防病和心理援助工作 （6）民政部指导社会组织、志愿者等社会力量参与灾害救助工作 （7）灾情稳定后，国家减灾委办公室指导受灾省（区、市）评估、核定自然灾害损失情况 （8）国家减灾委其他成员单位按照职责分工，做好有关工作

续表

响应级别	措施
Ⅳ级响应	（1）国家减灾委办公室视情组织有关部门和单位召开会商会，分析灾区形势，研究落实对灾区的救灾支持措施 （2）国家减灾委办公室派出工作组赴灾区慰问受灾群众，核查灾情，协助指导地方开展救灾工作 （3）国家减灾委办公室及时掌握并按照有关规定统一发布灾情和救灾工作动态信息 （4）根据地方申请和有关部门对灾情的核定情况，财政部、民政部及时下拨中央自然灾害生活补助资金。民政部紧急调拨生活救助物资，指导、监督基层救灾应急措施落实和救灾款物发放 （5）国家卫生健康委员会指导受灾省（区、市）做好医疗救治、卫生防病和心理援助工作 （6）国家减灾委其他成员单位按照职责分工，做好有关工作

（三）应急响应程序

应急响应程序大致包含六个步骤，如图6-2所示。

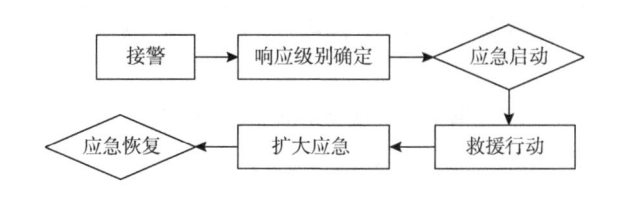

图6-2 应急响应程序

一是接警。突发事件发生后，应急救援指挥中心立即接收报警信息，同时灾情会传送到地区应急指挥中心，重大灾情的报警应立刻上报上级相应指挥机关及领导，并且接警时详细记录灾情及相关信息。

二是响应级别确定。应急救援指挥中心接收报警信息后，应与灾害现场的地方应急机构取得联系，然后对灾情进行分析，由应急中心负责人判断灾情对应的响应级别。若灾情的严重程度达不到启动最低响应级别的条件，应立即通知应急机构关闭响应。

三是应急启动。确定响应级别之后，应急救援指挥中心根据确定的响应级别启动响应程序，例如通知所配备的人员到位、提供救灾物资、开通网络通信等。

四是救援行动。应急救援指挥中心的救援队伍到达灾难现场展开救援行动，专家组根据现场灾害的实际情况提出相关援救建议以及提供技术指导。

五是扩大应急响应。若灾情严重，救援效果不佳，灾情得不到控制，应立即上报上级救援机构，请求扩大应急响应。

六是应急恢复。完成救援工作，进入临时应急恢复阶段。清理灾害现场、清点人员并撤离、解除警戒等。

应急预案实际上是标准化的反应程序，以使保险应急救援活动能迅速、有序地按照计划和最有效的步骤进行，如图6-3所示。

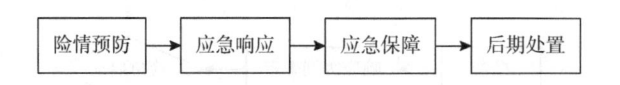

险情预防 → 应急响应 → 应急保障 → 后期处置

图6-3 应急预案的实施步骤

对于应急响应程序中的每一项任务，相关负责人应按照应急预案所制定的标准程序来执行。

三 自然灾害应急预案分类

预案的分类有多种方法，如按行政区域可划分为国家级、省级、市级、区（县）和企业预案；按时间特征可划分为常备预案和临时预案（如偶尔组织的大型集会等）；按事故灾害或紧急情况的类型可划分为自然灾害、事故灾难、突发公共卫生事件和突发社会安全事件等预案。而最适合城市组织预案文件体系的分类方法是按预案的适用对象范围进行分类，可将城市的应急预案划分为综合预案、专项预案和单项（现场）预案，如图6-4所示，以保证预案文件体系的清晰性和开放性。

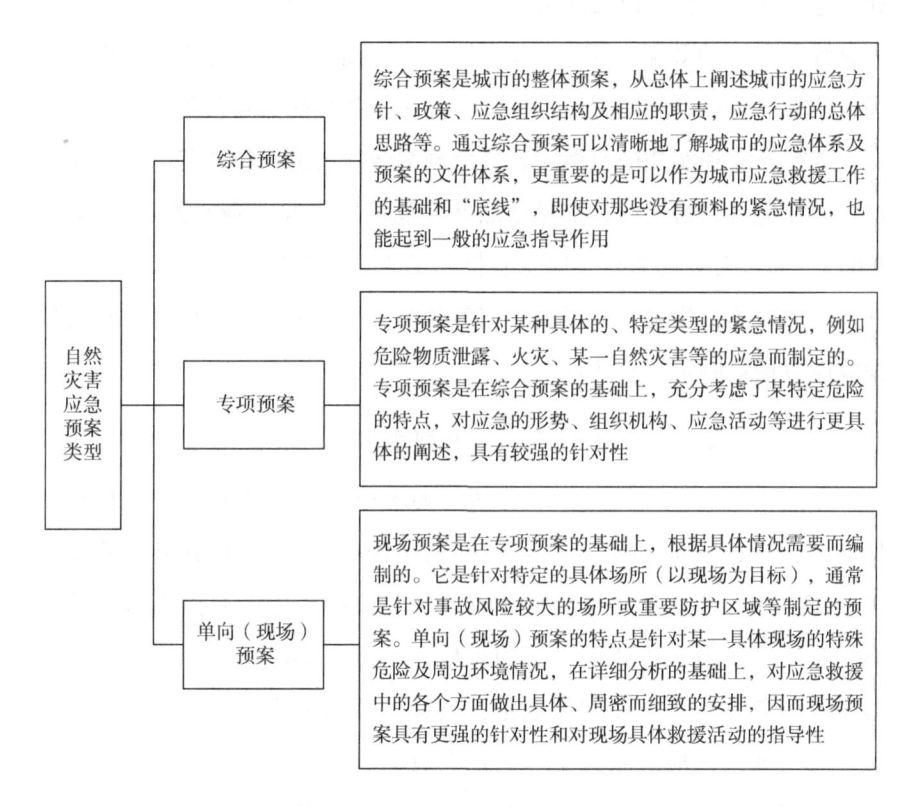

```
自然灾害应急预案类型
├── 综合预案：综合预案是城市的整体预案，从总体上阐述城市的应急方针、政策、应急组织结构及相应的职责，应急行动的总体思路等。通过综合预案可以清晰地了解城市的应急体系及预案的文件体系，更重要的是可以作为城市应急救援工作的基础和"底线"，即使对那些没有预料的紧急情况，也能起到一般的应急指导作用
├── 专项预案：专项预案是针对某种具体的、特定类型的紧急情况，例如危险物质泄露、火灾、某一自然灾害等的应急而制定的。专项预案是在综合预案的基础上，充分考虑了某特定危险的特点，对应急的形势、组织机构、应急活动等进行更具体的阐述，具有较强的针对性
└── 单向（现场）预案：现场预案是在专项预案的基础上，根据具体情况需要而编制的。它是针对特定的具体场所（以现场为目标），通常是针对事故风险较大的场所或重要防护区域等制定的预案。单向（现场）预案的特点是针对某一具体现场的特殊危险及周边环境情况，在详细分析的基础上，对应急救援中的各个方面做出具体、周密而细致的安排，因而现场预案具有更强的针对性和对现场具体救援活动的指导性
```

图6-4 自然灾害应急预案分类

四 自然灾害应急预案的作用与意义

应急预案编制工作已成为国家公共安全的重点任务，是各级政府和领导人的"固有责任"，应急预案及其制定工作对推进应急准备工作和有效应对各类突发事件意义重大（刘铁民，2012）。应急预案在应急救援中的重要作用和地位体现在以下几方面。

(一) 自然灾害应急预案确定了应急救援的范围和体系

自然灾害应急预案的内容包括应急救援的范围和体系，使应急准备和应急管理等工作可以有序进行。自然灾害应急预案决定了应急救援及应急管理实施的效果。第一，培训。对应急救援相关人员进行事前培训，使其清楚自己的职责所在，并掌握应急救援的必备技能。第二，演练。进行务实和实战的自然灾害应急预案演练有两个核心优势。一是增加对潜在危机的警惕性，二是增加处理危机的经验（詹承豫和顾林生，2007）。通过有效的演练，应急救援相关人员运用所掌握的知识技能处理发生的事故，检验其是否具有应急救援的基本能力，同时演练也可以检验应急预案制定的有效性。

(二) 制定自然灾害应急预案有利于做出及时的应急响应

自然灾害应急救援工作对时间的要求很高，在应对突发性危机事件的过程中，时间和资源总是不够的，因此我们在编制预案的过程中，需要在各个环节尽可能地节省时间和节约资源。自然灾害应急预案划分了应急救援中相关人员的责任，确定了响应程序，事前在应急力量及应急物资等方面做足准备，当突发重大灾害时，就可以保证及时、有序地进行应急救援工作，把人员伤亡、财产损失以及环境破坏等尽可能地降到最低。同时，自然灾害应急预案的制定也有利于解决灾后恢复问题。

(三) 成为城市应对自然灾害的响应基础

应急预案的核心思想之一就是以确定性应对不确定性，化应急管理为常规管理（詹承豫和顾林生，2007）。综合应急预案的编制使城市能够快速、有效地应对突发灾难，存在灵活性。对于事先无法预计的自然灾难，应急预案也可以进行有效的应急指导，确保城市应急救援工作顺利开展，因而应急预案是城市应对自然灾害的响应基础。同时，对于不同的自然灾害可以编制相应的应急预案，即专项应急预案，制定特定突发事件的针对性措施，并进行相应的演练，评估措施的可行性。

（四）便于城市与省级、国家级应急部门协调

若自然灾害的重大程度超出城市的应急能力时，城市应与省级、国家级应急部门协调，适时地扩大应急响应。通过综合应急预案能够进一步了解城市的应急预案体系，对无法预料的突发事件也具有指导作用。各方应一同参与自然应急预案的编制，全面识别城市重大风险及制定相应的预警机制，准确预测自然灾害的发展趋势，提前采取相应措施，对突发事件或自然灾害进行有效控制。自然灾害应急预案的发布与宣传有利于提高社会公众的危机防范意识，切实提升公众的危机应对意识和能力。

第二节 自然灾害应急预案的编制

自然灾害应急预案作为应对自然灾害的工作方案，是各级政府应急管理工作的载体和依据，在处置自然灾害时发挥不可替代的作用。科学的自然灾害应急预案规范了应对自然灾害的范围和组织体系，为快速决策提供了思路和方法。本节主要介绍自然灾害应急预案的编制目标、主体与原则，自然灾害应急预案的编制的注意事项，自然灾害应急预案的编制方法、过程、审定和发布等内容，为自然灾害应急预案的编制提供科学指导。

一 自然灾害应急预案的编制目标、主体与原则

（一）编制目标

自然灾害不同于一般灾害事故，其危害性极大，涉及范围极广，其

应急救援工作也需要众多部门和救援队伍的联动与配合，因此，应给予高度重视。

自然灾害应急预案的编制目标主要有两个方面。一是实现在突发自然灾害发生之前能够有效准备，未雨绸缪；二是建立健全应对突发重大自然灾害救助体系和运行机制，规范应急救助行为，合理应对和处置，做到在自然灾害发生时，最大限度地减少人民群众生命和财产损失，确保受灾人员基本生活，维护灾区社会稳定。所谓发生前的有效准备，是将应对处置所需要的各种安排、资源、培训、演练都落实到位；所谓"合理应对和处置"，是在突发事件发生前、发生中、发生后的完整过程中，应对者能够采取尽可能合理、科学的应对手段和方法，并且具备实施这些手段和方法的物质条件，而这些手段、方法和物质条件都是自然灾害应急预案中已经确定和安排好的。

（二）编制主体

自然灾害应急预案的编制主体主要包括两类，即各级政府、各类企事业单位和基层组织。

1. 各级政府

政府是社会管理和公共服务的主体，承担着防范化解公共安全风险、处置突发事件、救人民群众于危难的重要职责（詹承豫，2011），因此要制定并实施自然灾害应急预案，提前做好应急准备，以便在发生突发事件后可以依法、迅速、科学、有序地组织应对。各级政府及其有关部门的自然灾害预案编制和发布要依据有关法律法规的要求，遵循法规或规范性文件的制定和发布过程。承担自然灾害应急预案编制职责的政府部门通常会组织专门的预案编制工作团队，遵循规范的程序，经过一定的编制、评审和审批程序，广泛征求相关各方的意见建议，并以适当的形式发布。

政府作为制定自然灾害应急预案的主体，其编制与实施过程必须体现政府的责任心和公信力。责任心要求政府必须从保护人民群众和公共利益的立场出发，切实按照科学的方法和手段制定自然灾害应急预案；公信力要求政府切实承担起制定和实施自然灾害应急预案的责任，要确保自然灾害应急预案的有效性并对实施的后果负责。

2. 各类企事业单位和基层组织

各类单位和基层组织是社会的基本单元，也是绝大多数突发事件的发生场所，承担着防范化解各类突发事件和组织开展先期处置的主体责任，因此必须按照有关法律法规要求制定本单位、本组织、本社区的自然灾害应急预案。各类企事业单位和基层组织要强化应急管理职责，加强应急能力建设。应急预案的编制应遵循"谁主办，谁负责"的原则，如政府主办或承办的大型活动，应该由负责主办或承办活动的政府或其部门负责编制应急预案。

（三）编制原则

各编制主体在进行本单位自然灾害应急预案的编制时，应该遵循以下原则。

1. 以人为本，生命至上

自然灾害会产生多种威胁，造成多种损失，因此应急处置可能会面临多重价值目标的选择。编制自然灾害应急预案时要做到以人为本，生命至上。一方面，要尽量减少灾害造成的人员伤亡，切实维护最广大人民群众的根本利益；另一方面，要提高科学指挥的能力和水平，在救援过程中最大限度地减少次生、衍生等灾害带来的危害，切实保护救援人员的安全（张春艳，2012）。

2. 依法规范，依靠科学

编制自然灾害应急预案要避免盲目、蛮干，需充分利用现代风险评估及仿真等技术，听取专家学者的专业意见和建议，提升预案的专业性及科学性（张春艳，2012）。除此之外，自然灾害应急预案的编制要有法可依，因此，编制主体在进行自然灾害应急预案编制时要注重与相关政策衔接，并符合相关法律法规的要求；要按照有关程序制定、修订自然灾害应急预案，做到动态管理，使突发自然灾害事件应急处置能够按照既定章程有序进行，保障人民群众的生命和财产安全。

3. 统一领导，分级负责

自然灾害应急处置工作需要跨部门、跨地域调动资源，因而在自然灾害应急预案编制时必须形成高度集中、统一领导与指挥的应急管理体系，实现资源整合，避免各自为战。其中，统一领导的关键是在各级党委的领导下发挥政府的主导作用，省（自治区、直辖市）人民政府是处置本辖区重大、特别重大突发自然灾害的主体。自然灾害具有严重性、可控性等特点，因此在自然灾害应急救援过程中要根据应急响应所需动用的资源、自然灾害的影响范围等因素，调动全社会的力量，形成应急合力。同时，在国务院的统一领导下，有关部门和单位要制定和修订本部门的自然灾害应急预案，按照分类分级原则，落实各级应急响应的岗位责任制，明确责任人及其权限。

4. 因地制宜，鼓励创新

自然灾害的演化瞬息万变、不确定性强。在新时代，自然灾害应急管理要摆脱老思路、老办法、老习惯的桎梏。国外对于突发事件的处置研究已相对成熟，因此在编制自然灾害应急预案时，要根据中国实际国情，积极借鉴国外的有益经验，力求打破常规，大胆创新，积极应变，主动求变，务求应急处置得迅速和高效。

5. 预防为主，居安思危

要贯彻预防为主的思想，树立常备不懈的观念，经常性地做好应对突发公共事件的思想准备、预案准备、机制准备和工作准备。要重点建立健全信息报告体系、科学决策体系、防灾救灾体系和恢复重建体系。要做到具体问题具体分析，根据自然灾害种类、特点及应急技术的变化不断更新应急预案，与时俱进（陶振，2013）。要建立健全应急处置专业队伍，加强专业队伍和志愿者队伍的培训工作，做好对广大人民群众的宣传教育工作，并定期进行演练、演习，关注预案的实战效果。要加强公共安全的科学研究，采用先进的预测、预警、预防和应急处置技术，提高预防和应对突发公共事件的科技水平。

二　自然灾害应急预案编制的注意事项

第一，自然灾害应急预案的编制要符合应急管理相关工作制度与法律。预案编制要依据已有的工作制度与运行机制，充分发挥中国的制度优势，完善自然灾害应急管理体制、机制建设，并以现有法律为依据，通过自然灾害应急预案编制，努力使自然灾害应急处置法治化、规范化，并不断促进法律法规完善。

第二，重视自然灾害应急预案修订工作。自然灾害应急预案建设不是一个一成不变的过程。随着时代的发展，各种自然灾害观测、预警、处置技术不断进步，自然灾害种类和特点也不断复杂多样，因此自然灾害应急预案的修订至关重要。只有对自然灾害应急预案进行持续优化和动态管理，使自然灾害应急预案适应客观情况的变化和特点，才能减少自然灾害造成的人员伤亡和危害。同时应加强自然灾害应急预案演练，通过多种形式的演练活动，发现预案中存在的不足，并及时修订改正，实现自然灾害应急预案的动态管理。

第三，自然灾害应急预案的编制与修订工作需要多方参与。由于自然灾害危险性大、涉及范围广，因此自然灾害的应急响应需要各方协调联动。为提升自然灾害应急预案的科学性与应急救援过程中各部门的有效参与度，在编制时需要多方参与。根据突发事件处置的要求，通常参与自然灾害应急预案编制的部门主要有应急管理部门、消防部门、公安部门、医疗急救部门、非政府组织等。通过参与自然灾害应急预案的编制，各部门能明确自己在应急救援过程中的职责，有利于自然灾害应急预案的实施。

第四，深化事故风险分析与评估。事故风险分析与评估是自然灾害应急预案编制的基础，各地区应根据本地区的气候特性、环境特点、产业结构特性等开展针对性的风险分析，如防汛、旱灾、森林火灾、地震、地质灾害等通用性事件类型。根据地区不同，新疆、内蒙古等高寒地区还应特别注意雪灾、沙尘暴等地区代表性事件。风险评估过程中，应掌握自然灾害可能发生的过程、性质、机理、严重程度、可控性、影响范围等因素，运用风险分析方法对风险逐一进行评估，构建危险辨识全面、风险分析客观的结构体系。

第五，保障自然灾害应急预案的衔接性、针对性、可操作性。在确定自然灾害应急预案编制对象的基础上，首先，实现程序、操作上的有机衔接。其次，在具体的表达上，实现部门职责、内容、程序上的有机衔接。对于跨区域、跨部门联动，还应保证联动措施具体，联动过程及时、迅速、可行、有效。必须将事故风险分析与评价得到的信息结果融入自然灾害应急预案的内容中，提高应急预案的可操作性。

第六，自然灾害应急预案的表达应文字简练，图表直观。自然灾害应急预案中的应急响应等流程尽量通过图表再次说明，以便应急人员更好地理解，同时，能够提高应急反应能力及应急效率。

三 自然灾害应急预案的编制方法

（一）模板法

模板法是一种被广泛采用的预案编制方法。对于没有预案编制经验的部门来说，此方法可以避免走弯路。应急预案编制模板是政府应急管理权威部门制定和发布的,规定应急预案基本结构和主要内容的框架性工具,是经过反复研究敲定、多次实践证明、能够代表突发事件应急处置标准程序和正确途径的指导性文件。

模板法是基于应急预案模板,按照规定的结构和内容的编制要求与做法,制定本部门(单位)应急预案的方法。这种方法的优点有以下几点。第一,它不会遗漏或忽略应急处置的重要环节和内容,也不会出现程序性错误。第二,它规定的每一项内容都有指导性或提示性导语,对具体的内涵做了要求和概述,编制者可以准确无误地填写,不会偏离方向。第三,它为预案的规范化提供了保障,便于预案管理。从国务院办公厅发布的《省(区、市)人民政府突发公共事件总体应急预案框架指南》中,我们可以清晰地看到这些显而易见的优点。应急管理部颁布的《危险化学品单位事故应急预案编制通则》也具有同等的功效。

必须指出的是应急预案编制模板只是指导性文件,多数只有做什么的内容,没有如何做的内容,许多工作必须由编制者结合实际按照规范认真分析研究,不能有丝毫的忽略和敷衍。比如,风险评估、资源保障、培训演练等各个环节的细节都不能忽视,都要经过严密的分析研究确定。

更需要说明的是,由于模板法依据的是模板,那么模板的科学性就直接决定编制出的预案的科学性。有的预案模板本身就有诸多瑕疵或漏洞,如果编制者没有丰富的经验,就会在盲从中犯错误。因此,只有认真研究应急管理的理论和实践,总结本单位突发事件应对处置的经验教训,学习和借鉴国内外突发事件应急响应中的成功做法,才能编制出科学、适用的应急预案。

(二)比照法

由于中国目前发布的突发事件应急预案模板适用面较窄,很多人在预案编制中不得不采用比照法。具体做法是拿一本同类的应急预案作为参照，框架不变或做部分修改，内容可用的基本不变，不可用的自己重新写，最后形成与原预案基本一致的预案。在中国应急预案体系形成初期，以这种方法编制出来的预案占相当大的比例。

比照法的优点是将他人的预案作为模板和范例，使用起来简单、省力，但容易落入照搬或模仿的窠臼；况且如果选取的参照预案本身编写得不好，所编制的预案就可能是低水平仿制。所以，用比照法编制预案，在学习完善的同时重点在于突破和创新，这样才能真正编制出符合应急需求的预案。

(三) 进度控制管理方法

进度控制管理理论是采用科学的方法确定进度目标，编制进度与资源供应计划，并在协调质量、安全等目标的同时实施进度控制，实现组织的预期目标。进度控制管理方法的特点有两个。第一，改变传统编制方法繁杂、冗长的缺点，应急人员可以快速获取关键信息；第二，使各个应急任务之间有机结合，提高应急处置效率。

进度控制管理方法编制应急预案的基本流程包括以下三点。第一，成立应急组织机构。应急组织机构是应急预案的执行主体，将应急预案的内容付诸实施是其最重要的职责，故必须把组建应急组织机构作为编制应急预案的开端。第二，分析应急响应的过程。将自然灾害应急响应工作看成一个项目，对响应程序和响应行动进行解构与分析，明确实施过程中的细节及各响应主体的职责，使职责与主体对应，实现自然灾害应急预案的可执行性。第三，编制进度计划并进行动态控制管理，即进行自然灾害应急预案的文本编制并对响应过程进行控制优化。根据自然灾害的强度和发展特点，利用模型分析自然灾害的发展态势，从而进行进度控制和资源调配，提升自然灾害应急预案的弹性和效率。

（四）情景分析法

情景分析法是通过设置一系列假设并不断对所设置的假设进行布置，最终形成相应结论的方法。通过改变不同的情景假设，预测在不同假设下自然灾害可能造成的人员伤亡与危害。情景分析法的优点是可以在情景模拟过程中总结出应对自然灾害的措施，并改善应急处置与救援中的不当行为（黄毅宇和李响，2011）。基于情景分析法的应急预案编制流程如图6-5所示。

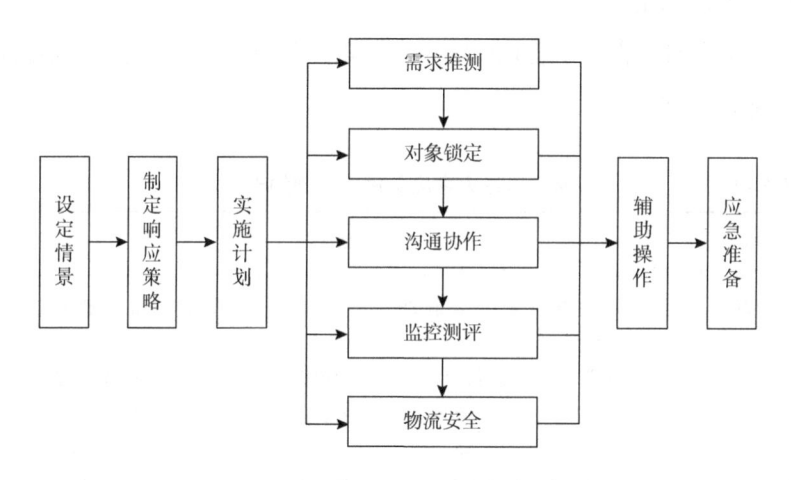

图6-5 基于情景分析法的应急预案编制流程

四 自然灾害应急预案的编制过程

（一）准备阶段

1. 成立预案编制工作组

无论是各级政府还是企事业单位和基层组织，在编写自然灾害应急预案时，首先要成立预案编制工作组。自然灾害应急预案编制是一个复杂的系统工程，需要预案编制工作组成员的精诚合作，既要使所有成员配合良好，又要使每一个人都能最大限度地发挥作用。因此，预案编制工作组的成立与磨合，是自然灾害应急预案编制成功的前提。

预案编制工作组一般包括一位组长、两位副组长、若干工作小组。组长原则上由能参加编制全过程的政府最高负责人出任，负责编制的全面工作，协调各参与部门。副组长中，一位可由应急部门（编制总体预案时）或突发事件牵头部门（编制专项预案时）的代表出任，负责编制的业务管理；另一位可由自然灾害应急预案编制专家出任，负责编制的技术性工作。工作小组则一般分为编写组、资料信息组和管理保障组等。

根据自然灾害应急管理的需要，通常参与自然灾害应急预案编制的部门见表6-5。

表6-5　　　　　　　参与自然灾害应急预案编制的部门

部门	具体成员
领导部门	政府总体应急预案编制的牵头部门、某类突发事件应对的主责部门
参与部门	应急管理、消防救援、公安、卫生健康、生态环境、民政、市政、交通运输、电力、通信、新闻宣传、红十字会、地方驻军、武警等
相关部门	下级行政部门、大型企事业单位、志愿者组织、幼儿园、福利院、特殊仓库等

2. 准备资料

编制自然灾害应急预案前，需要全面收集法律法规、关系预案、编写指导文件等相关资料并进行分析，为后期预案编制奠定基础。

（1）法律法规

自然灾害应急预案的编制要符合相关法律法规和政策文件的要求。资料信息组应根据自然灾害应急预案涉及的管辖范围和管理对象，收集与应急准备和应急响应相关的法律法规和政策文件。一般情况下，《中华人民共和国突发事件应对法》是地方政府制定自然灾害应急预案的依据，国家和上级政府、主管部门的应急管理方面的法律法规是企事业单位与基层组织制定自然灾害应急预案的法律依据。

（2）相关预案

相关预案是指与待编写的预案有联系的上级部门预案、横向相关部门的预案、系统内的上下级预案。在自然灾害应急处置过程中，往往需要多部门协调、配合、合作，为了保证预案的衔接性，需要将相关预案收集过来分析参考。

（3）编写指导文件和模板

为了保证应急预案质量，政府常常颁布预案编写的指导文件，原则上各级地方政府和企事业单位应该按照这些文件要求的格式和方法编写预案，如2004年5月国务院办公厅印发的《省（区、市）人民政府突发公共事件总体应急预案框架指南》等。此外，比这些文件更具体的是应急预案的编制模板。编制模板确定了自然灾害应急预案的形式和内容，编制人员只要按照操作程序和方法编写即可。

3. 人员培训

编写人员到位以后，要为预案编写人员做好知识和技能培训。培训的内容见表6-6。

表6-6　　　　　　　　预案编制人员培训内容

培训内容	具体措施
法律法规	熟悉和掌握预案编制所涉及的相关法律法规的内容，特别是关键点描述，确保编写出的预案符合法律法规和政策要求
预案编写方法	学习预案的理论、预案的构成、编写预案的指导文件和模板、编写工作的方法和程序
形势认识	分析并认识全国、当地的公共安全形势，了解具有典型性的自然灾害突发事件响应的案例以及重要的经验教训，认识预案编制的重要性

(二) 编制阶段

自然灾害应急预案编制过程一般由五个步骤构成，如图 6-6 所示，每一个步骤都有相对固定的内容。对于不同类型的自然灾害应急预案，这些步骤可以根据需要做适当调整。

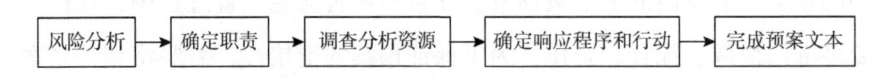

风险分析 → 确定职责 → 调查分析资源 → 确定响应程序和行动 → 完成预案文本

图 6-6　自然灾害应急预案编制步骤

1. 风险分析

风险分析是识别并描述本行政区域或本单位内的风险及其可能的影响。其目的是确定辖区或单位存在哪些自然灾害，针对自然灾害的特点识别其危害因素，分析其可能产生的直接后果以及次生、衍生后果，评估各种后果的危害程度，提出控制风险治理隐患的措施。

（1）风险分析的任务

风险分析的任务有以下六项，如图 6-7 所示。

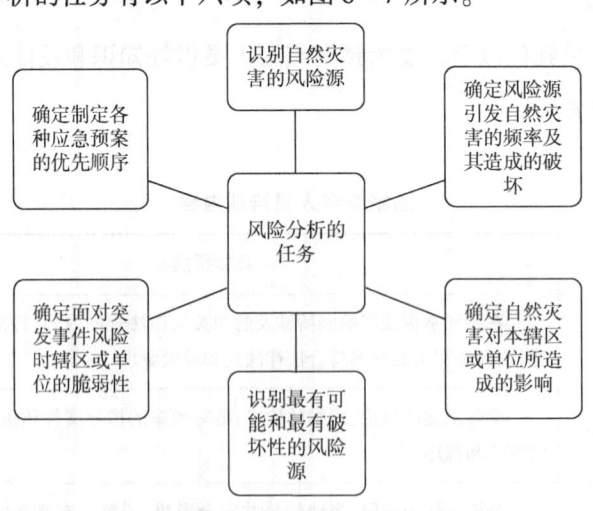

风险分析的任务：
- 识别自然灾害的风险源
- 确定风险源引发自然灾害的频率及其造成的破坏
- 确定自然灾害对本辖区或单位所造成的影响
- 识别最有可能和最有破坏性的风险源
- 确定面对突发事件风险时辖区或单位的脆弱性
- 确定制定各种应急预案的优先顺序

图 6-7　风险分析的任务

第六章　自然灾害应急预案

（2）风险分析的步骤

风险分析通常采用五步法，即识别风险、描述风险、描述辖区关键要素、脆弱性分析、情景设置五个步骤，如图 6-8 所示。

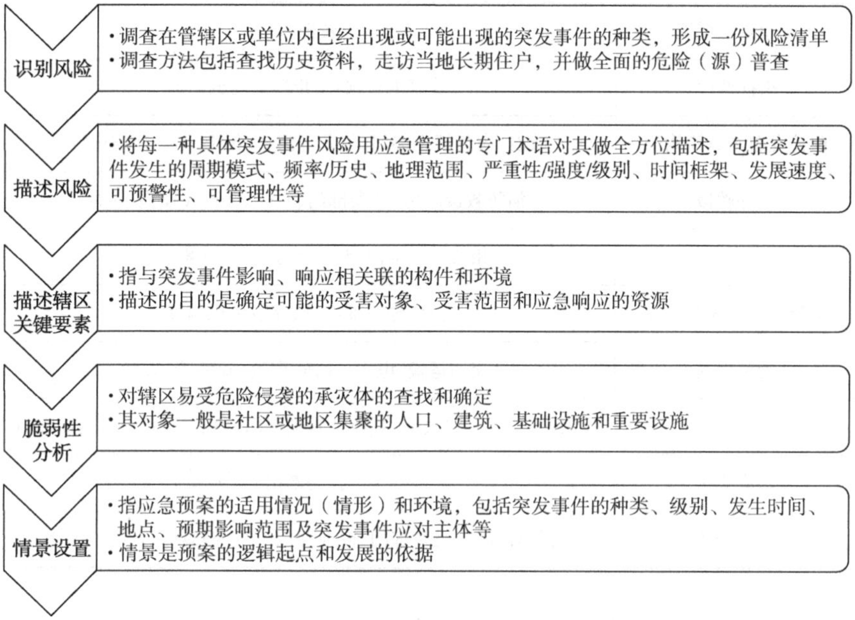

识别风险	·调查在管辖区或单位内已经出现或可能出现的突发事件的种类，形成一份风险清单 ·调查方法包括查找历史资料，走访当地长期住户，并做全面的危险（源）普查
描述风险	·将每一种具体突发事件风险用应急管理的专门术语对其做全方位描述，包括突发事件发生的周期模式、频率/历史、地理范围、严重性/强度/级别、时间框架、发展速度、可预警性、可管理性等
描述辖区关键要素	·指与突发事件影响、响应相关联的构件和环境 ·描述的目的是确定可能的受害对象、受害范围和应急响应的资源
脆弱性分析	·对辖区易受危险侵袭的承灾体的查找和确定 ·其对象一般是社区或地区集聚的人口、建筑、基础设施和重要设施
情景设置	·指应急预案的适用情况（情形）和环境，包括突发事件的种类、级别、发生时间、地点、预期影响范围及突发事件应对主体等 ·情景是预案的逻辑起点和发展的依据

图 6-8　风险分析五步法

其中，情景设置的主要内容包括事件、事件规模、事件影响，常用方法有案例分析法、演练补充法和头脑风暴法等，一般采用最多的是案例分析法。具体做法是选择某一种突发事件的若干案例，特别是本地区发生过的或相似地区发生过的案例，以时间为主线总结、描绘出其进程的各个情节及影响，通过综合这些情节和影响勾画出一场灾害的全景图；以该全景图为蓝图，结合本辖区情况，制定出本预案的情景。

2. 确定职责

确定职责是指根据现行的应急管理体制，确定在设定的突发事件应急响应过程中的责任人（部门、组织）和具体职责。根据突发事件应急响应需要，一般情况下，参与自然灾害应急处置的责任人及具体职责见表6-7。

表6-7　自然灾害应急响应职责与责任人的对应关系

应急响应职责	责任人
指挥调度	政府主要领导、指挥部构成人员
预警发布与风险沟通	政府、应急管理部门、气象部门、宣传部门、新闻媒体等
搜寻救援	消防救援队伍、公安部门、专业队伍、武警、军队等
灾情控制	相关专业部门、消防救援队伍、武警、军队
救死扶伤与灾后防疫	卫生健康部门、医疗卫生机构等
抢险保通	交通运输、电力、通信、市政、武警、军队等
后勤保障	发展改革部门、财政部门、应急管理部门、商业部门、交通运输部门
治安维护	公安部门
灾民安置	应急管理部门、民政部门、商业部门、卫生健康部门、红十字会等

根据自然灾害类型不同，责任人要对上述对应关系进行相应的调整。需要注意的是，所有部门都明确职责与任务，且要注意职责下的任务不能重叠。

3. 调查分析资源

调查分析并确定所需要的应急响应资源，提升处置突发事件的应急能力。调查分析的主要内容有三个。一是有效应对自然灾害需要哪些资源，所需数量是多少；二是目前本辖区或者本单位拥有哪些资源；三是当前所用的资源是否满足有效应对自然灾害的需求，资源现状是短缺还是过剩。

一般而言，自然灾害应急资源普查分类见表6-8，而获取所需资源的途径见表6-9。

表6-8 自然灾害应急资源普查分类

资源形式	具体内容
储备（现货）	可直接调用的资源、紧急需求的资源、保质期相对较长的资源应该以储备为主
征集（含征用和采购）	社会可用资源，但可能存在征集不到需要的数量、品种和规格问题，在计算时应该留有一定余地，通用的物资和装备可以考虑这种形式
紧急生产	需求数量大、无法完全通过储备和征集获得的资源，但形成资源需要一定的周期，对于非紧急需要的资源或非常用的资源可以考虑该形式，在计算的时候应该标明形成可用资源的时间周期

表6-9 自然灾害应急资源获取途径

获取途径	内容	占总需求量比重
自己准备	各级政府和企事业单位都应该常年准备一定量的主要应急资源，在财政预算和单位开支中要保证恰当的比例用于购买、储备	保证一级响应时资源需求量的50%左右
申请上级政府调拨	每年中央财政和地方财政都要拨专款用于准备应急资源，比如应急管理部门的救灾物资储备、水利部的防汛抗旱物资储备都有一定的规模。地方受灾时可以申请上级政府支持	
租借、征用	对应急救援的许多装备特别是通用装备来说，购买不如租借和征用，从而做到少花钱、多办事。为了保证在应急响应时能真正得到这些资源，应该提前与资源的所有人确定租借协议，议定租借条件和费用	一般应该占总需求量的20%左右
民间捐赠	这是一种值得提倡但不能依靠的方式，因为不确定性很强，会增加应急救援的风险	

4. 确定响应程序和行动

这是自然灾害应急预案最关键的环节。在预案编制工作中，该步骤最具有研究内涵和价值。

明确某个自然灾害的发生和演化机理，有利于确定该自然灾害的应急响应程序。设计应急响应程序应在参考各类突发事件的一般响应程序的基础上，收集一定量的同类突发事件案例，仔细分析研究其发生发展的规律，探讨和学习人类应对它们的经验教训，特别是导致人身伤亡和重大损失的原因。同时，结合本地区的环境、人文、经济、灾害应对手段等，设计出尽可能科学适用的响应程序。其设计流程如图6-9所示。

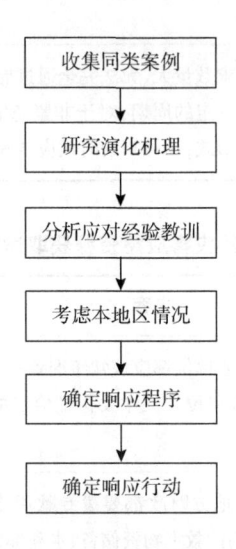

```
收集同类案例
    ↓
研究演化机理
    ↓
分析应对经验教训
    ↓
考虑本地区情况
    ↓
确定响应程序
    ↓
确定响应行动
```

图6-9 应急响应程序设计流程

在确定一个环节的若干个响应行动之后，要对每一个行动做实践性安排，使之真正确定和落实。一个简便的方法是"七步提问法"，如图6-10所示。

通过对这些问题的解答，将一个行动的完整信息呈现出来，按此设计行动的全部细节。

设计应急响应程序和行动时，还要注意以下三个方面的问题：一是应急响应程序和行动要经过严格审查；二是正确理解和设计"先期处置"与"事态控制"；三是确保重要政府功能和服务的连续性。

第六章 自然灾害应急预案

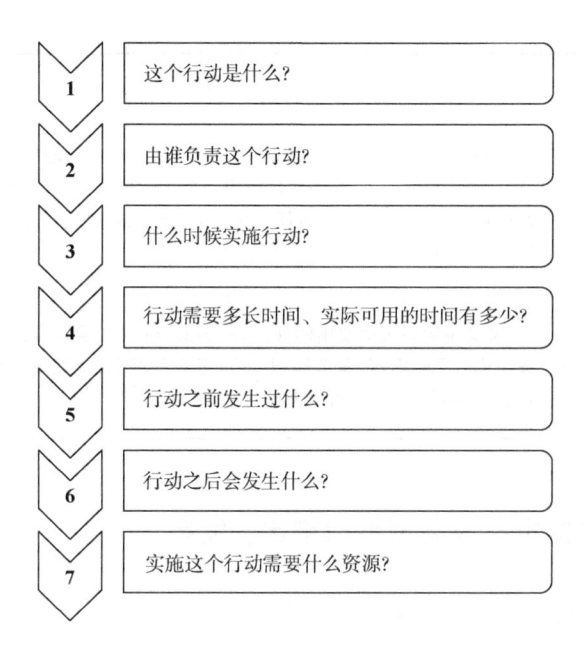

1. 这个行动是什么？
2. 由谁负责这个行动？
3. 什么时候实施行动？
4. 行动需要多长时间、实际可用的时间有多少？
5. 行动之前发生过什么？
6. 行动之后会发生什么？
7. 实施这个行动需要什么资源？

图 6-10　七步提问法

5. 完成预案文本

根据前四个步骤，写出预案文本。自然灾害应急预案的编制必须基于风险分析结果、应急资源调查结果以及法律法规要求。此外，自然灾害应急预案编制应充分收集参考相关预案，在保证与其他应急预案协调一致的同时避免应急预案的重复和交叉，具体技术要求见表 6-10。

表 6-10　　　　　　　自然灾害应急预案编制技术要求

技术要求	内容
内容合法化	严格依从编制依据部分列举的法律法规，同时要与已经公布实施的上级政府的、平级政府的和本级政府的其他应急预案相衔接，避免职责和行动的矛盾、重复和交叉
形式规范化	根据标准格式，合理组织预案的章节，保证预案要素完整，内容无缺失，各章节及其组成部分在内容上相互衔接，无脱节与错位，所有附件完整

续表

技术要求	内容
语言标准化	所用语言要明确、清晰,句子要短,少用修饰语和缩略语,尽量采取与上级机构一致的格式与术语,不常用的术语要加注解。要特别检查无主语的句子,避免相关任务主体缺失,责任不明。重要的内容要列清单,操作性的内容要以图、表的方式说明
使用方便化	预案文本应该考虑使用的便利性,为此,可以在编写方式上增加使用指南,在印刷时不同内容(章节)使用不同颜色的纸张,让使用者更容易找到他们所需要的部分,必要时可以考虑出版简写本

五 自然灾害应急预案的审定、发布

（一）自然灾害应急预案的审定

自然灾害应急预案的审定是将编制完成的预案文本经过特定的程序进行把关和敲定的过程。中国各级政府颁布的应急预案管理办法，几乎都要求自然灾害应急预案在备案和发布之前必须经过审定程序。

1. 审定的内容

根据《突发事件应急预案管理办法》（国办发〔2013〕101号），自然灾害应急预案审核内容主要包括预案是否符合有关法律、行政法规，是否与有关应急预案进行了衔接，各方面意见是否一致，主体内容是否完备，责任分工是否合理明确，应急响应级别设计是否合理，应对措施是否具体简明、管用可行等。

2. 审定的方法

自然灾害应急预案审定的一般方法是内部评审、外部评审、聘请专家组审定、委托社会专门的独立预案评估机构审定和广泛征求意见，具体见表6-11。

表 6-11 自然灾害应急预案审定方法

评审方法	主体	内容
内部评审	预案编制工作组成员	初稿完成后,预案编制成员应对预案进行内容和语言的审查,确保内容和语言完整、规范,形式符合要求
外部评审	上级和同级部门	主要关注预案中相关负责人和应急职能部门对预案中所需资源做出的安排与承诺,确保预案被各部门接受
专家组评审	预案编制专家、应急处置专家、相关行业技术专家和行政管理官员	专家原则上不少于7人。评审会举行前一周左右,应该将评审的预案和编制说明等必要材料送到专家手里,以便他们有足够的时间研读、审阅。评审会以答辩形式举行,预案编制工作组相关负责人员要逐条回答专家的提问,确定下来的问题要认真记录,经正式程序修改、订正。为了保障评审的充分、顺利,评审会不要限制时间,编制工作组的主要成员都要参加全过程,明确专家指出的问题便于修改预案。专家评审后应形成《预案评审意见书》,提出对预案的总体评价和修改方向。专家提出的问题和修改记录要作为预案编制文件存档
独立机构评审	有资质的独立预案评估机构	该方法的评估过程比较复杂、冗长,花费也更多,但评估方拥有应急预案评估完整的指标体系,结果更加科学、可靠。评估机构除了审定上述几个方面的内容外,还要对预案编制的过程进行审查,主要是查看预案编制记录和工作通报。更重要的是,对于预案中确定的响应程序、响应行动、应急资源等重要内容,评估方要到相关单位实地调查、确认。对于预案的每一项内容,评估方都要分解为若干细节(指标),按既定的程序考查后给出分值。最后,评估方将给预案一个全面、准确、详细的评价报告。收到报告后,编制方根据评估情况做出修改,之后返回评估方对修改的部分再评估,直至完全合格、通过。评估的过程可能需要数周甚至更长时间
其他形式评审	民众	有的政府和部门在预案编制或评审环节也会将预案草稿印发相关单位或网上公开征求意见,这些也是行之有效且必要的做法。这些意见和建议收集起来以后,由预案编制工作人员集中整理,分析采纳

(二) 自然灾害应急预案的发布与备案

1. 自然灾害应急预案的发布

自然灾害应急预案的发布是预案的责任主体机关或它的主管部门对应急预案的批准、公布和宣布生效的法律程序。有的单位制定了自然灾害应急预案,但没有履行发布程序,从法律意义上讲,它没有发生效力。对于政府应急预案应该按照《突发事件应急预案管理办法》(国办发〔2013〕101号)报送审批和公布;对于生产经营单位应急预案应该按照《生产安全事故应急条例》(国务院令第708号)、《生产安全事故应急预案管理办法》(应急管理部令第2号)要求进行审批和公布。

(1) 发布程序

自然灾害应急预案评审、修订结束后,进入预案的发布程序。根据各地政府关于应急预案发布的规定,一般的发布程序有以下几点。一是制订规范的应急预案文件;二是应急预案责任部门主要负责人会签;三是准备批准材料,一般包括预案正本、编制说明、评审专家组的《预案评审意见书》,以及依据该文件所做的修改说明;四是按行政审批程序上报;五是政府常务会议(企事业单位领导班子)审议;六是主要行政首长(企事业单位主要负责人)签发。

(2) 发布方式

根据编制主体的不同,自然灾害应急预案的发布方式也有所不同,具体如图6-11所示。

2. 自然灾害应急预案的备案

(1) 备案的含义

自然灾害应急预案的备案是按照相关管理制度的要求到指定主管部门将预案存档(备查)的程序,是相关单位履行法律法规要求的应急预案编制和发布责任的一个必要程序。从备案的概念上讲,它对预案本

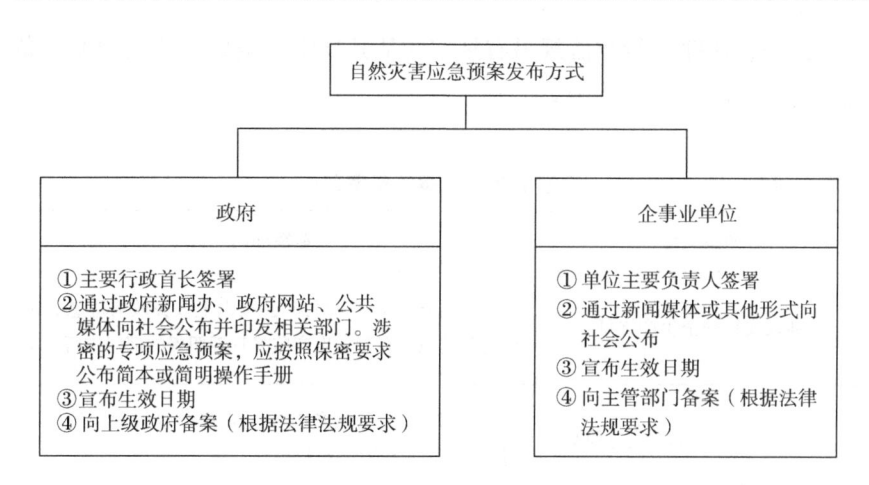

第六章 自然灾害应急预案

```
                  自然灾害应急预案发布方式
                  ┌──────────┴──────────┐
              政府                    企事业单位
  ①主要行政首长签署          ①单位主要负责人签署
  ②通过政府新闻办、政府网站、公共   ②通过新闻媒体或其他形式向
    媒体向社会公布并印发相关部门。涉     社会公布
    密的专项应急预案，应按照保密要求  ③宣布生效日期
    公布简本或简明操作手册         ④向主管部门备案（根据法律
  ③宣布生效日期                  法规要求）
  ④向上级政府备案（根据法律法规要求）
```

图6-11　自然灾害应急预案发布方式

身不具有审查职责，但是，主管部门有权拒绝为自己认为不合要求的预案备案，发回补充材料或修改完善。

(2) 备案部门

自然灾害应急预案备案的部门一般是上级政府或企事业单位的主管部门。依据《突发事件应急预案管理办法》，应急预案审批单位应当在应急预案印发后的20个工作日内依照下列规定向有关单位备案。

地方人民政府自然灾害应急预案的备案部门见表6-12。

表6-12　地方人民政府预案的备案部门

预案类型	备案部门
总体应急预案	报送上一级人民政府备案
专项应急预案	报送上一级人民政府有关主管部门备案
部门应急预案	报送本级人民政府备案
涉及需要与所在地政府联合应急处置的中央单位应急预案	报送所在地县级人民政府备案

此外，法律、行政法规另有规定的从其规定。企事业单位预案的备案单位是主管部门，见表 6-13。

表 6-13　　　　　　　　企事业单位预案的备案部门

预案类型		备案部门
涉及实行安全生产许可		按照分级属地原则，向县级以上人民政府应急管理部门和其他负有安全生产监督管理职责的部门进行备案
中央管理的企业	总部的应急预案	报国务院主管的负有安全生产监督管理职责的部门备案，并抄送应急管理部
	所属单位的应急预案	报所在地的省、自治区、直辖市或者设区的市级人民政府主管的负有安全生产监督管理职责的部门备案，并抄送同级人民政府应急管理部门

第三节　自然灾害应急预案的动态管理

从自然灾害应急预案公布的那一刻起，就进入了预案的实施阶段。自然灾害应急预案的管理是动态的、持续改进的过程。本节通过介绍自然灾害应急预案的实施、演练与修订过程，系统地描述自然灾害应急预案整个动态管理过程。首先，自然灾害应急预案必须定期做全面的评估和修订。各级政府都应该规定主要预案的全面评估和修订周期。其次，在经过灾害启动响应、经过演练发现问题、周边环境发生重大改变（修建重要建筑物、生命线工程、化工厂、水库等）等情况后，都要及时修订。再次，在应急组织机构或运行机制发生变化，或者重要责任人更迭，也要及时修订。最后，在国家和地方颁布或修订法律法规影响预案内容的时候，要立即按照新修订的法律法规的要求进行修订。

一 自然灾害应急预案的实施

自然灾害应急预案的实施是做好响应启动的各项准备工作的环节。它包括宣传、教育与培训，落实应急响应体制和机制，落实应急资源，启动响应等各项内容。

（一）宣传、教育与培训

自然灾害应急预案的宣传、教育与培训是使预案被受众了解、掌握并具备实施能力的重要环节。

1. 宣传

（1）宣传的对象

自然灾害应急预案宣传教育的对象是该预案的特定受众，即与预案相关的所有人员，如图 6–12 所示。

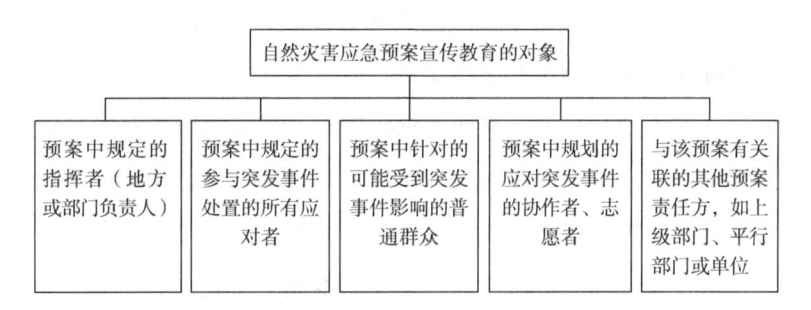

图 6–12　自然灾害应急预案宣传教育的对象

（2）宣传的方式

自然灾害应急预案的宣传教育是一项系统工作，目的是让受众了解该预案的内容，方式上要保证对受众的适用性和普及性。

对于承担指挥责任的官员来说，合适的形式是采取小型会议讨论、辅导；将其职责和响应程序编写成问卷，请他们自己参考预案回答；发预案文本自学；请他们做预案辅导报告。

对于参与突发事件处置的专业人员来说，一般采取集中学习的形式，既要了解自己参与的工作，也要熟悉预案的其他部分。

对于可能受到突发事件影响的普通群众来说，要制作挂图、小册子、传单、音像制品等各类宣传材料，首先，要通过公共媒体进行宣传；其次，要采取挨家挨户发放的方式向受众免费发放；最后，动员中小学生向家长宣传普及。

2. 教育与培训

与宣传不同，教育与培训的重点是让受众掌握应急预案中的操作性程序和技能，一般采取集中培训的方式。培训对象中，最重要的是指挥人员和专业人员。

要培训指挥人员熟悉预案规定的组织指挥体系及其职责，以及指挥与协调、应急响应启动、响应程序和响应行动等全方位、全过程工作程序和方法；培训应急响应专业人员掌握响应程序、操作流程、响应行动需要的资源和技能，以及响应的注意事项，等等。

此外，对于公众来说，要通过宣讲团的方式使他们掌握预警信息的接收、识别与响应，熟悉疏散撤离的路线、方式、场所与危险警示标志，学会自我防护和保护的知识与技能，等等。为了便于公众掌握预案内容，可以针对不同的对象，编写预案简本或应知应会卡等用于培训。

（二）落实应急响应体制和机制

自然灾害应急预案公布之后，突发事件处置的牵头部门和协作部门要确保落实应急响应体制和机制，主要工作包括以下三项。

1. 建立部门配合

根据预案规定的领导机构、指挥机构、行动机构的组成成分（可参看组织体系框架图），各相关部门对号入座，并且与上下（领导与被领导关系）左右（平行关系）部门建立工作联系，保存通信方式、建立联系组，明确各自职责，熟悉合作伙伴与合作方式。

2. 职责细化分配

一个部门根据其在预案中承担的职责，细化为具体环节和任务，在部门内部分配给若干小组和个人，确保所有环节无遗漏、任务无空白，并编制形成部门应急工作手册。

3. 组合运行机制

自然灾害应急预案的机制是为了实现应急响应的某种功能而对相关部门做出的一套工作安排。自然灾害应急预案中规定的机制比较多，有应急联动机制、信息报告与共享机制、预警机制、专家咨询和辅助决策机制、资源征用与补偿机制等。自然灾害应急预案发布后，对确定的响应机制要一一组合，形成其完整结构，以备演练测试其运行表现和功能实现程度。运行机制的组合方法是由应急指挥部负责人召集各种机制的涉及部门，按照实现功能的流程组合起来，形成一个完整的系统。

(三) 落实应急资源

应急资源指突发事件应对处置所需要的全部资源，包括物资、装备、设施、资金、人员（含专家组、专业抢险队伍、群众队伍和志愿者）等。自然灾害应急预案编制过程中，要确定应急响应所需要的各类资源的缺口，在预案实施时要立即补足。

1. 分配资源落实任务

资源落实任务可以按照两种方式分配。

一是按应急响应环节和行动分配。应急响应的所有涉及部门在各个环节履行应急响应时，所需要的资源缺口由本单位负责落实，限期到位（在预案发布后一般不应超过60天）。这些资源可以由政府采购部门全部或部分承担。

二是按保障功能分配。应急响应中承担协作任务的单位，一般都单独或共同负责提供应急响应的某种保障功能，如通信与信息保障、现场救援和工程抢险装备保障、应急队伍保障、交通运输保障、医疗卫生保障、治安保障，等等，其所需要的响应资源在分析中已经明确。资源的缺口由该保障功能的责任人负责，或者统一提交政府解决。承担应急保障工作任务的牵头部门和单位，应组织编制相关保障类应急预案，完善快速反应联动机制。

2. 核查资源到位状况

落实应急资源的任务分配之后，相关部门和单位应该核查资源到位情况。资源核查的内容包括资源的数量与品种、资源的性质与状态等。

（四）启动响应

在接到确实可靠的突发事件发生或即将发生的信息后，预案第一责任人要下令启动响应。

1. 启动响应的条件

启动响应的条件是突发事件即将发生或已经发生。

对于即将发生的情境，根据对危险源或环境、生产流程等的监测监控资料，有明确的证据说明很可能发生突发事件；预案规定的指挥中心迅速实施信息研判，判断突发事件很可能发生，则由预案第一责任人（总指挥）下令启动应急响应。此类响应从预警开始，接着进入人员疏散撤离、安全防护等预防性环节。

对于已经发生的情境，根据监测监控信息和基层上报信息，突发事件已经发生，预案第一责任人要立即下令启动响应。此类响应从疏散撤离和（或）搜寻救援开始，接着进入事态控制等环节。

2. 启动响应的流程

应急响应的启动是一个严肃的法律行为，要在预案实施流程中明确规定，不能留下模糊空间。

第六章 自然灾害应急预案

一般来说，启动应急响应的一般流程如图 6-13 所示。

突发事件信息 → 总指挥决定启动响应 → 指挥中心宣布响应

图 6-13 启动应急响应的流程

每一级响应都必须由预案规定的对应责任主体来宣布；总指挥启动响应的命令要采用书面形式下达并予以存档，也可以通过电话下达，但要保留录音。

国家总体预案的应急响应流程如图 6-14 所示。

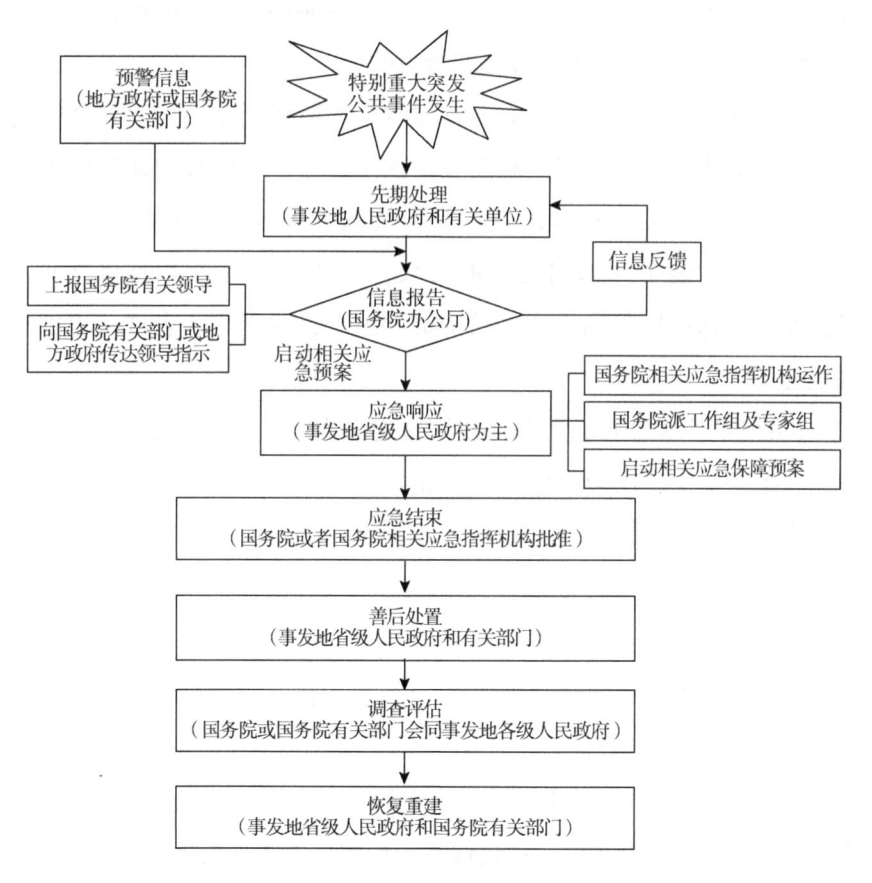

图 6-14 国家总体预案应急响应流程

二 自然灾害应急预案的演练

(一) 演练的概念、目标任务及分类

1. 基本定义

中国应急管理学界没有将演习和演练进行区分，二者常常可相互替代。在2009年9月国务院办公厅发布的《突发事件应急演练指南》中统一规范为"演练"，因此，本书也统一以"演练"称谓。

不同的国家对"演练"有不同的定义。澳大利亚应急管理署（EMA）将演练（exercise）定义为"一种控制的、情景驱动的主要用来训练或评估人员，或检验过程或能力的行动"。

美国国土安全部的定义比较复杂："演练是在无风险的环境下，用以训练、评估、实践和改进在预防、保护、应对和恢复能力方面表现的一种手段。它可以被用来检查和验证政策、方案（预案）、程序、训练、装备和部门之间的协议；澄清和训练人员的角色和责任；改进跨部门协作和沟通；摸清资源缺口；改进个人表现；识别改进机会。"

《突发事件应急演练指南》将演练定义为："各级人民政府及其部门、企事业单位、社会团体等组织相关单位及人员，依据有关应急预案，模拟应对突发事件的活动。"

2. 应急演练的目的与目标

（1）演练的目的

依据《突发事件应急演练指南》，演练的目的如图6-15所示。

（2）演练的具体目标

根据图6-15，参照中国各类预案的共性，确定演练目标为检验应急响应启动；对公众预警；通信联系；指挥、协调与控制；突发事件响应中的公共信息发布；损失评估；卫生与医疗行动；特殊人群帮助；公

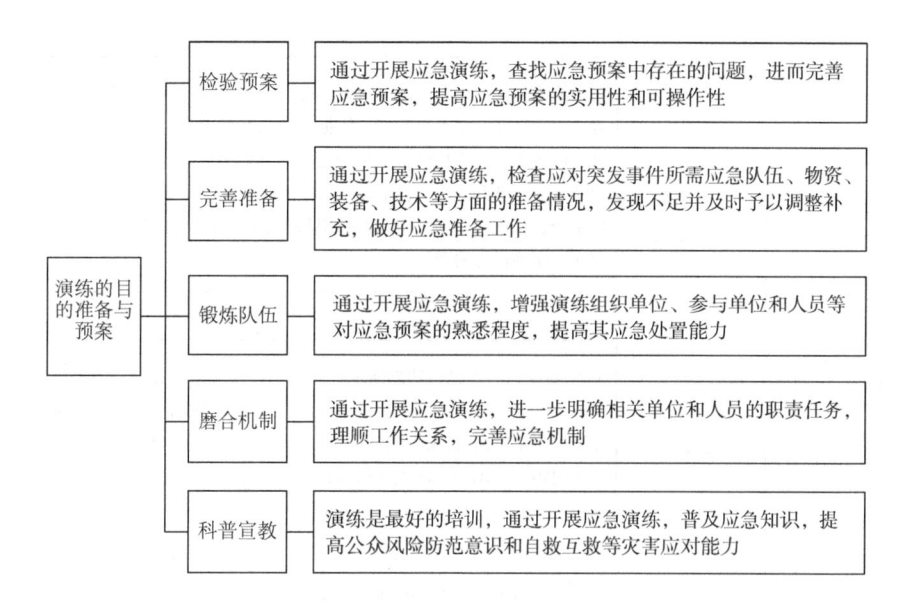

```
                    ┌──────────┬─────────────────────────────────────────┐
                    │ 检验预案 │ 通过开展应急演练，查找应急预案中存在的问题，进而完善 │
                    │          │ 应急预案，提高应急预案的实用性和可操作性           │
                    ├──────────┼─────────────────────────────────────────┤
                    │ 完善准备 │ 通过开展应急演练，检查应对突发事件所需应急队伍、物资、│
                    │          │ 装备、技术等方面的准备情况，发现不足并及时予以调整补│
                    │          │ 充，做好应急准备工作                               │
   演练的目的准备与  ├──────────┼─────────────────────────────────────────┤
   预案             │ 锻炼队伍 │ 通过开展应急演练，增强演练组织单位、参与单位和人员等│
                    │          │ 对应急预案的熟悉程度，提高其应急处置能力           │
                    ├──────────┼─────────────────────────────────────────┤
                    │ 磨合机制 │ 通过开展应急演练，进一步明确相关单位和人员的职责任务，│
                    │          │ 理顺工作关系，完善应急机制                         │
                    ├──────────┼─────────────────────────────────────────┤
                    │ 科普宣教 │ 演练是最好的培训，通过开展应急演练，普及应急知识，提│
                    │          │ 高公众风险防范意识和自救互救等灾害应对能力         │
                    └──────────┴─────────────────────────────────────────┘
```

图 6 -15　应急演练的目的

共治安维持；公共事业与公共工程运转；交通运输的畅通；资源管理；政府连续性。其他演练目的则根据预案的内容确定。

3. 演练类型

举行演练时，首先要确定演练的类型。应急演练依照不同的划分方法，有以下三种分类方式（见表 6 -14）。

表 6 -14　　　　　　　　　应急演练划分方式

按组织形式划分	按内容划分	按目的和作用划分
桌面应急演练 实战应急演练	单项应急演练 综合应急演练	检验性应急演练 示范性应急演练 研究性应急演练

综合国内外常用的应急演练类型，按照从简单到复杂的递进关系将其分为以下三种，如图 6 -16 所示。

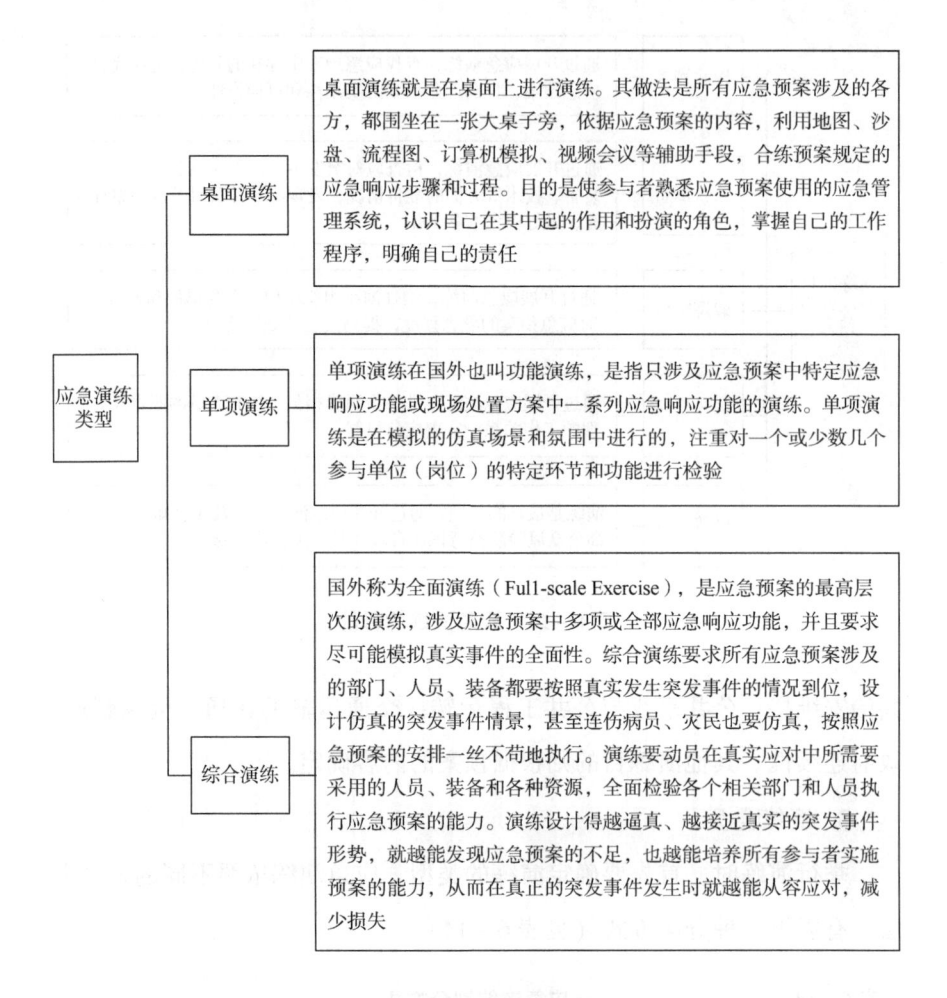

应急演练类型	桌面演练	桌面演练就是在桌面上进行演练。其做法是所有应急预案涉及的各方，都围坐在一张大桌子旁，依据应急预案的内容，利用地图、沙盘、流程图、计算机模拟、视频会议等辅助手段，合练预案规定的应急响应步骤和过程。目的是使参与者熟悉应急预案使用的应急管理系统，认识自己在其中起的作用和扮演的角色，掌握自己的工作程序，明确自己的责任
	单项演练	单项演练在国外也叫功能演练，是指只涉及应急预案中特定应急响应功能或现场处置方案中一系列应急响应功能的演练。单项演练是在模拟的仿真场景和氛围中进行的，注重对一个或少数几个参与单位（岗位）的特定环节和功能进行检验
	综合演练	国外称为全面演练（Full-scale Exercise），是应急预案的最高层次的演练，涉及应急预案中多项或全部应急响应功能，并且要求尽可能模拟真实事件的全面性。综合演练要求所有应急预案涉及的部门、人员、装备都要按照真实发生突发事件的情况到位，设计仿真的突发事件情景，甚至连伤病员、灾民也要仿真，按照应急预案的安排一丝不苟地执行。演练要动员在真实应对中所需要采用的人员、装备和各种资源，全面检验各个相关部门和人员执行应急预案的能力。演练设计得越逼真、越接近真实的突发事件形势，就越能发现应急预案的不足，也越能培养所有参与者实施预案的能力，从而在真正的突发事件发生时就越能从容应对，减少损失

图 6-16　常见应急演练类型

根据以上不同类型演练的目的和功能，各级政府和企事业单位应制订演练规划，确定循序渐进的演练周期和具体安排。中央政府提出的演练规划原则是"先单项后综合、先桌面后实战、循序渐进、时空有序"，具有科学性和指导性。地方政府根据当地公共安全形势和应急准备状况，确定自己的演练规划。

第六章　自然灾害应急预案

(二) 演练准备

1. 组织准备

组织准备的主要任务是成立计划、组织和实施演练的所有机构，并确定其职责和任务。演练的组织机构通常包括指挥机构—领导小组管理实施机构—策划部、保障部、参演部，如图6-17所示。

```
                    ┌─────────────┐
                    │  指挥机构    │
                    └──────┬──────┘
                           │
                ┌──────────┴──────────┐
                │ 领导小组管理实施机构 │
                └──────────┬──────────┘
                           │
          ┌────────────────┼────────────────┐
          │                │                │
      ┌───┴───┐        ┌───┴───┐        ┌───┴───┐
      │ 策划部 │        │ 保障部 │        │ 参演部 │
      └───────┘        └───────┘        └───────┘
```

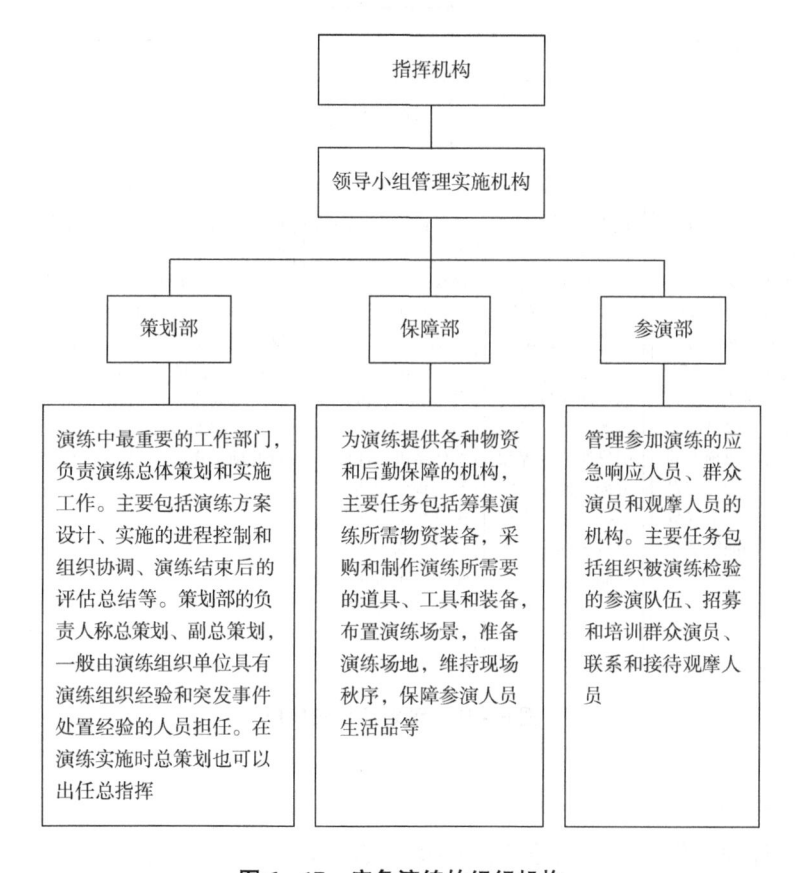

策划部	保障部	参演部
演练中最重要的工作部门，负责演练总体策划和实施工作。主要包括演练方案设计、实施的进程控制和组织协调、演练结束后的评估总结等。策划部的负责人称总策划、副总策划，一般由演练组织单位具有演练组织经验和突发事件处置经验的人员担任。在演练实施时总策划也可以出任总指挥	为演练提供各种物资和后勤保障的机构，主要任务包括筹集演练所需物资装备，采购和制作演练所需要的道具、工具和装备，布置演练场景，准备演练场地，维持现场秩序，保障参演人员生活品等	管理参加演练的应急响应人员、群众演员和观摩人员的机构。主要任务包括组织被演练检验的参演队伍、招募和培训群众演员、联系和接待观摩人员

图6-17　应急演练的组织机构

其中，领导小组由预案牵头单位和协作单位的负责人组成，负责应急演练活动全过程的组织领导工作，决定演练的重大事项。组长一般由牵头单位或其上级单位的负责人担任；副组长一般由演练组织单位或主要协作单位负责人担任；小组成员一般由演练参与单位负责人组成。普遍做法是在演练实施阶段，通常由领导小组组长、副组长分别担任总指挥和副总指挥。

策划部为了工作方便，可以设置以下机构，如图6-18所示。

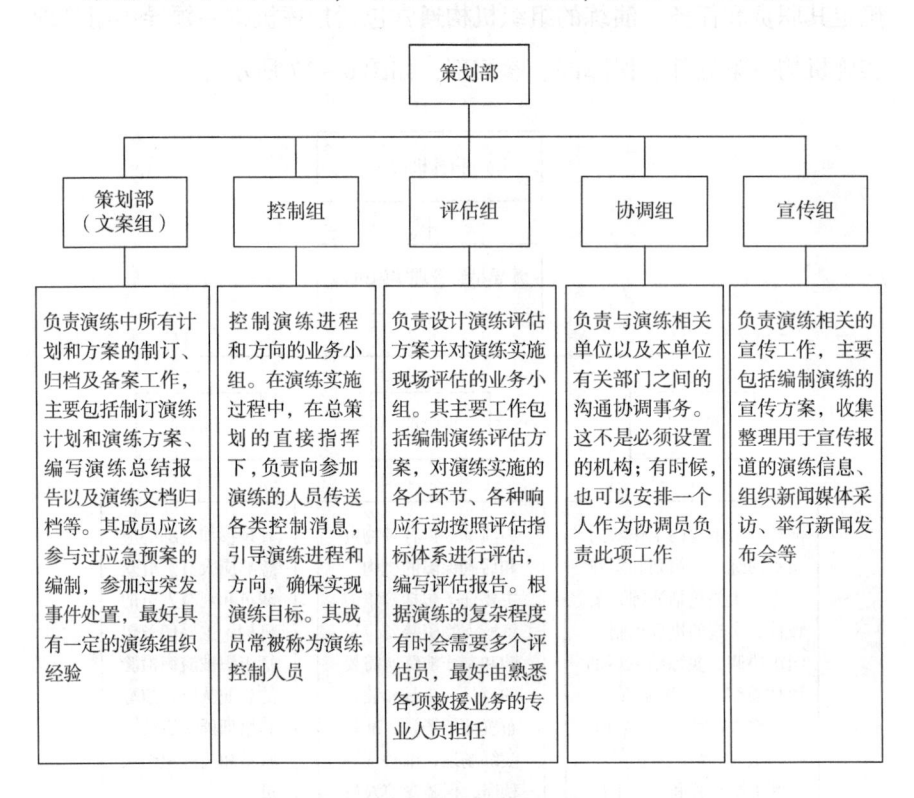

```
                            策划部
                              │
    ┌─────────┬─────────┬─────────┬─────────┐
  策划部      控制组     评估组     协调组     宣传组
 （文案组）
```

策划部（文案组）	控制组	评估组	协调组	宣传组
负责演练中所有计划和方案的制订、归档及备案工作，主要包括制订演练计划和演练方案、编写演练总结报告以及演练文档归档等。其成员应该参与过应急预案的编制，参加过突发事件处置，最好具有一定的演练组织经验	控制演练进程和方向的业务小组。在演练实施过程中，在总策划的直接指挥下，负责向参加演练的人员传送各类控制消息，引导演练进程和方向，确保实现演练目标。其成员常被称为演练控制人员	负责设计演练评估方案并对演练实施现场评估的业务小组。其主要工作包括编制演练评估方案，对演练实施的各个环节、各种响应行动按照评估指标体系进行评估，编写评估报告。根据演练的复杂程度有时会需要多个评估员，最好由熟悉各项救援业务的专业人员担任	负责与演练相关单位以及本单位有关部门之间的沟通协调事务。这不是必须设置的机构；有时候，也可以安排一个人作为协调员负责此项工作	负责演练相关的宣传工作，主要包括编制演练的宣传方案，收集整理用于宣传报道的演练信息、组织新闻媒体采访、举行新闻发布会等

图6-18　策划部机构构成

2. 计划准备

计划工作分为三项任务，即编制演练方案、设计演练方案、编写演练方案文件。

（1）编制演练方案

演练方案为此次演习的总体方案，由规划组牵头制订，经企划组审核并报演习领导小组通过。演练的主要内容包括演练目的、检验内容、演练范围、日程安排、经费预算。

(2) 设计演练方案

演练方案是指根据演练计划确定的演练目标和范围，对演练目标、参演单位和人员、假想突发事件情景、序列情景事件、气象条件、应对行动、评价标准、时间进程等制订的总体设计。演练方案由计划组编写，报演练领导小组批准。主要内容包括确定演练指标体系、设计演练情景链、设计评估标准与方法。

(3) 编写演练方案文件

演练方案文件是指导演练实施的详细工作文件，一般包括参演人员手册、演练控制指南、演练评估指南、演练脚本等。

(三) 演练实施

1. 演练实施指挥

在示范性的演练中，只设演练总指挥；在实战性演练中，演练实施履行指挥职能的有三个人，即演练总指挥、响应总指挥和导调官，其指挥结构如图 6-19 所示。

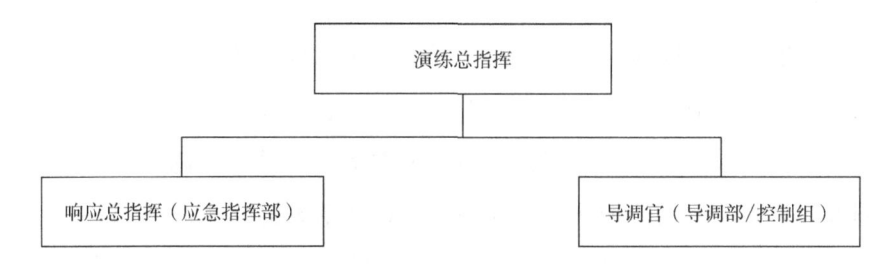

图 6-19 实战性演练指挥结构

演练总指挥是演练的最高指挥官，负责掌控演练的总体进程，监控导调官的演练控制行动和响应总指挥的应急响应过程与行动。响应总指挥就是扮演真实突发事件发生时负责应急响应的总指挥，在自己的应急指挥部内，根据收到的控制组发来的信息，下令采取适当的响应行动。

导调官直接指导演练控制组，给参演人员"出题目"，即根据演练控制方案，不断发出序列情景（情景链）信息，引导应急响应人员开展响应行动。

示范性演练的总指挥部可以与导调部、应急指挥部在同一个房间；实战性演练三个指挥部则应该分开，至少导调部不能与应急指挥部在一起。

2. 演练启动

演练启动的执行人是演练总指挥。如果由领导小组组长担任总指挥，他应该熟悉和掌握演练方案的全部内容和执行环节。如果由总策划出任总指挥，对于演练实施则十分便利。

许多演练的一般做法是在开始之前要举行一个简短的仪式，其实这样会冲淡演练的紧张氛围，不利于参演者的发挥。演练启动的标准方法是，总指挥按照规定的时间宣布演练开始。如果是实战性演练且事先没有通知应急响应人员，总指挥应该声明"这是一场演练"，然后依次启动演练程序（活动）。

3. 演练执行

如果是示范性演练，演练执行可以按演练脚本按图索骥，指挥控制组将拟好的情景信息总结，依次发布，应急指挥下令实施预设的响应行动；如果是实战性演练，按照演练方案的安排，导调官以演练控制方案为蓝本，指挥控制组根据序列情景（情景链）不断编制各种信息，也可以事先编制好情景信息（控制信息），由控制人员依次发给参演人员，引导演练深入。情景信息采用人工及各种通信技术方式传送。

模拟人员按照导调控制组发来的信息指令，模拟出演当次演练的事故内容或模拟灾害情景中的受害人及其行为。演练评估人员按照事先设计的评估项目和指标，认真观察、记录参演人员的响应行动，填写评估表。要保证评价客观、准确，不能对应急响应人员的不当行动做任何提醒。对于演练观摩人员来说，应该按照演练组织方的安排在指定的区域观摩，不要有任何影响演练的行动。为了让他们充分了解演练情况，要对演练过程做解说，内容包括演练背景介绍、进程环节讲解、氛围渲染，等等。在示范性演练中，可以宣读演练脚本中的解说词。

演练过程的直接控制者是导调官，最终控制者是总指挥。演练过程中出现重大问题，必须立即报告总指挥，他可以视情况决定暂停或取消演练。一般来说，导致取消演练的情况又发生了真正的突发事件或者出现了较大的意外。在演练过程中要安排记录人员，将演练的过程以图像、照片、文字等方式记录保留下来，作为档案资料。在演练任务完成后，要由响应总指挥报告演练总指挥，演练总指挥宣布演练结束。

（四）总结评估

演练结束后有一系列的后续任务，旨在总结演练的结果和改进本单位的应急管理工作。

1. 撰写演练评估报告

演练结束后，评估组要立即组织撰写演练评估报告，对演练的效果做出评价，详细说明演练过程中发现的问题。

演练评估是指观察和记录演练活动、比较演练人员表现与演练目标要求，并提出演练发现的问题。演练评估报告是将这些记录和发现进行分类、统计、总结，形成系统的评价意见的文件。

演练评估报告要按照演练指标体系和评估指标体系分门别类地汇总，计算出各项分值或形成评价意见。之后，将各类别的分值或形成的评价意见归纳为一个总表（清单），达成对演练效果的总体评价。

演练评估报告要对演练中发现的问题，按照应急预案的要求，分为不足项、整改项和改进项列出，为应急工作的改进提供直接参考，如图6-20所示。

```
                    演练评估报告包含的内容
                            │
                    领导小组管理实施机构
                            │
            ┌───────────────┼───────────────┐
          不足项           整改项          改进项
```

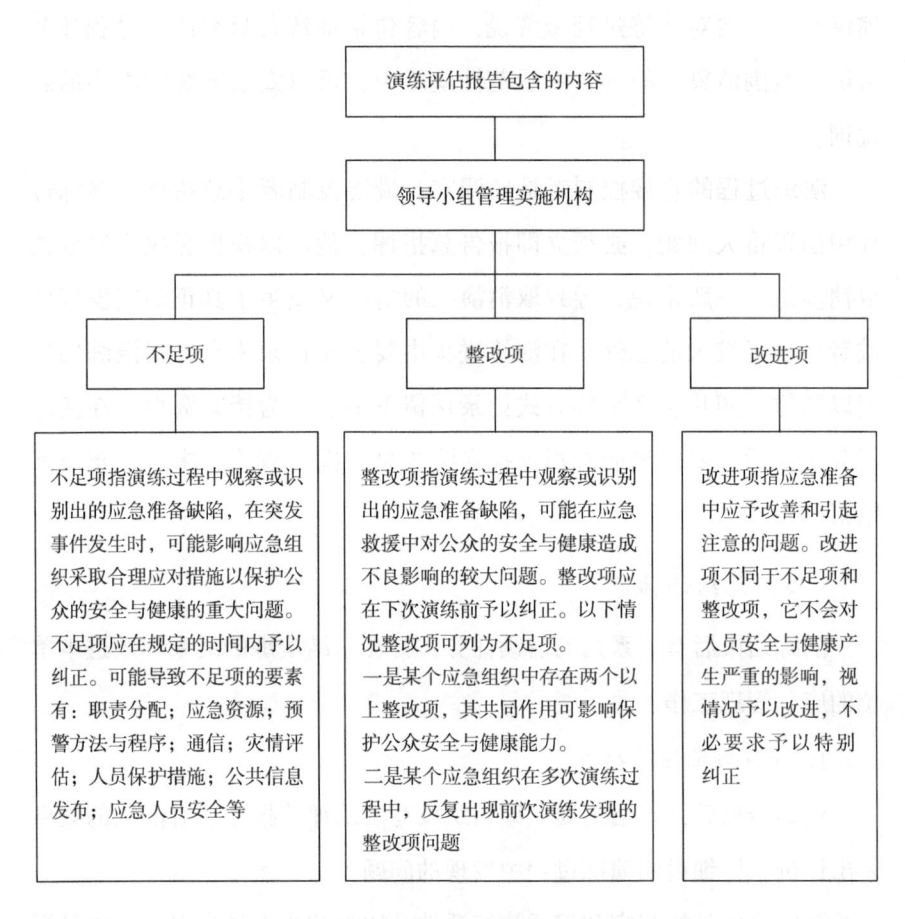

不足项指演练过程中观察或识别出的应急准备缺陷，在突发事件发生时，可能影响应急组织采取合理应对措施以保护公众的安全与健康的重大问题。不足项应在规定的时间内予以纠正。可能导致不足项的要素有：职责分配；应急资源；预警方法与程序；通信；灾情评估；人员保护措施；公共信息发布；应急人员安全等。

整改项指演练过程中观察或识别出的应急准备缺陷，可能在应急救援中对公众的安全与健康造成不良影响的较大问题。整改项应在下次演练前予以纠正。以下情况整改项可列为不足项。
一是某个应急组织中存在两个以上整改项，其共同作用可能影响保护公众安全与健康能力。
二是某个应急组织在多次演练过程中，反复出现前次演练发现的整改项问题。

改进项指应急准备中应予改善和引起注意的问题。改进项不同于不足项和整改项，它不会对人员安全与健康产生严重的影响，视情况予以改进，不必要求予以特别纠正。

图6-20　演练评估报告包含的内容

2. 演练总结报告

演练完成后，开展总结和讨论是充分判断演习能否达到训练要求、应急准备程度和有无改进空间的一个关键环节，也是演练参与人员开展自我考核的机会。演练总结和讨论主要采取采访报告、协商、自主评

第六章 自然灾害应急预案

估、公开会议和简报的方式进行。

总策划需要在演练完成的期限内，按照演练评估报告和相关记录信息，包括参演参与人员的访谈信息以及公开活动中掌握的资料，编制演练总结报告并提供给相关部门核验。演练总结报告包括对演习过程的详细描述以及对本次演习的评估。

演练总结报告应包括以下内容，如图 6-21 所示。

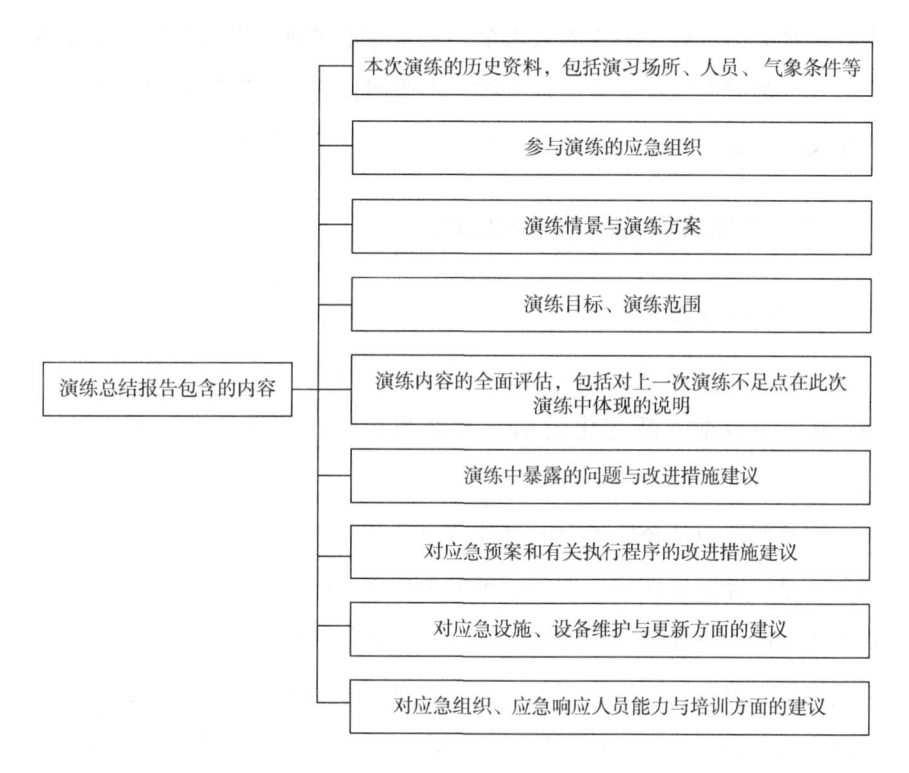

演练总结报告包含的内容：
- 本次演练的历史资料，包括演习场所、人员、气象条件等
- 参与演练的应急组织
- 演练情景与演练方案
- 演练目标、演练范围
- 演练内容的全面评估，包括对上一次演练不足点在此次演练中体现的说明
- 演练中暴露的问题与改进措施建议
- 对应急预案和有关执行程序的改进措施建议
- 对应急设施、设备维护与更新方面的建议
- 对应急组织、应急响应人员能力与培训方面的建议

图 6-21 演练总结报告包含的内容

3. 改进跟踪

改进跟踪是指策划组在演练总结和讲评活动完成后，组织专家指导有关应急机构处理出现的困难、问题并改进工作的行为。为保证参演应急团队能够在演练中获得最大限度的提升，策划组应对演习过程进行全

面调研，明确出现这种情况的根本原因、改进途径、改善方案和最后时限，同时指派专员对演习中出现的缺陷和整改项的改进进程进行跟踪，监测、检验改进举措的实施状况，保证在今后的应急响应中不会发生类似情况。

总之，应急演练要与提高实战能力有机结合，与普及应急知识有机结合，与提高忧患意识和应急能力有机结合。开展演练要把握几个要点。一是突出重点，不要求大求全；二是注重实效，为战而练，不要流于形式，为演而练；三是厉行节约，不要铺张浪费；四是不怕在演练过程中发现问题、短板和不足；五是确保演练过程中的安全。

三 自然灾害应急预案的修订

（一）修订条件

自然灾害应急预案编制是一个持续的过程。即使在公布、实施之后，还需要根据不断变化的情况和突发事件、演练的检验经常进行修订。

这些情况包括经历了突发事件并启动了应急响应，发现预案中的缺陷和不足；经历了演练，发现了预案中存在的问题；应急组织体系和职责发生了改变，如调整了责任部门、建立了新的机制；应急管理相关法律法规做了修改，或出台了新的法律法规；应急资源发生了重大变化，如设施和装备的构成、储存地和管理者发生了改变；辖区的危险源、人口分布、重要设施和要害部门发生了改变；预案体系和预案规范需要调整；其他需要修订预案的情况。

（二）修订程序

1. 修订发起

自然灾害应急预案的修订主体是预案制定部门。修订发起人和修订程序在政府的应急预案管理办法中通常都有规定。一般情况下，预案修订申请人或建议人包括以下几个部门。

（1）预案制定部门

对政府来说，提请预案修订的责任人应该是牵头单位或本级政府的应急管理部门（应急管理办公室或其他部门）。适用的情况包括启动了应急响应或者举行了应急演练、应急组织体系和职责发生了改变、相关法律法规做了修改或出台了新的法律法规、预案体系和预案规范需要调整，等等。

（2）应急响应的参与部门

预案中确定的应急响应的参与部门，在经过启动应急响应或者举行了应急演练之后，发现本部门不能和不便履行某些职责的，可以以书面形式告知应急预案制定单位提请修订预案。

（3）其他部门

政府的规划部门、社会上的安全评价机构、预案评估机构和其他科研机构，以及相关专家学者，在工作中发现了预案需要修订的地方，如危险源、人口分布、重要设施和要害部门发生了改变，以及应急资源方面的变化，或其他潜在的影响因素，可以提请应急预案制定单位修订预案，并提交详细的论证说明材料。

2. 修订实施

（1）修订机构

修订也是预案编制的过程之一，原则上应由原编制委员会（工作组）承担。但如果修订任务不大，且不做重大改变，可以抽调原编制委员会（工作组）的部分成员，特别是修订内容涉及的部门成员，组成修订小组。

（2）修订流程

如果是根据修订建议做预案修订，一般流程是分析修订建议—确定修订内容—审查修订内容与预案的一致性—调整—报批修订内容—发布修订内容、完成修订。

如果是定期修订预案，一般流程是对预案进行评估—识别预案问题—确定修订内容—审查修订内容与预案的一致性—调整—报批修订内容—发布修订预案、完成修订。

应急预案修订涉及组织指挥体系与职责、应急处置程序、主要处置措施、突发事件分级标准等重要内容的，修订工作应参照相关应急预案管理办法所规定的预案编制、审批、备案、公布程序组织进行。仅涉及其他内容的，修订程序可根据情况适当简化。

（三）修订历程

《国家自然灾害救助应急预案》的修订历程见表6-15。

表6-15　　　　　　国家自然灾害救助应急预案修订历程

修订时间	修订情况
2005年	国务院办公厅印发由民政部牵头编制的《国家自然灾害救助应急预案》
2011年	结合2010年国务院颁布的《自然灾害救助条例》的有关精神和要求，对《国家自然灾害救助应急预案》进行了修订，明确了不同级别响应中的组织指挥体系，细化了各级救灾应急响应措施和各有关部门的分工配合等，强调建立健全上下联动、左右互动、军地合作、良性运转的救灾应急工作机制。同时，还增加了救灾预警响应、旱灾救助、过渡性生活救助、遇难人员家属抚慰等内容，统一了Ⅳ级应急响应地震和洪涝等灾害的启动条件，完善了自然灾害灾情信息的报送管理、信息发布、会商评估等内容，强调了灾情报送管理的时效性和规范性
2016年	国务院办公厅正式印发修订后的《国家自然灾害救助应急预案》（国办函〔2016〕25号），进一步规范和完善了中央层面自然灾害救助工作及应急响应程序
2019年	根据2019年3月2日《国务院关于修改部分行政法规的决定》，修订了《自然灾害救助条例》

四 自然灾害应急预案相关案例

这里以河南郑州"7·20"特大暴雨灾害调查报告为例，分析自然灾害应急预案实践中的问题及启示。

(一) 受灾情况

2022年7月17—23日，在西太平洋副热带气候异常、强夏季风共同作用下，河南省遭受了历史罕见的强降雨天气。17—18日，降雨过程主要发生在豫北地区。19—20日，暴雨中心向郑州转移，雨势持续较长时间。21—22日，暴雨中心再次向北移动，至23日末逐渐减弱。在此过程中，鹤壁、郑州、新乡三地累计地表降雨量均达到500毫米以上。鹤壁科技中心气象站过程降雨量最大达1122.6毫米。

河南省中北部地区因暴雨发生特大洪涝灾害，12条河流因河水泛滥超越警戒线标准。据核实评估，河南省150个县（市、区）共受灾1478.6万人，直接经济损失可达1200.6亿元，其中，郑州经济损失409亿元，占比30%以上。

(二) 灾情应急预案方面相关问题分析

本次险情暴露出应急管理体系和能力薄弱、预警与响应的协调机制不完善等问题。郑州在应急预案方面主要存在以下不足之处。

一是应急决策主体的应急响应标准不一致，应急行动不统一。政府职能部门、城市交通运营企业根据管理对象特点制定各自的防汛应急响应标准，比如郑州市防汛抗旱指挥部启动一级响应的标准是"城区主要道路大部分路段和低洼地区积水深度可能达50厘米以上，大部分立交桥下积水深度可能达100厘米以上，且收到气象部门发布的暴雨红色预警"，城市隧道综合管理养护中心在普通道路积水超过40厘米时应关闭隧道，地铁集团在水面淹没轨道后停运疏散。达到应急响应标准后应急主体各自为政，缺乏共同的条件标准，同时"唤醒"所有相关应急决策主体的行动，导致应急行动滞后、缺乏联动、应急行动碎片化问题严重。

二是应急制度过程碎片化，应急预案制度未执行"制定—演练—应用—评估"全过程，只制定，不演练；部分应急主体甚至没有按法律要求制定应急预案，防汛机制缺失，在暴雨洪涝灾害发生时无案可循，比如，巩义市水利局、郑州市水利局未编制水旱灾害防御部门应急预案，郭家咀水库未制定防汛方案和应急预案，郑州市地铁集团有限公司未编制防汛专项应急预案。

三是缺乏预案演练导致在面对极端暴雨突发事件时缺乏应急经验，忽略应急预案规定的工作程序，"规章失灵"问题普遍、应急主体职责履行不到位的问题十分明显。在此次暴雨灾害中，涉及的各应急治理主体存在明显的规章失灵行为，即未按已有的防汛相关制度规定采取相应的应急行动。市、区、县、乡各级政府、各部门与企事业单位没有按照法律、应急预案等文件要求，及时根据规定的应急响应条件采取应急措施、及时按程序上报信息给相关上级部门等，导致应急处置严重滞后、应急职责缺位等问题。

(三) 案例启示

针对河南郑州"7·20"特大暴雨灾害所暴露出的应急管理方面存在的问题，下面从完善应急预案的角度阐述自然灾害应急管理能力的提升路径。

第一，全面开展应急预案评估修订工作，加强预警和响应一体化管理。要将预案评估修订与健全的制度相结合，将指挥长与各有关部门的职责实化细化。建立健全极端天气和风险研判机制，量化预警和应急响应的标准。建立健全预警与应急响应联动机制，及时采取"停止集会、停课、停业"的三停强制措施。要加强预案内容的审核，保证预案的时效性。加快相关法律法规的修订。

第二，落实防汛应急预案编制与防汛演练。预案内容要具有实效性和可操作性，明确防汛指挥机构的领导责任与成员单位的防汛职责清单，监督施工承建单位制定防汛应急预案，完善应急联动机制，健全预报、预警、预案体系；重视防汛演练，健全物资储备，建设应急避难场所，明确转移路线。采用大数据技术帮助防汛演练科学化，如分析最优疏散避难路线、最优救援物资供应路线、最优应急设施位置等。

第四节　国外自然灾害应急预案实践及启示

要制定可行的自然灾害应急预案，首先必须针对可能发生的各种性质和规模的灾害或事故进行科学预测。对这些灾害或事故可能造成何种程度的危害及损失做出必要的预测和评估，并对城市现有的防御灾害能力做出评价，在此基础上制订城市灾害应急预案的总体规划。本节通过对相关国家的应急预案体系进行阐述，从中得到提升中国自然灾害应急预案的经验启示。

一　国外应急预案体系建设

（一）美国应急预案体系建设

1. 美国国家应急预案体系的结构

美国国家应急预案体系由国家预案框架（National Response Framework，NRF）和国家事件管理系统（National Incident Management System，NIMS）共同组成。国家预案框架包含战略和操作层面的具体内容，是预案体系的脊梁和主体；国家事件管理系统是其技术支撑系统（杨青，2021）。其中，NRF 对于预防、保护、缓解、响应和恢复每个领域的责任分工进行细述，包含了五项子框架，即国家预防框架（National Prevention Framework）、国家保护框架（National Protection Framework）、国家缓解框架（National Mitigation Framework）、国家响应框架（National Response Framework）、国家灾难恢复框架（National Disaster Recovery Framework），如图 6 - 22 所示。这五个框架相辅相成，分别专注于各自区域的活动以及协调部门和机构之间的关系。

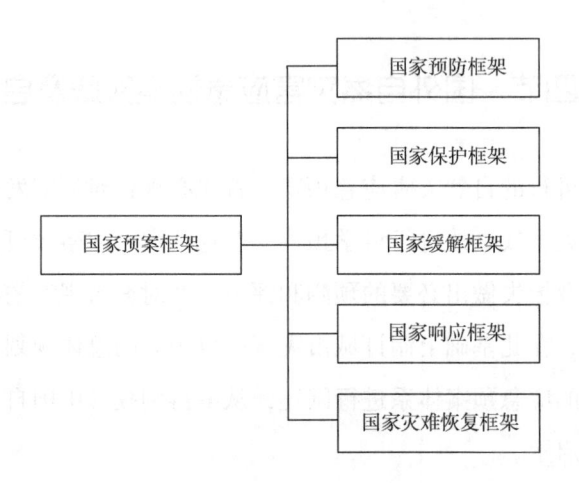

图 6 - 22　美国国家预案框架

2. 美国国家应急预案体系的内容

事实上，NRF 也是美国国家准备系统的一部分，美国国家准备系统确定了 32 种核心能力，对 NRF 的五项子框架分配一种或多种的核心能力，如图 6 - 23 所示。

各子框架在应急准备中的作用和侧重内容有所不同，具体见表 6 - 16。五项子框架相互依存、相互支撑，为预防和处置灾害、维护任务区域稳定提供了有效保障。

第六章 自然灾害应急预案

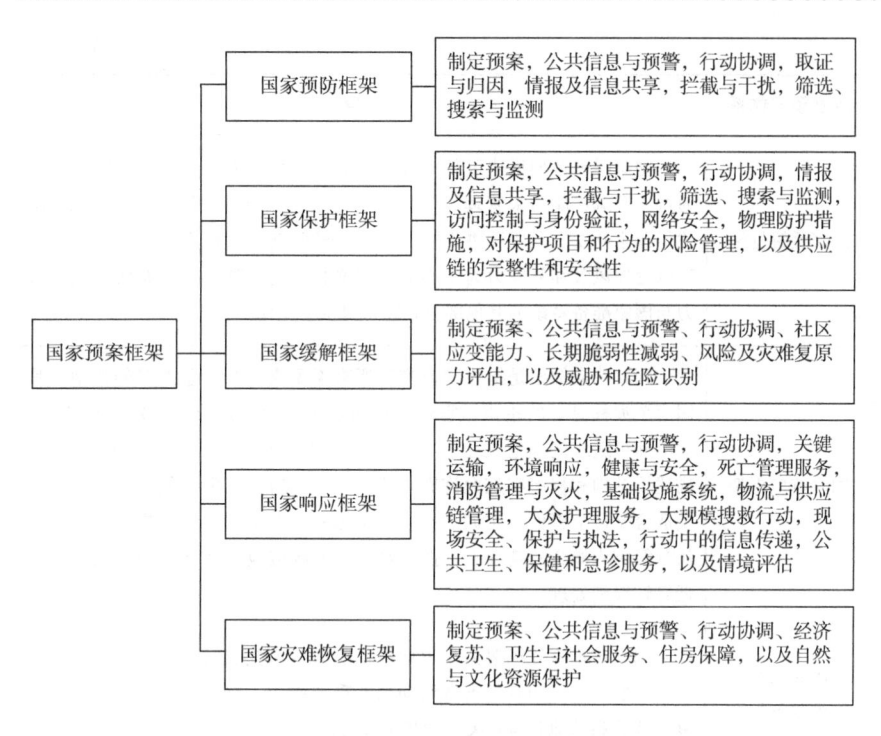

```
                          ┌─ 国家预防框架 ── 制定预案，公共信息与预警，行动协调，取证
                          │                  与归因，情报及信息共享，拦截与干扰，筛选、
                          │                  搜索与监测
                          │
                          ├─ 国家保护框架 ── 制定预案，公共信息与预警，行动协调，情报
                          │                  及信息共享，拦截与干扰，筛选、搜索与监测，
                          │                  访问控制与身份验证，网络安全，物理防护措
                          │                  施，对保护项目和行为的风险管理，以及供应
                          │                  链的完整性和安全性
                          │
        国家预案框架 ──┼─ 国家缓解框架 ── 制定预案、公共信息与预警、行动协调、社区
                          │                  应变能力、长期脆弱性减弱、风险及灾难复原
                          │                  力评估，以及威胁和危险识别
                          │
                          ├─ 国家响应框架 ── 制定预案，公共信息与预警，行动协调，关键
                          │                  运输、环境响应、健康与安全、死亡管理服务，
                          │                  消防管理与灭火、基础设施系统、物流与供应
                          │                  链管理、大众护理服务、大规模搜救行动、现
                          │                  场安全、保护与执法、行动中的信息传递、公
                          │                  共卫生、保健和急诊服务，以及情境评估
                          │
                          └─ 国家灾难恢复框架 ─ 制定预案、公共信息与预警、行动协调、经济
                                                复苏、卫生与社会服务、住房保障，以及自然
                                                与文化资源保护
```

图 6-23　五个子框架对应的核心能力

表 6-16　　　　　　　　　美国国家应急预案体系的内容

应急预案体系	内容
国家预防框架	不同于其他四个子框架，国家预防框架仅适用于恐怖袭击的预防，目的是确保国家准备好针对美国的恐怖主义行为所必需的那些能力和行动，描述了在发现威胁情报或信息时整个社区应该做些什么、怎么去做，以及防止恐怖行为所需的核心能力、协调关键角色和协调机制
国家保护框架	国家保护框架重在防范各种形式的灾害风险，美国应急管理的保护任务区追求"为一个更安全、更有保障、更有复原力的国家创造条件"，保护任务区协调关键角色以提供防范保护能力。它不仅将以上保护行为横向同步协调到整个社区内，而且在时间向度上实现整个预防、缓解、响应和恢复任务区域的保护工作。保护预案还被用于设计、实施培训和演习、促进信息共享、确定研发重点和技术要求、解决常见漏洞、整合资源和促进保护能力的实现

续表

应急预案体系	内容
国家缓解框架	国家缓解框架描述了整个社区的缓解角色，为协调和解决国家如何通过提升减灾能力来管理风险，并为之建立一个共同的平台和论坛，阐述了国家开发、利用和协调控制风险，降低灾害的核心能力，宗旨是培养以管控风险和复原力为中心的备灾文化。它为整个社区如何将减灾努力与国家准备系统的其他部分相联系提供了支撑
国家响应框架	国家响应框架是指导国家应对所有类型灾害和紧急情况的指南，是国家全灾种应对的指南，它建立在国家事件管理系统所确定的可扩展、灵活和可适应的概念之上，目的是协调全国范围内的关键角色和职责，描述了结构和程序实施允许有规模的响应、特定资源和能力的实施，以及适合于每个事件的协调水平。它不是基于单个的组织结构，而是在承认分级响应概念的基础上，强调对事件的响应应该在能够处理任务的最低管辖级别处理
国家灾难恢复框架	国家灾难恢复框架为受灾地提供有效的恢复支持，它定义了指导恢复核心能力开发和恢复支持活动的八项原则与一个协调结构，规定了恢复协调员和其他利益相关者的角色和责任

此外，每个子框架中还附带一份该任务阶段《联邦机构间行动预案》。美国国家预案框架由五个子框架组成，其明确了每个任务区域在国家应急准备中的作用，为整个社区预防和处置灾害、维护社区稳定、实施核心能力提供总体指导。

(二) 日本应急预案体系建设

日本政府注重强化应急预案的制度性设计，构建了系统连贯、规范明晰、相互衔接的预案体系。日本政府把防灾计划（应急预案）分为三类，如图6-24所示。

防灾基本计划是结合现有的应急管理体制、推进应急管理事业、实现妥善和迅速的灾害恢复等工作而制定的。防灾基本计划的框架主要包括总则、震灾对策篇、海啸灾害对策篇、风灾和水灾对策篇、火山灾害

```
                    ┌─ 防灾基本计划 ── 作为政府应急管理工作的重要基础,防灾基
                    │                本计划是全国应急管理领域的最高层计划,
                    │                依据《灾害对策基本法》,由政府应急管理的
                    │                最高机构中央防灾会议制定。
防灾计划            │
(应急预案) ─────────┼─ 防灾业务计划 ── 防灾业务计划是根据防灾基本计划,由指定的
                    │                行政机构及指定的公共机构制定的。
                    │
                    └─ 地区防灾计划 ── 地区防灾计划是根据防灾基本计划,由都、道、
                                     府县及市、町、村的防灾会议结合本地区的实
                                     际情况制定的。
```

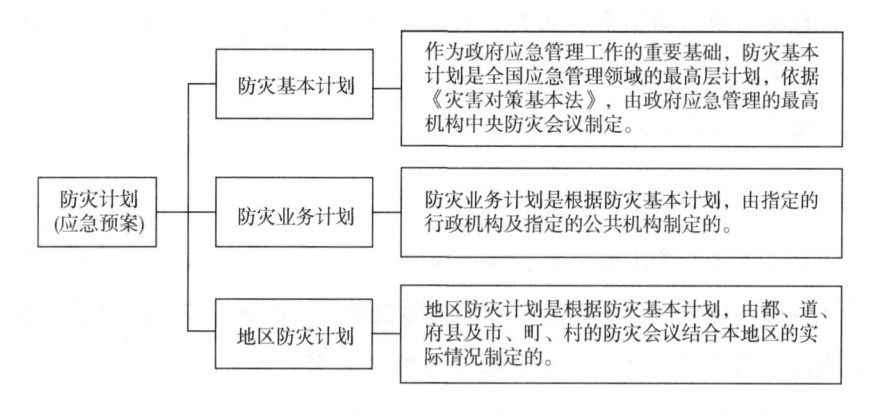

图 6-24　日本应急预案分类

对策篇、雪灾对策篇、海上灾害对策篇、航空事故对策篇、铁路事故对策篇、道路事故对策篇、核事故对策篇、危险物等灾害对策篇、大规模火灾对策篇、森林火灾对策篇、其他灾害对策篇、防灾业务计划与地区防灾计划中的重要事项等部分。

此外,日本政府注意各预案间、预案和规划之间的相互衔接。《灾害对策基本法》规定,行政机关的首长在制定防灾业务计划并实施时,要考虑与其他指定行政机关的首长制定的防灾业务计划相互协调,并努力实施。《灾害对策基本法》还规定,都、道、府县地区防灾计划不得与地区防灾业务规划(类似应急规划)相抵触,并促使二者在实际工作中能够有效衔接。同时,日本政府把风险分析与评估作为增强应急预案针对性和实用性的基本方法。

(三) 韩国应急预案体系建设

韩国的自然灾害应急处置以《灾难安全法》和国家危机管理为基本方针,处置部门为中央部门、自治团体等部门。为应对自然灾害,责任机关根据相关法律及政策制订灾难应对计划,即自然灾害应急预案。韩国的应急预案主要有三类,即危机管理标准预案、危机应对实务预

案、现场措施行动预案。从类型看，与自然灾害相关的预案主要有10个，即风水害、地震、大型火山爆发、赤潮、干旱、潮水、宇宙电波灾难、绿潮、泥石流、雷击。

（四）加拿大应急预案体系建设

加拿大是一个土地广袤、地理环境复杂、自然灾害多发的国家，为确保各方在应急行动中能协调一致，形成合力，加拿大政府出台了《加拿大应急管理框架》，指导全国应急管理事务。在联邦范围内，出台《联邦政府紧急事件法案》和《联邦政府紧急救援手册》来规范应急管理事务；在地方，各级政府根据本辖区的实际和特点，制定符合本辖区应急救援要求的减灾管理法规。加拿大的应急管理体制分为联邦、省和市镇（社区）三级，各级政府根据具体情况制订本级的应急计划（预案）。各级应急管理部门重视预案的动态管理，每年都会拨付一定比例的经费用于（或修改）本级应急计划（预案）、培训应急管理人员、更新应急设备等。

二 国外先进经验的启示

近年来，由于气候变化、自然灾害频发，完善中国自然灾害应急预案体系，提升自然灾害应急处置能力刻不容缓。发达国家的应急预案体系建设相对而言更加完善，通过阅读文献和资料，总结出以下可资借鉴的经验。

（一）预案制定与管理法制化

应急预案体系建设需要完备的法律体系，有法可依是应急预案管理水平提升的重要因素。国外发达国家在长期应对自然灾害的过程中，形成了一套完备的应急管理法律体系，对于完善应急预案体系，提升自然灾害应急管理能力发挥重大作用。中国应充分吸收国外先进经验，建立健全中国应急预案管理方面的法律法规，规范自然灾害应急预案制定与管理流程，切实提升应急预案管理水平。

(二) 重视预案编制

中国应急预案的构成要素主要包括总则、组织指挥体系及职责、预警和预防机制、应急响应、后期处置、保障措施、附则七个方面，与发达国家相比，相对薄弱。发达国家的应急预案有以下几点优势。首先，其构成要素齐全，内容丰富翔实，覆盖大多数可能发生的自然灾害；其次，对自然灾害应急处置所涉及的各组织机构做了详细的规定，明确其承担的任务，做到职责与部门一一对应；最后，应急响应程序与应急响应行动科学合理，预案中明确各职责部门的联系方式等内容，保证灾害发生时各应急救援与处置单位能迅速到位，保障灾区民众的安全。因此，中国应加强预案编制的研究，充分发挥专家的技术支撑作用，完善预案编制的方法、流程等，提高预案的科学性。

(三) 重视风险分析和评估

自然灾害风险分析和评估是研究自然灾害应急管理的重要内容，利用科学合理的方法进行自然灾害风险分析和评估是自然灾害应急管理工作的关键，自然灾害应急预案的编制要以风险分析和评估为基础。应急预案体系完备的发达国家均十分重视自然灾害风险分析和评估工作，并将其作为制定应急预案的第一步，如日本，其把风险分析与评估作为所有应急管理工作的前提条件。除此之外，日本还重视评估方法的开发与研究，并投入相对多的人力、物力、财力。中国也应将风险管理引入自然灾害应急管理中，重视风险分析与评估方法的研究，实现自然灾害应急管理由被动的响应处置向主动备灾转变。

(四) 重视应急预案演练和修订

发达国家的应急预案中均对演练方案进行了详细的规定。应急演练可以加强预案的可操作性，同时应急培训也是必不可少的内容。通过自然灾害应急预案演练，可以发掘应急预案中不易发觉的现实问题，提高预案的可操作性；可以锻炼应急处置与救援人员的能力，加强各主体对应急预案的熟悉程度，明晰职责；可以检验有效应对自然灾害所需资源的现状，包括技术、人员、装备等。除此之外，随着自然灾害的发展和应对技术的进步，应定期对应急预案进行修订，实现应急预案动态管理。中国在自然灾害应急预案体系建设中应重视应急预案演练与修订工作，做到具体问题具体分析，与时俱进，从而保障人民的生命和财产安全。

（五）应急预案管理数字化

数字化预案是信息化技术在应急管理工作中的一个重要应用，可大大提高自然灾害应急预案的科学性与合理性，提升自然灾害应急管理水平。数字化预案应重视以下几个方面。一是应急预案流程的自动分析、自动执行功能；二是根据自然灾害的相关信息，自动生成应急处置与救援方案；三是通过现场视频监控和三维仿真融合实现事发现场的可视化。应急预案管理的智能化和实时化是未来数字化的重要方向，应加大研发投入，实现应急预案管理质的飞跃。

第七章 中国自然灾害应急管理的发展趋势

在中国当前的自然灾害应急管理实践中,我们不能忽视各种现实挑战,比如应急管理体制的统一性和协调性有所欠缺,应急管理集中存在资源配置不合理、信息传递不畅的障碍,应急管理法制化、规范化的进程受到影响,现有的自然灾害应急预案并不能满足所有情况的应对需求等。为了有效应对这些挑战,我们需要努力推动中国自然灾害应急管理改革创新和发展,包括进行全面的应急管理体制的优化和调整,重视应急管理机制的创新和拓展,不断深化和完善法制建设,以及加强预案建设的科学化和标准化。

第一节 当前面临的主要挑战

从"一案三制"的视角来看,当前中国自然灾害应急管理面临的挑战主要有以下几个方面。

一 应急管理体制方面

就应急管理体制而言,笔者将针对以下三个主要方面进行讨论,即应急管理职责划分不清晰、应急救援队伍人员和装备配置存在差距以及资金和人力资源投入不足。

（一）应急管理职责划分不清晰

中国的应急管理体制是一个复杂的系统，涉及多个行政级别和部门。然而，部分地区的应急管理职责划分不清晰，可能导致在实际操作中信息传递不畅、协同效率低下。

在自然灾害应急管理中，决策层级和决策效率是两个至关重要的元素。决策层级指的是相关决策内容在组织内部传递运行的层次而决策效率则指的是执行决策的速度和质量。这二者之间存在复杂、微妙的关系。在中国的应急管理体制中，决策权主要集中在省级、市级和县级政府，而具体的职责划分则相当复杂。例如，在自然灾害的初期阶段，省级政府通常负责决定是否需要动用应急资源，而具体的资源调配则需要市级和县级政府协调完成。这种多级决策体制虽然有利于确保决策的科学性和合理性，但在灾害急迫的情况下，决策的效率可能会显著降低。在沙尘暴、山火爆发等突发事件中，决策的滞后性可能导致应急响应的延误，使灾情进一步加剧。

在自然灾害应急管理中，部门间协调是一个极为重要的环节。多部门的有效协同通常能促使更快、更准确的应对措施落实，从而最大限度地降低灾害带来的损失。在中国的应急管理体制中，各个部门的职责划分往往并不明确。例如，环境保护部门、林业部门、水利部门和民政部门都可能参与同一次灾害的应急反应，但各部门的职责边界并不清晰。这种模糊的职责划分导致协调难度增大。

（二）应急救援队伍人员和装备配置存在差距

高效的灾害应对和救援行动需要依赖网络化、专业化和现代化的应急管理体制，应急救援队伍是应急管理体制的重要组成部分。在中国,尽管以"四横四纵"为核心的应急救援队伍建设已经初具规模,然而由于地域、经济和技术等因素的影响,中国的应急救援队伍在人员和装备配置上存在较大差距,不能完全满足各种类型灾害的救援需求。这些差距成为中国应急管理体制向网络化、专业化和现代化转变的阻碍。

虽然中国已经形成了包括军队、武警、消防、民防等多元化的应急救援力量,但从总体上看,救援队伍的专业化程度和技能储备还有待提高。在历次灾害中,虽然我们看到了军队和公安消防部队的英勇表现,但他们毕竟不是专门从事应急救援的专业团队。未来,我们需要通过提升救援队伍的专业化训练和技能储备,提高其应对灾害的能力。

在装备配置上,一方面,中国的应急救援队伍面临设备老化、技术落后的问题;另一方面,尽管中国某些领域的科技水平有所提升,但这些先进的技术并没有有效地应用于应急救援装备的更新,这使我们在面对复杂、变化多端的自然灾害时,应急救援队伍往往处于被动的状态。即使有了完备的应急救援队伍和丰富的资源,如果没有充分的培训和演练,也无法将其转化为有效的救援能力。

(三) 资金和人力资源投入不足

有效的应急管理不仅需要完善的制度设计,还需要充足的资金和人力资源支持。然而,在实际操作中,中国的应急管理体制往往面临资源短缺的问题。

由于经历过震惊全球的重大自然灾害,中国政府已经设立了专门的应急管理部门并提供了相应的扶持策略,但在实施过程中,资金短缺和不恰当的分配方式仍然困扰着应急管理体制。在中国,自然灾害的应急资金主要依赖于政府预算和社会捐款。然而,这种方式有其固有的缺陷。一方面,政府预算受到各种因素的影响,如税收、财政政策和其他社会政治因素；另一方面，由于社会捐款的数量和时机不可控，资金筹集不够稳定。

尽管近年来中国的自然灾害应急管理能力有了显著提高，但是仍面临人力资源投入等方面的挑战。应急管理所需的技术知识和实践技能需要长期的培训与教育，但目前中国在这个领域的投入仍不足。这种状况既限制了人力资源质量的提升，也阻碍了应急救援效果的优化。

二 应急管理机制

应急管理机制包括从预防、预警到响应、恢复的全过程。中国作为一个地理环境复杂、人口众多的国家，其应急管理机制面临诸多挑战。以下将从预防与应急准备、监测与预警、应急处置与救援、恢复与重建四个方面进行分析。

（一）预防与应急准备

尽管中国政府在灾害预防和应急准备方面投入了大量的资源，但仍面临巨大的挑战。例如，2018年《中国应急管理年鉴》显示全国总计发生自然灾害11991次，影响人口约2亿人，并导致直接经济损失达446.19亿元。这表明应急预防措施仍有待提高。

灾害预防首先源于社区和个人，他们是第一线的"防火线"。然而，在中国，灾害预防教育并未达到预期效果。据统计，尽管政府和相关组织开展了大量的灾害预防宣传活动，但是社区居民的灾害风险认知水平普遍较低，即使是在灾害频发的地区，居民对于如何在灾害发生时保护自己的知识的掌握仍有所欠缺。

有效的应急管理离不开充足的应急资源，包括物资、设施、人员等。然而，由于地区发展水平、财力状况等因素的影响，中国的应急资源配置存在明显的地域性不均衡。数据显示，西部地区和中部地区的应急资源配置明显落后于东部地区。一旦发生大规模的自然灾害，应急能

第七章　中国自然灾害应急管理的发展趋势

力不足的地区往往会受到更大的影响。

(二) 监测与预警

监测与预警是应急管理的重要组成部分，有效的监测与预警可以最大限度地减少灾害带来的损失。然而，中国的监测与预警系统仍面临一些挑战。

针对自然灾害的监测和预警，需要大量精确、实时的数据支持。然而，由于中国广大的地理范围和复杂的地形地貌，很难保证每个地区都有完善的监测设施和数据采集网络。以2018年九寨沟地震为例，虽然中国已经建立了相对完善的地震监测网络，但是在偏远山区，由于基础设施的缺失，监测数据的收集仍存在难度。

预警机制的不完善及滞后性也是一个重要问题。如2018年的山东省临沂市山体滑坡事件，此次事件所在地位于地质环境复杂、山体滑坡频发的地区，但是该地区的地质灾害预警机制尚未完全成形，致使未能避免伤亡。如果我们能更加及时地识别和评估灾害风险，制定出针对性更强、科学性更高的预警措施，将会极大地提高应对灾害的能力。

预警信息的滞后性也是一个挑战。以洪涝灾害为例，虽然中国已经建立了雷达监测和数值模型预报等措施，但是由于降雨过程的复杂性和不确定性，往往无法提供足够时间进行应急反应。

除了灾害预警信息的发布，预警信息的传播效率和受众的认知程度也是影响预警效果的关键因素。以2016年超强台风"莫兰蒂"为例，尽管气象部门提前发布了预警信息，但由于信息传播的及时性、精确性和易理解性等问题，导致预警信息未能在短时间内广泛传播，从而造成了282人死亡，直接经济损失近500亿元。

(三) 应急处置与救援

近年来，中国政府已经建立起一整套完备的应急管理体系，但在实

· 301 ·

际应对和救援过程中仍然面临许多挑战。

一是报灾等应急信息管理系统不健全。首先，在信息收集方面，由于技术和条件限制，很多灾难信息无法在第一时间准确获取。以2020年四川壤塘县6.4级地震为例，由于地震发生地点偏远，导致初期灾情估计存在较大偏差，影响了应急救援的决策和实施。其次，在信息传播方面，受地域、网络、语言等因素影响，灾难预警信息往往传播不及时、不准确，甚至产生恐慌。例如，2013年福建南平暴雨灾害中，虽然气象部门预警信息及时，但由于信息传播链条中存在问题，导致群众接收到的预警信息并不准确，造成了不必要的恐慌。

二是应急处置与救援对预警信息不敏感。例如河南省"7·20"特大暴雨灾害中受灾严重的郭家咀地区，就是面对灾前多条橙色、红色预警，未能及时清理被非法施工侵占的水库溢洪道，从而导致水库漫顶的重大事件。

此外，中国的应急物资储备和配置还存在较大问题。例如2019年南方大暴雨引发的洪涝灾害事件中，由于暴雨导致了许多道路被淹没或损坏，物资配送困难，同时由于信息不对称，导致了物资分配不均，出现了部分地区物资短缺而部分地区物资过剩的状况。

（四）恢复与重建

在灾后恢复和重建方面，中国也面临诸多挑战，主要体现在以下几个方面。

一是防灾减灾与恢复重建的平衡问题。防灾减灾与恢复重建是应急管理的两个重要方面。然而，如何在二者之间取得平衡，使在投入资源进行灾后恢复重建的同时，注重防灾减灾工作，避免未来灾害的发生，成为一个严峻的挑战。

二是资源配置和优化问题。在面对自然灾害恢复与重建的过程中，资源配置和优化始终是一大挑战。由于中国地域广阔，自然环境差异性大,灾难类型多样化,从震区到山洪地区,再到干旱地带,不同区域的恢复重建需求差异明显,这就要求应急管理部门能够做到科学合理地分配和优化资源。

三是社区参与和社会动员问题。灾后重建不仅要考虑物质的重建,还需要考虑如何让受灾社区重新"站起来"。这包括帮助灾民恢复正常生活,通过心理援助帮助他们克服创伤,以及搭建社区网络以增强社区的抗灾能力。社区参与和社会动员是灾后恢复重建的重要组成部分,但在实际操作中,如何充分发挥社区和社会的力量,提高灾后恢复重建的效率和质量,仍是中国应急管理面临的一项挑战。

三 应急管理法制

作为应对自然灾害挑战的主要手段之一,应急管理机制的健全与完善显得尤为重要。然而,目前中国的应急管理法制还处于发展阶段,虽然已经出台了《中华人民共和国突发事件应对法》等相关法律法规,并在一定程度上规范了应急管理工作,但仍有许多问题需要解决。

(一)应急管理法律法规体系不完善

尽管中国已经制定了《中华人民共和国防震减灾法》《中华人民共和国防洪法》等相关法律法规,但这些法规的实施效果并未达到预期。例如,在2021年河南郑州"7·20"特大暴雨灾害中,虽然政府反应迅速,但由于法规实施过程中存在的问题,导致救援工作效率低下。比如,一部分灾区关键设施的备份系统并未按照规定建立,导致在灾害来临时无法及时启动,影响了救援效率。这些问题在一定程度上反映了中国应急管理法律法规体系的不完善。具体而言,主要体现在以下两个方面。

一是相关法律法规覆盖面不全。随着社会变迁和科技进步,各种新型的应急事件和风险因素也不断出现。例如,网络安全事件、大规模化学品泄漏等。然而，当前的应急管理法律法规并没有充分覆盖这些新型应急事件，导致在实际处理中存在法律依据不足的问题。以2017年"WannaCry"全球勒索软件攻击事件为例，此次事件涉及范围广泛，包括银行、医院、学校、政府部门等多个重要领域。然而，中国的相关法律法规在此类网络安全事件应急处理方面的规定并不详细，导致应对和防控力度的不足。

二是法律法规间的协调性不强。在中国的应急管理法律法规体系中涉及的应急管理领域广泛，包括自然灾害、公共卫生、安全生产等各个方面。但这些法律法规之间的协调性不强，容易造成处理同一应急事件时的资源浪费和效率低下。例如，在处理某一自然灾害时，可能需要在自然灾害应急管理法、环保法、安全生产法等多部法律之间寻找操作依据，这无疑增加了应急处理的难度和复杂性。

（二）法规执行力度不足

仅有完善的法律法规并不能保证应急管理工作的有效开展，法规执行力度的不足也是当前中国自然灾害应急管理机制面临的一大挑战。根据中国社会科学院近期的报告，尽管中国的应急管理相关法规数量多，但其中的许多规定在实际操作中难以落实。具体而言，包括以下几个方面。

一是法规实施细节不够完善。中国的自然灾害应急管理机制在处理各类自然灾害时，由于法律法规执行的细节性不足，造成了一定程度的挑战。尽管中国已在应急管理方面建立了相对完善的法律法规体系，但在实际操作中仍存在很多问题。例如，在实际执行中缺乏详细、可操作的指南和程序。这在一定程度上抑制了法律法规的执行力度，影响了灾害应对的效果。

二是缺乏监管力量和执行力度。即使一些法律条款已经明确了应该如何处理某些应急事件，但在实际操作中，由于缺乏监管力量和执行力度，这些法律条款无法得到有效执行。比如，在环境污染事故的应急处理中，尽管有相应的法律法规规定企业必须采取应对措施，但由于缺乏有效的监管机制，一些企业仍选择逃避责任。

(三) 应急专业人才法规知识不足

应急管理是一个高度专业化的领域，需要有足够的专业知识和能力来负责处理各种应急事件。然而，在现实中，许多负责应急管理的专业人才并没有充足的法规知识，这在一定程度上影响了他们对法规的理解和执行力度。具体而言，主要包括以下几个方面。

一是法规知识的不足对应急响应能力的影响。截至2020年，中国已经成功地应对了一系列自然灾害，包括2008年汶川地震、2013年青海玉树7.1级地震、2020年新冠疫情等。这些成功都与中国出色的应急管理系统息息相关，但是其中也暴露出应急专业人才在法规知识方面的不足。一项由中国救援和救灾基金会在2020年进行的社区应急反应能力评估报告指出，大部分应急专业人才缺乏对自然灾害应对法规的认识和理解。导致这种现象的原因可能有多种，如法规训练和学习资源的不足、法规教育在应急管理课程中的地位不高等（莫于川和莫菲，2020）。这种法规知识的不足对应急响应能力产生了显著的影响，比如在应对汶川地震时，由于对"应当对灾害发生后的紧急避难、医疗救助、物资供应等进行统一指挥，进行有效整合"法律知识的理解不足，一些救灾队伍在实际操作过程中无法做到有效整合，导致救援效率低下。

二是法规知识不足对应急管理的持续改进的影响。法规不仅是指导应急管理实践的重要依据，也是推动其改进的有力工具。虽然中国应急管理领域的法规体系正在快速发展，新的法律和政策不断出台，但应急专业人才的法规知识更新速度却远远跟不上。以《自然灾害救助条例》的修订为例，此次修订主要涉及抗灾救灾政策、社会救灾、监督管理等方面，旨在优化改善自然灾害救助工作流程，提高救助效率。然而，如果应急专业人才对最新法规的理解和应用能力不足，那么这些良好的法规改革就无法转化为实际行动，从而影响应急管理工作的持续提升。

四 应急预案

应急预案是指对可能出现的突发事件进行事先规划，包括评估可能的风险、确定应对策略、设定工作流程等内容。当前，中国的应急预案编制工作也面临一些挑战。

（一）应急预案制定不够科学

科学合理的自然灾害应急预案是防灾减灾工作的重要组成部分。然而，中国的自然灾害应急预案在实践中仍存在以下问题。

1. 应急预案泛化、模板化情况严重

中国当前自然灾害应急预案制定中存在一定程度的泛化和模板化现象。这意味着许多预案无法针对具体的灾害类型、特定的区域环境和社会条件进行详细和深入的规划，导致在真正的灾害发生时，应急预案指导性不强，实施效果受限。

一是泛化和模板化导致的应急预案执行效果差。应急预案需要独特性和针对性，应根据不同类型的灾害、不同程度的可能影响进行详细分析并做出相应的应对措施。然而，目前许多地区的应急预案看起来更像是"一刀切"的通用解决方案，缺乏针对具体场景的应对策略。例如，在2021年河南郑州"7·20"特大暴雨灾害中，由于缺少对城市内涝等复杂情况的详细应对预案，导致灾害应对工作受阻，损失进一步扩大。

二是泛化和模板化使应急预案的演练效果不佳。模拟演练是灾害应急预案的重要组成部分，通过模拟真实的灾害情况，可以检测应急预案的合理性，并提升应急人员的应急能力。但如果应急预案过于泛化和模板化，那么在模拟演练中将难以反映真实的灾害场景，从而导致应急预案的实际效果与预期效果有较大的差距。

2. 预案更新机制不健全

建立一套高效、科学并能及时反馈实际情况的自然灾害应急预案是当前中国面临的一项重要任务。然而，中国目前的自然灾害应急预案更新机制不健全，使很多已经不能适应实际需求的预案仍在使用，这无疑增加了灾害应对的难度。这里从预案内容的及时更新、预案执行效果的评估与反馈、新技术在预案更新中的应用问题等方面进行分析。

一是预案内容的及时更新。在过去的几年里，中国已经发布了许多关于自然灾害应急预案的规定和指导。然而，由于缺乏一个完善的预案更新机制，这些预案往往在发布后长时间无法得到更新和优化。

二是预案执行效果的评估与反馈。预案的执行效果评估与反馈是更新机制中非常重要的一环，但现阶段中国在这方面的工作还相对薄弱。执行效果的评估与反馈对于预案的改进和优化具有十分重要的意义。

三是新技术在预案更新中的应用问题。随着科技的进步，新兴技术已经渗透在我们生活的方方面面。例如智能感知技术、大数据、无人机技术、区块链技术、人工智能技术等，这些新兴技术的运用在现阶段的预案中提及较少，未能做到与时俱进。这导致现阶段的许多救援仍然停留在老式救援方式状态，极大影响了应急救援效率。

（二）应急预案演练不足

制定并执行有效的自然灾害应急预案至关重要。然而，实践中中国一些地区、部门的应急预案的演练频率不够，导致在真正应对突发事件时，预案不能发挥应有的效果。

1. 实际演练与真实灾难情况的差距过大

虽然中国每年都会开展多次应急预案演练活动，但是这些演练往往无法模拟真实的灾难情况。在真实灾害情况下，我们的应急预案和现行的防控体系之间往往存在显著的差距。例如，应急物资储备不足、卫生和医疗资源分配不均，以及疫情信息公开不及时等问题。因此，我们的应急预案演练需要更加接近实际，以便能够在真实灾难情况下，迅速并有效地应对。

2. 应急预案演练的参与主体不足

目前中国的应急预案演练主要由政府部门和专业救援机构进行，广大的群众和社区往往缺乏参与。然而，真正的灾害应对需要全社会的共同参与。如果缺乏对群众和社区灾害应对知识的普及，就会导致一些不必要的人员伤亡和财产损失。因此，扩大应急预案演练的参与者，使其更具全民性，将有助于提高灾害应对的效果。

（三）应急预案普及程度不够

1. 应急预案的普及和理解程度偏低

在中国自然灾害应急预案建设过程中，一个主要的挑战是其普及和理解程度偏低。令人担忧的是，尽管政府已经制定了许多应急预案，但这些预案在公众中的认知度并不高。其中，一个关键问题是信息传播的不足。应急预案通常被视为"政府事务"，很少能够在公众媒体上获取相关信息。在实际应急处置中，由于缺乏对预案的理解，公众往往无法做出有效的响应，这对命令链的执行和危机管理的效率产生了负面影响。

此外，应急预案的复杂性也使普及工作变得困难。以地震应急预案为例，它涉及多个层次的决策，并需要与其他预案（如火灾、洪水等）相互配合。对于非专业人士来说，理解和执行这些预案可能具有一定的难度。

面对这个问题，我们应该借鉴其他国家的成功经验，例如美国联邦应急管理局通过网站、社交媒体，甚至电视广告等方式积极推广应急预案,并提供各种教育资源以帮助公众更好地理解和使用这些预案。

2. 地方应急预案建设的滞后

中国是一个地理环境和气候条件极其复杂的国家,面临多种类型的自然灾害风险。因此,应急预案建设需要兼顾全国性和地方性的考虑。然而,在实践中,地方应急预案的建设往往滞后于全国性的规划。根据《2020年中国防灾减灾救灾慈善报告》,尽管全国已经制定了一系列的应急预案,但在地方层面,尤其是在一些较为落后的地区,应急预案的建设仍然存在明显的短板。

地方应急预案的内容和质量也存在问题。在一些地方,应急预案的制定往往只停留在文件和规定的层面,缺乏实质性的实施计划和有效的检查机制。这导致在实际应对灾害时,这些预案的效用大打折扣。

针对这个问题,我们需要进一步推进地方应急预案的建设,同时加强对地方应急预案的监督和评估。此外,我们还可以借鉴欧洲的做法,通过跨地域的协作,提高应急预案的制定和实施效率。

3. 公众意识的培养水平

公众的灾害防范意识和参与程度也是影响自然灾害应急预案普及的重要因素。根据中国社会科学院发布的《中国社会心态研究报告2021》,虽然绝大多数的受访者表示理解并认同应急预案的必要性,但在具体的行动上,如定期进行防灾演练、家中准备必要的救灾物资等,还存在明显的不足(中国社会心态研究报告,2021)。

那么如何将应急预案从理论转化为公众日常生活中的实践,这就需要通过多种方式提高公众的灾害防范意识,如通过教育、培训、演练等使公众不仅知道应急预案的存在,而且能够在发生灾害时有效地执行这些预案。

第二节　可能的解决方案和发展路径

随着社会经济的快速发展，中国的应急管理体制面临更加复杂且紧迫的挑战。为了有效应对这些挑战，我们需要进行全面的应急管理体制的优化和调整。未来中国的应急管理应在体制优化、机制创新、法制建设和预案标准化等多个方向进行全面深入的改革创新与发展。

一　应急管理体制的优化和调整

自然灾害应急管理体制是影响应急效率的关键因素。在现有体制中，各部门之间的协同性不强，反应速度相对较慢。为了更有效地应对自然灾害，我们建议未来在体制上进行以下优化和调整。

（一）加强跨部门协作

通过设立跨部门的应急指挥平台，实现信息资源共享，提高灾害响应速度。这样就可以避免因信息不通畅导致的反应延迟。

1. 建立统一的协调决策机构

在当今社会，自然灾害的频繁与复杂性使应对这类事件需要多个部门共同参与。但是，通常这些部门承担着不同的任务和角色，可能存在协调不良的问题。因此，建立一个统一的协调决策机构，作为各部门沟通的桥梁，可以提高协同工作的效率。以洪涝灾害为例，其应急管理涉及水利、气象、交通等多个部门的协作。在这种情况下，将各部门聚集在一个统一的决策机构中，通过共享信息和资源协调行动，能更有效地应对灾害。

2. 加强信息共享和数据融合

信息共享和数据融合是优化自然灾害应急管理体制的另一个关键

点。实时、准确的信息是快速、有效应对自然灾害的关键。反之，各部门间的信息壁垒会阻碍灾害情况的全面评估和救援资源的合理分配。以2021年甘肃省瓜州县发生的地震为例，此次地震发生后，中国地震台网快速测定和发布了地震参数，并立即启动应急响应，相关部门如公安、交通等迅速获取信息并开展救援工作。可见加强信息共享和数据融合，可进一步优化中国的自然灾害应急管理体制。

3. 提高跨部门演练和培训水平

除了建立统一决策机构和加强信息共享外，还需要通过跨部门的演练和培训来提高应对自然灾害的能力和灵活性。每个部门都需要深入理解其他部门的职责和工作方式，以便在真正的灾害场景中做出最好的反应。以2020年北京市举办的"京津冀地震应急联动演练"为例，此次演练包括了地震、交通、消防等多个部门，通过实战模拟，提高了各部门的协作能力和应对灾害的效率。这些演练不仅提高了各部门的协作能力，也提高了整体应对自然灾害的能力和效率。因此，提高跨部门的演练和培训，可以进一步优化中国的自然灾害应急管理体制。

（二）完善资源配置

1. 提高科技在资源配置中的作用

在过去的几年里，科技在中国的自然灾害响应和应急管理中发挥了重要作用。从GIS系统到大数据分析，这些工具正在改变我们对灾害影响的理解以及预防、响应和恢复重建的方式。然而，尽管科技在一定程度上改进了我们的应急响应，但我们还需要优化其在资源配置中的应用，以提高我们的灾害管理能力。比如通过使用先进的气候模型和遥感技术，我们可以更好地预测洪灾的可能性和范围，并据此进行资源的预分配。此外，我们也可以利用大数据和人工智能算法进行实时的灾情监控和损失评估，以便于快速、精确地调配救援资源。

因此，我们需要将科技应用到资源配置的每个环节，包括灾害风险评估、预警、救援与恢复等。只有这样，我们才能充分利用科技的优势，提高我们的应急管理效率和效果。

2. 建立和完善多元化的资源供应链

在自然灾害应急管理中，资源供应链的完善是保证救援效率的关键。然而，目前我们的资源供应链存在一些问题，如资源的单一性、供应的不稳定性等。为了解决这些问题，我们需要建立和完善多元化的资源供应链。这不仅意味着我们需要多种类型的资源，如食品、医疗设备、救援人员等，同时也意味着我们需要多种来源的资源。只有通过多元化的资源供应，才能有效应对各种灾害带来的挑战。

3. 改善资源配置的公平性

在自然灾害应急管理中，公平性是一个重要的问题。因为如果资源配置不公平，不仅会增加灾区人民的苦难，还会引发社会矛盾，影响灾后恢复。目前，中国的资源配置主要集中在城市和经济较发达的地区，而农村和经济较落后的地区往往得不到足够的资源支持。此外，对于特殊群体，如老人、儿童、残疾人等，我们的资源配置也存在不足。

因此，我们需要改善资源配置的公平性。一方面，我们需要优化资源配置的地域布局，确保资源能够覆盖全国各地，特别是农村和经济较落后的地区。另一方面，我们需要优化资源配置的群体布局，确保所有人都能得到所需的帮助。总的来说，我们需要从提高科技在资源配置中的作用、建立和完善多元化的资源供应链、改善资源配置的公平性三个方面，优化和调整中国的自然灾害应急管理体制。

（三）专业化的救援队伍建设

1. 加强和规范救援队伍专业化建设

在自然灾害的应对中，救援队伍是第一线的力量。他们快速、高效、专业的行动是减轻灾害损失、保护人民生命财产安全的关键。然而，在过去的实践中，我们发现中国救援队伍仍存在一些问题，如力量分散、协调配合不足、专业能力参差不齐等，这些都限制了救援队伍力量的发挥。因此，加强和规范救援队伍的专业化建设尤为重要。

首先，我们需要打破行政区划的束缚，推进救援队伍的联合行动。例如，2019年台风"利奇马"过境福建，多地的救援队伍通过联合行动，最终将损失降到最低。这说明救援队伍之间的合作非常重要，只有打破行政区划的界限，才能实现资源的最大化利用。

其次，我们需要加强救援队伍的专业能力培养。一方面，可以通过引入专业人才、举办专业培训等方式提升救援队伍的专业素质；另一方面，也需要编制适合中国实际情况的各类救援手册，以便救援队伍在应对特定类型的灾害时具备标准化的操作方法。

2. 创新救援队伍的组织模式和运行机制

传统的救援队伍往往由政府直接领导，但随着社会经济的发展，公众对于参与社会公共事务的需求越来越强烈，志愿者救援队伍的崛起成为一种趋势。如何有效地利用这种新型力量，是中国自然灾害应急管理体制需要考虑的新课题。

首先，我们需要重视并借鉴"蓝天救援队"等志愿者救援队伍的经验。他们不仅具有灵活高效的行动能力，而且能够紧密结合社区，发挥群众的主观能动性，形成群防群救的格局。例如，在2018年山西临汾的洪水灾害中，"蓝天救援队"就发挥了重要作用。

其次，我们需要探索建立合理的运行机制，使政府与志愿者救援队伍之间形成良好的互动。如北京市在2020年已经制定了《北京市应急救援志愿者服务管理办法》，明确了志愿者的权益保障、职责任务等内容，为志愿者救援队伍的发展提供了制度保障。

3. 引进科技创新提高救援队伍的应急响应能力

面对自然灾害，救援队伍的应急响应能力直接决定了救援工作的效果。近年来，随着科技的发展，一些新技术、新设备开始被用于救援工作，极大提升了救援效率。比如，在2020年湖北黄梅县发生的山体滑坡事件中，无人机在第一时间内完成了灾区的航拍，为后续救援工作提供了重要的信息。

一方面，中国需要加大科技设备的投入，使救援队伍能更好地利用科技进行应急响应。例如，无人机、遥感卫星、移动通信车等设备的广泛应用，都能提高救援队伍的应急响应能力。另一方面，中国也需要增强救援队伍的科技素养，使之能熟练操作这些设备。这就需要对救援队伍进行科技培训，使之能随时处理复杂的灾害场景。

总的来说，中国的自然灾害应急管理体制正在不断优化和调整，其中，救援队伍作为一线力量，他们的专业化建设、组织模式和运行机制创新，以及科技创新的引进，都是必不可少的。同时，我们还需要从更多的角度进行深入研究，以期构建出更完善、更高效的应急管理体制。

二 应急管理机制的创新和拓展

应急管理机制是灾害管理工作的核心，直接影响自然灾害应对的成效。对于新的种类和形式的自然灾害，传统的应急管理机制往往难以适应。因此，需要创新和拓展应急管理机制。

（一）智能化的应急管理

利用大数据、人工智能等新技术，实现应急管理的精确化和智能化。例如，湖北省在2020年疫情防控期间就运用大数据技术进行疫情监测、预警及分析评估。具体而言，可从以下几个方面提升应急管理的智慧化。

1. 人工智能在自然灾害预测和警报中的应用

随着人工智能技术的迅速发展，越来越多的应用已经被融入自然灾害预警系统中。以深度学习为代表的人工智能技术通过对海量数据进行分析和学习，可以对复杂的气候系统建模并预测其未来的趋势。

例如，中国气象局在 2019 年推出了基于人工智能的气象灾害预警系统（A-FAS）。这个系统通过对过去的气象数据进行深度学习，能够提前 24 小时预测地区性暴雨，其准确率远超传统的预警方法。这种预测技术的应用不仅能够帮助我们提前预知可能发生的灾害，从而做好防备，还能在灾害发生后快速评估受影响地区的损失，为救援行动提供准确的信息。

2. 智能化决策支持系统在自然灾害应急管理中的角色

自然灾害应急管理是一个涉及多方面因素的复杂决策过程，需要考虑灾害的种类、规模，受影响地区的地理位置、人口密度等许多因素。因此，如何利用大数据和人工智能技术来辅助决策，已经成为当前研究的重要课题。

近年来，中国已经有很多地区开始使用智能化决策支持系统来协助自然灾害的应急管理。例如，四川省在 2018 年启动了"智慧防灾减灾决策支持系统"项目，这个系统整合了气象、地震、地质、水文等多方面的数据，并结合人工智能算法进行自动化分析，能够为决策者提供科学、精准的决策依据。

3. 无人机和遥感技术在灾后救援和恢复中的应用

无人机和遥感技术是现代科技发展的产物，也逐渐被引入自然灾害的应急管理中。无人机可以快速、低成本地进行灾区的勘察和评估，遥感技术则可以通过收集地面的反射和发射信号获取灾区的详细信息。

在 2017 年九寨沟地震后，中国民航大学开展了无人机灾后评估工作。通过无人机飞行，他们快速获取了灾区的高清影像资料，为灾后的救援和恢复工作提供了重要的信息支持。而在灾后恢复期间，遥感技术的应用也能有效监测灾后环境的变化，为灾后重建提供参考。

4. 智慧应急赋能基层治理

基于大数据、云计算、人工智能等先进技术，可以有效提高自然灾害预警、响应、救援等环节的效率和精度，尤其在基层应急管理中具有显著价值。

在基层应急管理中，智慧应急的推广具有巨大的潜力和价值。首先，它可以提高基层应急管理的实时性和精确性。通过对各类传感器和监测设备收集的大数据进行分析，可以在最初阶段就发现可能的危险，并立即采取措施。其次，智慧应急还可以提高基层应急的决策能力。通过人工智能算法，可以模拟不同的应急方案，帮助决策者做出更明智的选择。

尽管智慧应急在基层已经取得了一些成绩，但仍存在一些挑战。例如，如何在广大农村地区推广智慧应急，如何提高基层干部和群众的数字素养，如何保证数据安全等问题仍然需要进一步解决。

目前，智慧应急在中国的自然灾害应急管理中已经发挥了重要的作用。未来，我们期待看到更多的创新和拓展，让智慧应急真正惠及基层，更好地服务于人民。

(二) 社会力量的广泛参与

中国自然灾害的频发对国家和人民生命财产造成了严重威胁。随着科技进步和社会经济的快速发展，中国自然灾害应急管理模式也在不断变革和发展。特别是在社会力量广泛参与的情况下，我们可以看到一些新的趋势和改变。这里从三个方面探讨社会力量广泛参与下的中国自然灾害应急管理机制的创新和拓展。

1. 公众参与：信息化进程推动公众参与度的提升

在信息化进程的推动下，公众参与度在逐渐提高。随着互联网和社交媒体的快速发展，越来越多的普通公众能够快速获取并传递自然灾害的相关信息。例如，当前热门的社交平台，如微信、微博等，已经成为公众获取和分享自然灾害信息的主要渠道。2021年的数据显示，中国的互联网用户达到了9.89亿人次，其中，约有7.12亿用户通过微信和微博等社交媒体获取和传播信息。

这种现象反过来又推动政府在自然灾害管理中更积极地利用互联网和社交媒体。例如，在2020年湖北省发生的洪水灾害中，政府通过各类社交媒体平台发布实时信息，并调动公众共同参与救援行动。这样的做法大大提高了应急响应的效率，也拉近了政府和公众之间的距离。

同时，信息化也让公众有更多渠道参与自然灾害的防治。例如，公众可以通过在线志愿者服务平台报名参加救援队伍，或者通过公益众筹平台为灾区捐助物资等。又如，2020年北京的"风险地图"项目，就是通过公众参与，共同绘制出一个城市的安全风险地图。这些都显示出在信息化推动下，中国公众参与自然灾害应急管理的程度正在不断提高。

2. 企业参与：企业社会责任与灾害管理相结合

我们可以观察到的趋势是企业积极承担社会责任、参与自然灾害应急管理。从最近几年的案例来看，许多企业以其专业技术和人力资源优势，成为应急管理的重要力量。

比如，2020年新冠疫情期间，各大互联网公司利用其在线平台，提供疫情信息查询、线上咨询、线上捐赠等服务，为抗击疫情做出了积极贡献。同时，还有许多制造业企业迅速转产，生产口罩、防护服等疫情防控必需品。这充分体现了企业在灾害管理中的重要作用。

而这则显示出一个新的发展趋势——企业社会责任与灾害管理的结合。在全球化和社会责任观念日益深入人心的今天，企业不仅要关注经济效益，还要承担社会、环境责任。因此，将企业资源引入灾害应急管理中，既是企业履行社会责任的表现，也能有效提高中国自然灾害应急管理的效率和效果。

3. 非政府组织的参与：强化对灾害管理的补充和支持

非政府组织（NGO）在自然灾害应急管理中的作用日益显现。由于具备灵活高效、接地气等特点，NGO在灾害救助中往往能发挥重要作用。

在2020年中国西部的山火灾害中，NGO"绿色江南"便积极参与了救援工作。他们利用自身在环保领域的专业知识和人脉资源，协助政府进行山火灾区的植被恢复工作。而在2021年河南郑州"7·20"特大暴雨灾害中，同样有众多NGO立即行动，投入救援和恢复工作中。他们的参与不仅有效地补充了政府的资源和能力，也为灾民提供了更加人性化、更具针对性的帮助。

这些案例说明NGO已经成为中国自然灾害应急管理体系的重要组成部分。未来，我们需要进一步完善相关政策，引导和规范非政府组织的发展，使其在灾害应急管理中发挥更大的作用。

综上所述，社会力量广泛参与是中国自然灾害应急管理机制创新和拓展的重要方式。无论是公众、企业还是非政府组织，他们的参与都为提高灾害应急管理的效率和效果做出了重要贡献。未来，我们需要进一步发挥各类社会力量的作用，同时也需要建立更完善的政策体系，引导和规范各类社会力量的参与，以此推动中国自然灾害应急管理机制的持续创新和拓展。

（三）强化灾害风险管理能力

面对重大自然灾害，有效的风险防范和化解能力是保障人民生命财产安全的重要因素。近年来，由于气候变化和地球物理活动等诸多原因，全球自然灾害频次增多，威胁程度愈发严重。在这种背景下，必须探索和实施创新的自然灾害应急管理机制以强化灾害风险管理能力。

1. 预警机制的创新

中国在应对自然灾害方面采取了预警制度的创新。过去，预警系统主要依赖人工观测和预报，然而现在随着科技的进步，自然灾害预警系统已经实现了数字化、智能化和精细化。

一个最新的案例是2020年中国气象局启动的"新一代天气雷达数据业务化应用项目"。该项目利用高科技阵列雷达进行全天候、全方位的观察和监测，实时收集大规模的天气数据，并通过人工智能算法进行分析预报。据统计，在过去的一年中，这款新型雷达成功预警了80%以上的极端天气事件，有效降低了自然灾害对生命财产的影响。

但这仅仅是顶层设计，真正的挑战在于如何将这些高科技预警信息传递给基层群众。因此，中国政府也在社区层面推出了一系列预警信息传播的创新措施。例如，利用手机短信、App推送、电视广播等多种方式快速准确地向公众发布预警信息，使每个人都能第一时间获取灾害预警，并采取相应的避难措施。

2. 应急救援能力的提升

中国近年来也在不断提升其应急救援能力。2018年，中国成立了专门负责自然灾害救援的应急管理部，负责统一协调和指挥全国的应急救援工作，这标志着中国应急救援体系进入了一个全新的阶段。

为提升救援效率，该部门与各省市紧密合作，建立起一套高效的应急救援网络。同时，也注重引进先进的救援设备和培训救援人员，以提高救援行动的速度和效果。据应急管理部的报告，2019年全国共调动救援力量547.4万人次，投入各类救援物资1200余万吨，成功救助灾民达 1 亿人次。

另外，中国应急救援体系还充分整合了社会资源。例如，国家鼓励并指导企事业单位和公众参与应急救援活动，形成了强大的社会救援力量。这种机制的有效性在 2020 年四川毛儿盖山体滑坡灾害中得到了充分展现，当地的企业和公众积极参与救援工作，大大提高了救援的效率。

3. 灾后重建与恢复的深度拓展

中国在灾后重建和恢复方面也有显著的创新。以往，灾后重建主要聚焦于基础设施的修复，然而现在中国政府更加注重从源头上解决问题，通过改变土地使用方式、加强生态保护、提升建筑标准等手段，从根本上减少自然灾害的发生。

重要的案例之一是 2008 年汶川地震后的重建工作。政府采取了一系列措施，如转移易地搬迁、恢复生态环境、提升建筑抗震标准等，有效防止了地震灾害的再次发生。2018 年的数据显示，汶川县的地震灾区已经恢复到了地震前的水平，甚至在很多方面超过了地震前的发展水平。

此外，中国政府也高度重视灾后心理援助，以帮助灾民从精神上恢复正常生活。例如，在 2020 年湖北省洪涝灾害后，政府开展了大规模的心理援助工作，包括设立心理援助热线、派遣心理援助专家团队到灾区开展工作等。这些举措对于提升灾民的心理韧性、防止灾后创伤应激障碍的发生具有重要意义。

总的来说，中国的自然灾害应急管理机制正在通过预警机制的创新、应急救援能力的提升，以及灾后重建与恢复的深度拓展，不断优化和完善。然而，我们也应认识到自然灾害管理是一个长期、复杂的系统工程，需要我们持续学习、探索和努力。

（四）创新应急教育与培训

1. 数字化教育与模拟训练

自然灾害应急管理从过去的实地演习逐渐转变为数字化的教育和模拟训练。这种创新的方法允许我们在不造成实际损害或风险的情况下进行模拟操作，可以更好地准备应对真实的重大事件。数字化教育与模拟训练基于最新的技术，如虚拟现实（VR）、增强现实（AR）以及人工智能（AI）。例如，2021年，四川省应急管理厅采用了一种被命名为"虚拟仿真训练系统"的工具，它可以模拟范围各异的应急场景以提升培训效果。

该系统能够生成各种各样的自然灾害情景，包括地震、洪水、火灾等，并且能够让受训者在这些模拟环境中进行实践操作。该系统为参训人员提供了一个安全而全面的平台，使他们能够在没有真实危险的情况下接触到各种可能的应急情况，甚至是那些只有在极端情况下才可能进行的操作。

通过这个虚拟仿真训练系统，管理者和参训人员都可以详细了解到自己在管理和应对自然灾害时的反应和决策是否妥当。此外，其生成的数据还可用于进一步改进培训课程和评估受训者的能力。

2. 社区参与型应急管理教育

社区参与型应急管理教育也是近年来的一个创新点。在这种方式中，公众作为主要参与者而非传统的被动接收者进行灾害应急知识的学习和实践。这不仅帮助公众了解并掌握应对自然灾害的基本知识和技能，而且还让他们有机会参与应急预案的制定过程，提出自己的想法和需求。这种方式的优点在于公众作为灾害应对的第一线，能够更有效地响应和管理灾害，同时也能提升他们的自我保护能力。另外，由于公众直接参与，有利于政府部门更好地理解和满足他们的需求，从而做出更符合实际的应急预案。

3. 跨领域协同教育

随着科技的进步和社会的发展，自然灾害应急管理无法依靠单一领域的知识和技能。因此，跨领域协同教育应运而生，旨在整合多领域的知识和资源，以提高应对灾害的能力。例如，美国加州大学洛杉矶分校于2019年启动了一项新的项目，将地质学家、气象学家、城市规划师、医生和心理学家等不同领域的专家组织起来，共同进行自然灾害应急管理的研究和教育。在这个项目中，来自不同领域的专家可以共享自己的专业知识和视角，共同研究如何预测、防止和管理自然灾害。同时，通过建立跨领域的协同教育平台，他们还可以向学生和公众传播这些综合性的应对策略。

这种跨领域协同教育的优点在于它不仅可以提供更全面和深入的认识，而且可以培养出具有广泛视野和多元思维的应急管理者。他们能够根据具体的灾害类型和环境，灵活运用所学知识，提出并执行有效的应对策略。

三 法制建设的深化和完善

法制是保证应急管理工作顺利进行的基础。在应急管理法制建设方面，可从以下几个方面进行完善和发展。

(一) 明确法律责任

通过修订相关法律法规，明确各个环节的法律责任，保证应急管理的有效执行。例如，《中华人民共和国突发公共卫生事件应急条例》就明确了各级政府、卫生健康主管部门及其工作人员在突发公共卫生事件应急中的法定职责和义务。

1. 提高立法科学化水平与系统化程度

近年来，随着社会经济的发展和科技的进步，中国自然灾害应急管理法规制定和修改都在向更加科学化和系统化的方向发展。例如，2019年颁布实施的《中华人民共和国突发公共卫生事件应急条例》将各级政府在防范和处置突发公共卫生事件方面的责任进行了详细规定，可视为具有里程碑意义的立法改革。

这种明确法律责任的方式，借助科学研究的力量，将复杂的自然灾害问题转化为可以被量化和分析的模型。再结合大数据分析、AI预测等前沿技术，可对自然灾害可能出现的风险进行评估，并及时采取应急措施。此外，这种法规还强调了各级政府、相关部门和社区的联动，倡导整体防治，提高了中国自然灾害应急管理的效率。

2. 健全责任追究机制，保障法律执行力

法律责任明确是一方面，如何落实法律责任同样重要。近年来，中国通过建立健全责任追究机制，切实保障了法律的执行力。同时，建立了追责问责机制，对在疫情防控工作中失职渎职的单位和个人依法依规进行严肃处理。这一机制的设立旨在实现权力透明，防止滥用职权，确保每一项法律条款得以有效执行，从而提高中国自然灾害应急管理的响应速度和质量。

3. 加强跨区域合作，打造协同防控体系

自然灾害不受行政区划限制，其应对需要各地区间的协同合作。近年来，中国积极推动跨区域协同防险体系建设，强化了各级政府间的协调配合。比如，针对近年来频发的洪涝灾害，中国发布了《长江防汛抗旱应急预案》，明确了长江流域各省份在防汛救灾中的责任和职能，强化了上下游地区的协同防控。

同时，该预案也强调了流域内环保和气候变化问题，明确了环保部门在防汛工作中的重要责任，推动了环保和防灾工作的融合，提高了防灾工作的科学性和实效性。

(二) 不断完善立法机制

为了更有效地预防和应对自然灾害，我们需要不断改革和完善相关的立法机制。

1. 提高立法的科学性和前瞻性

在面对自然灾害时，往往需要借助现代科技手段才能实现快速准确的预警和救援。因此，我们应该增强法规的科学性和前瞻性，从源头上减少自然灾害带来的损失。

以 2018 年《中华人民共和国防洪法》的修订为例，这次修改增加了对防洪预警系统的要求，并明确指出应当利用现代科技手段提高防洪工作的效率。这些修改充分体现了立法者对科技在防治自然灾害中的重要性有了更深的认识。

然而，目前的立法过程中还存在对科技发展趋势把握不准、科技应用不够广泛等问题。未来，我们可以尝试引入专门的科技咨询机构，在立法初期就参与法规的研究和起草，将最新的科研成果和技术发展趋势纳入法规中。同时，我们也可以定期对法规进行评估和修订，保证其能够适应科技发展的步伐。

2. 促进政府、企业和公众的协同参与

灾害应急管理的特殊性决定了它不能只依靠政府一个层级来完成。我们需要通过立法鼓励政府、企业和公众三方的协同参与，形成共享共治的新格局。

近年来，中国已经在这方面取得了显著的进步。例如，2023 年发布的《中华人民共和国突发事件应对管理法（草案）》（关于修订突发事件应对法的议案）不仅规定了政府的职责，也明确了企业和公众在应急管理中的角色。由于这个条例的实施，企业和公众的参与度大大提高。

但是，当前的立法还存在角色定位不清、权责不明确等问题。比如企业在灾害预防和应对中的责任没有明确规定，导致在实际操作中存在空白和漏洞。针对这种情况，我们应该对相关法规进行细化和完善，明确各方的权利和责任，为他们的参与提供法律保障。

3. 完善国际合作机制

自然灾害没有国界，它可能影响一个甚至多个国家。因此，在自然灾害应急管理上，国际合作机制的建设是必不可少的。

以新冠疫情为例，疫情迅速蔓延全球，这就需要各国协同应对。中国在这方面的做法值得借鉴，如中国积极分享防疫经验、提供医疗物资援助、推动国际疫苗合作等。

在法制建设上，应当考虑建立更完善的国际合作机制。例如，加强与其他国家的法律交流和协调，推动形成统一的国际规范。此外，法律应明确规定对国际援助的接受和提供，以保障援助的顺利进行。

(三) 加强法制教育

通过开展广泛的法制教育活动，提高公众的法制意识，使其知道在灾害发生时应当如何合法、有序地行事。

1. 加强科技在法制中的应用

在法制教育中，我们不能忽视科技的作用，尤其是在自然灾害应急管理上。及时、准确地获取信息和传播至关重要。例如，通过AI和大数据的技术可以提前预警灾害，从而提高响应速度和效率。同时，云计算等技术也可以助力数据的存储、处理和分析。此外，区块链技术可以用于保证数据的不可篡改性和透明性，提高数据的可信任度。

因此，未来的自然灾害应急管理法制建设需要充分考虑到科技的应用。具体来说，法律或相关政策应鼓励科研机构、企业等使用先进的科技手段。此外，还应设置相应的监管机制，以防止滥用技术或信息泄露等问题。

2. 深化公众参与和社区建设

自然灾害应急管理不仅仅是政府的事情，也十分需要社会各界的参与。近年来，中国在强化法律责任的同时也逐步推动公众参与。例如，2020年武汉新冠疫情暴发后，全国各地纷纷组织起志愿者团队，参加疫情防控工作，充分显示了公众的社会责任意识。

参考《中华人民共和国突发事件应对法》第十六条，公民有义务按照应对计划参与突发事件的应对工作。然而，目前的问题是公众对于灾害应对的知识和技能往往不足，导致他们在灾害发生时无法有效应对。

为解决这个问题，应大力推行灾害教育和训练。例如，定期在社区进行火灾或地震演习，让居民了解在这些情况下应该如何自救和互救。另外，通过线上平台发布灾害准备和应对的知识，使公众在日常生活中就能够学习和理解。毕竟灾害的发生往往是突然的，公众的自救和互救能力直接关系灾害救援的效果。

据统计，2020年中国全年共发布自然灾害预警信号2304次，覆盖人口超过10亿人。这说明中国已经拥有了较好的自然灾害预警系统。然而，如何正确理解和应对这些预警，需要公众具备相应的知识和技能。

法律方面，可以将灾害教育和训练纳入法律要求，规定政府和企业定期开展灾害防治知识的普及活动，使之成为各级政府、学校、企业等的职责。此外，法律还应保护和激励公众的参与，比如设立志愿者保护条款，或提供税收优惠等激励措施。

3. 加强法制教育培训

在全社会普及自然灾害应急知识和法律法规，使公众具备基本的应对自然灾害的能力。这就需要从以下几个方面入手。一是制订合理有效的法制教育培训计划，包括目标群体、内容、形式、频率等多方面因素。二是建立法制教育培训长效机制，不断满足公众对法制知识的需求。三是利用各种媒体和平台进行广泛深入的法制宣传，提高公众对应急法制的认知度。比如，2020年，四川省甘孜州就已经开始实施《甘孜州中小学生灾害防治教育工作实施方案》，通过课堂教学、实地教学、网络教学等方式，让学生全面了解应对灾害的法制知识和技能。

（四）加大法制监督力度

除了教育和科技，还需要加大对应急管理法制执行的监督力度。包括但不限于以下几个方面。

1. 建立完善的应急管理法制监督机制

就完善法制建设而言，完善和强化对自然灾害应急管理法制的监督机制显得尤为重要。尽管中国已有一系列的应急管理法规和政策，但在实际执行中仍存在问题，在监督机制的制度设置方面存在不足。

目前，中国自然灾害应急管理法制的监督主要集中在事后审查，而对于事前预防、过程控制的监督相对薄弱，这使一些地方在应对自然灾害时缺乏前瞻性的防范意识，而更多地依赖于事后的补救措施。

基于此，建议从以下几个方面改革和完善监督机制。第一，提高事前预防和预警的监督力度，将重心从事后追责转向事前防范。具体措施包括加强自然灾害风险评估，确立科学的防灾减灾目标，改进应急预案的编制方法等。第二，加强对自然灾害应急管理的社会监督。充分利用媒体、公益组织等社会力量，提高公众参与，打造鼓励公众举报、反馈的开放、透明的监督环境。

2. 对违反应急管理法制行为进行严厉惩处

除了完善的监督机制，对违反应急管理法制行为的严厉惩处也是保障法规有效执行的重要手段。

在当前的应急管理框架下，对于违规行为的处罚通常表现为经济处罚或行政处罚。然而，这些处罚往往难以形成足够的威慑力，导致在实际操作中，一些单位或个人出于各种原因选择忽视或破坏应急管理法规。仅以最近几年的数据来看，中国每年都有多起因违反应急管理法制而引发的自然灾害应对不当的事件，如2019年泸州"7·16"特大暴雨洪涝灾害中，部分区域由于违反防洪安全规定，导致灾情加重。

为此，建议采取以下方式加大对违法行为的处罚力度。一是将严重违反自然灾害应急管理法规的行为纳入刑法范畴，设立专门的罪名，从源头上震慑潜在的违法行为。二是建立健全灾害责任追究制度，对于因违法行为导致的灾害损失，应由责任人依法承担赔偿责任。三是通过强化监督机制和加大处罚力度，可以促进中国自然灾害应急管理法制的健康发展，从而更好地保护人民的生命财产安全。

3. 建立完善的灾害信息公开制度

灾害信息的公开与通报是自然灾害应急管理的重要环节。灾害信息的及时公开可以帮助公众更好地理解灾害发生的真实情况，准备和应对灾害，也可以促进社会各界参与灾害救援。

然而，在过去的一些灾害中，灾害信息的公开常常存在延迟、不完全、不准确等问题。这不仅影响了公众的应对效果，也引发了广大公众对于政府的质疑和不信任。

因此，建立完善的灾害信息公开制度是非常必要的。这包括设立专门的灾害信息发布平台，明确信息发布的时间和程序，保证信息的真实性和完整性，同时也包括对信息发布错误行为的处罚机制。

以近年来广受关注的地震预警系统为例，这一系统利用了地震初至波的信息，能够在地震发生后的几秒钟或几分钟内向周边区域发出预警，由此可见，科技的运用能有效提高灾害预警水平和信息传播速度，这也是未来应该着力发展的方向。

4. 构建跨部门协同应对机制

当灾害发生时，往往需要多个部门联合应对。然而，在现实中，各部门的协调和合作常常存在问题，导致灾害应对效果不佳。因此，构建跨部门协同应对机制是非常重要的。这不仅要求各部门之间建立通信和协调的机制，同时也要求在立法层面明确各部门的责任和义务，形成有法可依、有法必依的良好氛围。

总之，通过建立完善的应急管理法制监督机制，对违反应急管理法制行为进行严厉惩处，建立完善的灾害信息公开制度，构建跨部门协同应对机制，可以进一步提高中国自然灾害应急管理法制的创新和发展水平。

四　预案建设的科学化和标准化

预案是自然灾害应急管理的前提和保障。在预案建设和优化方面，我们提出以下建议。

（一）科学制定预案

根据历史灾害数据和可能出现的灾害类型，科学制定预案，以便快速有效地应对灾害。例如，中国气象局已经建立了包含台风、暴雨、干旱等多种灾害类型的预警预报体系。在科学制定预案方面，应重视以下两个方面的因素。

1. 强化科技在预案中的应用

在自然灾害的应急管理中，科技手段的运用具有显著的优势。随着数字化和模拟技术的发展，它们在自然灾害应急预案中的应用已经成为不可或缺的一部分。这些先进的技术能够帮助我们更准确地评估潜在的风险，并提高我们应对自然灾害的能力。

数字化是将实物转化为数字信息的过程，而模拟技术则是通过构建计算机模型来模拟现实世界的一种技术。这两种技术都可以用于自然灾害的预测和防范。例如，我们可以使用高精度的地形图和气候模型来预测可能的洪水路径，从而确定可能受影响的区域。同样，我们还可以使用地震模型来预估可能的震中和破坏程度。在未来，这些技术将对中国的自然灾害应急管理起到至关重要的作用。又如，通过地理信息系统（GIS）和遥感技术可以有效评估灾害可能影响的区域和程度，为灾害防范提供科学依据。2019 年，中国科学家成功研发出基于人工智能和深度学习的地震预测模型。这种技术的应用不仅大大提高了地震预测的准确性，还使应急预案的制定更加精细化、个性化。

在预警阶段，通过大数据和 AI 等先进技术对历史气候、地质等多元数据进行深度分析，可以精确预计灾害可能发生的时间、地点和规模，并及时发布预警信息。例如 2020 年华南地区的洪涝灾害。中国水利部利用水文、气象和地质遥感等数据，及时对洪涝情况进行预报，为灾害应对提供了关键信息。这体现了科技在预案建设中的重要作用。在灾后救援阶段，利用无人机、遥感卫星等技术快速获取灾区实时数据，可以指导救援队伍最大限度地减少损失，提高救援效率。

未来，中国应深化科技在自然灾害应急管理中的使用，一方面可以通过增加科研投入，开发更先进的预测模型和系统；另一方面可以通过政策引导，促进科研成果的转化和应用。

2. 提升社区参与度和公众教育在自然灾害应急预案中的重要性

在应对自然灾害时，公众的参与和教育也十分重要。公众的意识、知识和技能直接决定了他们在面对自然灾害时的反应和行动。

社区参与度指的是社区成员参与和支持应急预案的程度。高度的社区参与度能够确保应急预案的有效实施，并且可以提升社区成员的抗灾能力。公众教育则是通过教育和培训来提高公众的灾害防范意识和技能。例如在新冠疫情中，公众的参与和教育起到了关键的作用。政府迅速开展了大规模的公众教育活动,通过各种方式传播防疫知识,培养公众的防疫意识。同时,公众也积极参与疫情防控工作,比如自我隔离、戴口罩等。在这个案例中,我们可以看到社区参与度和公众教育在自然灾害应急管理中的重要性。在未来,这两个因素将继续对中国的自然灾害应急管理产生影响。

总的来说,数字化与模拟技术、提升社区参与度与公众教育是中国未来自然灾害应急管理应该重点关注的两个方面。这两个方面的发展将有助于我们更好地预防和应对自然灾害,从而减少自然灾害导致的人类生命和财产的损失。

(二) 加强预案演练和检验预案的有效性

定期进行预案演练,检验预案的可行性和有效性,对于提升应急能力至关重要。

1. 定期进行预案演练:提升自然灾害应对能力

应急预案是防止和减轻自然灾害伤害的关键。然而,预案的实际效用取决于其能否在真实情况下得到有效执行。因此,定期的预案演练就显得尤为重要。通过模拟演习,可以检验预案的可行性和有效性,也有助于提高相关部门和公众的应急反应能力与意识。例如2021年武汉大洪水,当地应急部门运用了之前制定并多次演练的防洪应急预案,成功地组织了人员撤离和救援行动,极大地减少了人员伤亡和经济损失。这个案例表明,定期进行预案演练对于提高自然灾害应对能力具有重要的作用。

未来,中国需要进一步加强这方面的工作。首先,应将预案演练制度化、常态化,确保预案能够适应各种可能出现的突发事件。其次,应增强演练的针对性和实战性,以测试和提高预案在复杂多变的实际环境中的执行效果。最后,应积极推动公众参与,通过公众教育和培训,提高全社会的应急意识和能力。

2. 检验预案的可行性和有效性：打造科学高效的应急体系

除了定期的预案演练，检验预案的可行性和有效性同样重要。这不仅包括预案的制定和执行过程，还包括对已实施预案的评估和反馈，以及根据评估结果进行的预案修订和改进。

为此，应建立一个科学严谨、反馈及时的预案检验机制。一方面，应利用最新的数据和技术手段，如大数据分析和人工智能等，精确评估预案的实施效果；另一方面，应建立一个开放、透明的反馈平台，鼓励相关部门和公众提出批评和建议，以便预案的不断完善和改进。

中国自然灾害应急管理的未来创新和发展，需要着重强化预案演练与预案检验两个方面的工作，借助最新的数据资料，不断提高应急体系的科学性和有效性，以改善应对自然灾害的能力。

3. 引入科技驱动的模拟训练

近年来，科技在各个领域都显示出其重要性，包括自然灾害的应急管理。例如，VR 和 AR 技术可以用于模拟自然灾害场景，并提供逼真的环境以进行预案演练。2021 年山东聊城举办的全国抗洪抢险地震救援联合演练利用 AR 和 VR 技术模拟了一系列复杂的自然灾害场景，有效检验了应急管理的实际效果。此外，这种使用科技手段进行预案演练的方式也意味着我们可以创建各种类型的灾难情况，在某种程度上能更好地帮助我们准备应对各种可能的灾害情况。

因此，为了未来的创新和发展，中国应当更多地引入此类科技驱动的预案演练，而不仅仅停留在现有的实体演练阶段。通过科技手段，可以大幅度提高预案演练的效率和效果。

（三）高度重视基层社区层面的预案建设

虽然国家层面的预案是必不可少的，但在实际执行过程中，由于地理、人口和其他多种因素的影响，需要在社区层面制定和执行预案。

1. 基层社区的应急预案建设对于减轻自然灾害的影响至关重要

社区层面的预案建设能够更好地处理地方性问题，如地形特殊、居民需求多样等问题，同时也能够及时调集社区的资源，提高灾后恢复的效率。2021年，中国地震活动总体上仍保持较高水平，共发生5级以上地震20次（应急管理部，2022）。这些地震事件往往造成人员伤亡和财产损失，而社区作为公民生活的第一线，是反映灾害和实施救援的首要场所。有力的应急预案能够在最短时间内组织有效的救援行动，从而最大限度地减少灾害的损害。例如，2020年四川壤塘县发生5.0级地震，由于地方政府及时启动了应急预案，及时开展了救援工作，人员伤亡和财产损失降到最小。可见，基层社区应急预案的建设对于减轻自然灾害的影响具有重要作用。

2. 强化社区层面的应急预案建设

随着城市化进程的加速，自然灾害对基层社区的影响日益突出。此时，我们必须重视并强化基层社区的应急预案建设，以适应未来中国自然灾害应急管理需要。面对这种情况，基层社区可以通过以下措施加强应急预案建设。

一是制定全面、科学的应急预案。需要结合社区的实际情况，考虑到可能出现的各种自然灾害，制定完整且实用的应急预案。二是加强应急知识的培训和普及。提高社区居民的防灾减灾意识和技能，使他们在灾害发生时能够做出正确的反应。三是提升应急设备和物资的配备。保证在灾害发生时，社区有足够的设备和物资进行救援。四是建立与外部的联动机制。与政府、专业救援队伍等外部资源建立联系，确保在灾害发生时能迅速调动这些资源。

3. 基层社区应急预案应重视社区参与

基层社区应急预案建设计划需要考虑的第一个关键点是社区参与。社区应急预案必须反映出社区成员的需求和期望。社区的每一个成员都需要对该计划有所了解，并且在可能的情况下，他们还应该在制订计划中起到积极的作用。因为他们往往最清楚自己所在的地方可能面临的风险以及如何有效地应对这些风险。

首先，社区的参与可以确保预案的实施性。社区成员在预案的编制过程中的参与，可以使他们更好地理解和掌握预案的内容，从而在真正的灾害发生时提高应对速度和效果。另外，社区成员的参与还能增强预案的针对性。社区的环境，例如地理位置、历史文化、社区规模等都是影响预案制定的重要因素。只有真正了解和熟悉社区环境的人，才能制定出符合实际、可行的预案。

其次，社区的参与有助于建立社区的责任感和归属感。参与预案制定的社区成员通常会有更高的责任心，他们会积极参与预案的执行，并且帮助推广预案，引导其他社区成员正确执行预案。

4. 基层社区应急预案的动态更新

随着社区环境的变化和新的灾害类型的出现，即便是最完备的预案也可能会变得无法应对新的挑战。因此，预案必须是动态的，能够随着时间的推移和情况的变化进行调整和更新。

首先，预案的更新需要根据社区的环境变化。例如，如果社区的人口结构、地形地貌或者建筑布局发生了变化，那么原有的预案可能就不再适用。因此，社区需要定期对预案进行评估和审查，以确保其始终能够适应社区的当前环境。

其次，预案的更新需要考虑新的灾害类型。随着全球气候变化和人类活动的影响，新的灾害类型和威胁正在不断出现。例如，近年来，我们看到了越来越多的极端天气事件，以及由此引发的洪水、干旱等灾害。因此，社区预案需要能够及时地对这些新的威胁作出响应。

总的来说，基层社区应急预案建设的两个关键点是社区参与和预案的动态更新。通过确保所有社区成员都参与预案的制定和实施，以及定期评估和更新预案，可以使社区在面对灾害时能够有更有效的应对措施，并且减少灾害带来的损失。

（四）加强跨区域、跨部门的联动预案

自然灾害往往涉及多个区域和部门，如何实现各方的有效协同是预案建设的重要课题。在这方面，台风"米克拉"对浙江省的影响就是一个生动的例子。浙江省通过"互联网+政务服务"的方式，实现了24小时在线应急处置和信息发布。

对此，未来中国应强化多元主体之间的合作机制，包括政府部门、社区、企业、非政府组织等。可以考虑建立一套全面的协同机制，包括信息共享平台、协调会议系统等，以确保在灾害发生时，各方能够迅速、准确地行动。

1. 建立强大的协同通信系统

自然灾害应急管理需要有效、快速和准确的信息传递。在面对突发事件时，每一秒都可能影响生命与财产的安全。因此，建立一个强大的跨区域、跨部门的协同通信系统至关重要。这个系统不仅包括硬件设施如接收和发送设备，还包含软件上的处理和分析工具。另外，为了使整个通信过程更加流畅，我们还需要预先规定好相关的标准和流程。

首先，通信设备必须足够稳健，能够在各种极端情况下正常运行。例如，在地震或洪水等自然灾害中，通信设备可能会遭受物理损坏，而在雷暴或电磁干扰中，其电子系统可能会出现故障。因此，有必要采用防水、防震、防电磁干扰等多重防护措施，以保证设备的运行性能。

其次，应用程序和数据库必须能够快速处理和分析数据。在灾害发生后，可能会有大量的信息涌入，这些信息可能有各种来源，包括政府部门、媒体、社交网络等。如果不能及时处理和分析这些信息，就可能会错过重要的救援机会。因此，应用程序和数据库必须具有高效的计算和存储能力，同时也需要有强大的分析功能，比如预测模型、聚类分析等。

最后，所有的通信过程必须按照预定的标准和流程进行。例如，所有的信息应该使用统一的格式发送，以便接收方更快地理解和处理。此外，所有的信息发送和接收过程都应记录在案，以便后期审查和改进。

2. 建立完善的应急物资储备体系

在自然灾害发生时，及时、充足的应急物资是保证救援行动顺利进行的关键因素。因此，建立一个完善的应急物资储备体系至关重要。

首先，我们需要考虑的是如何进行有效的应急物资储备。各区域、各部门都应对可能发生的灾害类型和灾害规模进行预测，根据预测结果确定相应的物资储备量。例如，在地震频发区，应优先储备能够满足大规模救援行动需求的医疗设备、食品和饮水等物资。而在洪涝易发区，则应储备大量的救生设备和快速修复设施。

其次，跨区域、跨部门的协作也非常重要。通过建立联动预案，可以实现在一方缺乏应急物资时，其他区域或部门能够迅速调配物资支援。这就需要制定一套标准化、流程化的物资调配机制，明确在何种情况下启动物资调配，由哪些部门负责调配，采取何种方式进行调配等。

另外，各区域、各部门还可以共同建立一种区域性的应急物资储备体系。比如，将一些大型、价值高、使用频率低但在某些特定灾害中有重要作用的设备，如救援直升机、移动式医疗站等，集中存放在某个区域，供所有参与联动的区域和部门使用。这样既可以节省资源，又能保证在发生大规模灾害时有足够的应急物资。

3. 加强信息共享和数据分析

信息共享和数据分析是保证跨区域、跨部门联动预案有效实施的前提。只有拥有准确的信息和数据，才能做出正确的决策，使应急物资能够及时、准确地送达需要的地方。

在信息共享方面，各区域、各部门应建立一个统一的信息平台，实时共享灾害信息、物资储备信息、救援行动进度等关键信息。同时，还应建立起一个信息反馈机制，让一线救援人员能够及时反馈救援现场的实际情况，以便后勤部门作出相应的物资调配决策。

在数据分析方面，应运用现代科技手段，如大数据、人工智能等，分析历史灾害数据和当前物资储备数据，预测未来可能发生的灾害类型和规模，从而指导应急物资的储备和调配。例如，可以利用机器学习的方法，根据过去的数据训练模型，预测在不同的季节、不同的天气条件下，各种灾害发生的概率，以及这些灾害可能造成的损失程度，从而为物资储备和调配提供参考。

4. 推动立法和政策支持

实现跨区域、跨部门联动预案的另一个重要途径是通过立法和政策支持。虽然许多地方已有相应的自然灾害应急管理制度，但在一些地方这些制度可能不完善，或者实施不力。因此，有必要在国家层面推动立法和政策的制定与执行。

首先，应当在法律层面明确各级政府在自然灾害应急管理中的责任和义务。同时，还需要规定对于未能履行其职责的政府机构和个人的处罚措施。这样可以提高各级政府的责任感和紧迫感，使他们更积极地参与自然灾害应急管理。

其次，政策支持是实现联动预案的重要保障。例如，可以通过财政补贴、税收优惠等方式，鼓励和支持企业与科研机构开发自然灾害应急管理相关的技术和产品。同时，对于那些在灾害预防和救援中做出突出贡献的个人和团队也应给予表彰和奖励，激发他们的积极性和创新精神。

以上四大方面是中国未来自然灾害应急管理可能的解决方案和发展路径。通过优化和调整应急管理体制、创新和拓展应急管理机制、深化和完善法制建设，以及推进预案建设的科学化和标准化，中国有望有效提高自然灾害应急管理的效率和水平。

第三节　对未来的展望

展望未来，中国的自然灾害应急管理将秉承"预防主导的战略"，致力于应急体系建设与完善。特别是在基层，我们将看到应急管理能力的显著提升，这得益于社会组织与公众的广泛参与。科技的集成与智能化将为灾害预警、应对及恢复带来革新，而科技的进步也将推动应急基础设施的现代化建设和资源配置的优化，以适应不断变化的需求。灾后恢复工作的长期性研究将在自然灾害管理中占据更重要的位置，因为只有深入理解灾民的需求，才能确保他们实现长期可持续的发展。此外，国际合作的深化将使我们有机会学习并分享全球最佳实践，以共同面对全球性的自然灾害挑战。

一　预防主导的战略

未来的自然灾害应急管理将更加强调预防而非应对。通过加强监测和预警，我们可以在灾害发生前就做好准备，从而降低灾害的损失。在应对自然灾害的过程中，"预防为主"已经成为一种全球公认的理念。这一战略的关键在于通过科学研究和风险评估，提前识别可能的自然灾害风险，并采取必要的措施预防和减轻灾害影响。中国作为一个自然灾害频发的国家，预防主导的战略在未来的应急管理中将发挥越来越重要的作用。

首先，通过建立和完善自然灾害风险评估和预警系统，可以有效预见和防止自然灾害的发生。比如，地震早期预警系统能够在地震发生几秒钟到几分钟之间对地震的发生进行预警，从而赢得人们撤离的时间。

其次，预防主导的策略也需要我们制定和实施合理的土地利用政策和城市规划，以降低自然灾害风险。例如，通过了解洪水、滑坡等灾害的易发区，可以避免在这些地方进行大规模的建设活动。

最后，加强公众的自然灾害防范知识教育，提高群众的自我保护能力，也是预防主导战略的重要组成部分。教育和培训可以帮助公众理解他们所面临的风险，并知道在自然灾害发生时应该如何行动。

二 应急体系建设与完善

一个有效的应急管理体系是处理各种危机和灾害的关键。它需要涵盖各个领域，包括政府部门、非政府组织、企业以及个人。在未来，中国需要进一步建设和完善其应急管理体系，特别是在以下几个方面。

第一，法律法规。制定一套完整的应急管理法规，明确各个组织在预防和应对自然灾害时的责任和权限。这不仅可以规范应急过程，还可以确保应急资源的公平分配。

第二，协同机制。建立有效的合作和协调机制，以确保在应对灾害时所有参与者都能够迅速、高效地采取行动。自然灾害并不局限于行政区域，我们需要建立跨区域的应急管理机制，实现资源共享和联合行动。比如，在一些易受灾地区，可以设置统一的应急指挥中心进行联防联控。

第三，教育与培训。通过公共教育和专业培训使公众了解各种自然灾害的类型、特性和应对方法，提高公众和相关人员的自然灾害应对意识和能力。社区和公众在应急管理中的作用不容忽视。他们是自然灾害发生时第一线的反应者，也是长期恢复和建设的主要参与者，应该将应急管理教育纳入各级学校的教学计划，从小培养公民的应急意识和应对能力。

三 基层应急管理能力提升

随着中国经济社会的发展，自然灾害的防治工作已经深入乡村和社区层面。因此，提升基层应急管理能力是提高中国自然灾害防治整体效能的关键。

提升基层应急管理能力首先需要加强基层应急力量的建设，包括提供专业培训、配备先进设备等。同时，基层应急队伍的建设也是非常重要的环节。这些队伍由当地的志愿者组成，他们对当地的环境和人员情况有深入的了解，能够在灾害发生时迅速有效地调动起来。

另外，我们还需要完善基层应急预案，明确各类自然灾害的应急程序和责任人，使自然灾害发生时可以迅速启动预案，减少自然灾害对民众生命财产的影响。专门的应急演练也可以帮助基层了解并熟悉应对各种自然灾害的正确方式。

四 社会组织与公众参与

在现代的自然灾害管理中，社会组织和公众的参与已经被证明是一种极其有效的方法。对于中国来说，鼓励和引导社会力量参与应急管理，不仅能够提升应对灾害的效率，同时也有助于构建更加和谐的社会关系。

社会组织，特别是NGO，通常可以更直接、更灵活地参与自然灾害救援工作。他们在很多方面都能够发挥积极作用，比如提供物资支持、开展心理疏导、协助灾后重建等。而且许多社会组织还擅长进行自然灾害防范教育，帮助公众了解如何在灾害发生时保护自己。

公众参与则是通过广大公民积极参与自然灾害防治工作，形成"人人防灾，人人减灾"的良好氛围。社区防灾减灾小组、志愿者组织、学校和企业，都可以成为公众参与的重要渠道。公众参与不仅能够提升自然灾害应对的效率，还有助于提高公众的防灾意识，降低灾害损失。

五 科技集成与智能化

在未来，科技将在增强和改善中国的应急管理中发挥至关重要的作用。互联网、AI、大数据、无人机等先进科技的融合使用不仅可以提高灾害预警的准确性和效率，还可以为应急响应提供更全面和快速的支持。

例如，通过使用大数据和AI技术，我们可以收集和分析各种环境、气候和地理信息，以预测可能发生的自然灾害，如洪水、地震、台风等。这种预警系统可以实时更新，并能够发送通知给相关部门或受影响区域的居民，使他们有足够的时间做好准备，从而降低灾害对生命和财产的影响。

此外，无人机和遥感技术也可以被用于灾后评估和救援行动。它们可以在不适合人类进入的灾区进行快速侦查，甚至在必要时投送救援物资，大大提高了救援效率。

随着科技手段的应用，智能化、自动化和数据化将赋予中国应急管理更高效的能力。我们可以运用AI、大数据等先进技术进行自然灾害预测、风险评估，提升响应速度和精确度。同时，科技也可以帮助我们优化资源配置，减少应急过程中的资源浪费。

六 应急基础设施建设

随着科技的发展和经济的日趋繁荣，中国的城市化进程正在不断加快，同时也暴露出城市在应对自然灾害等突发事件时的脆弱性。因此，加快应急物资储备点、避难所、救援通道等应急基础设施建设尤为重要。

首先，我们需要提升城市的抗灾能力。这包括但不限于建设防灾设施、优化城市布局、引导人口理性分布等。例如，针对山洪、地质滑坡等灾害，可以通过设置防护网、排水系统等设施进行防范。而针对台风、洪涝等灾害，可以通过引导人口向较为安全的区域聚集，避免过度密集的人口带来的潜在风险。

其次，我们还需要建立健全信息采集和传播系统。借助现代科技手段，如物联网、大数据等，及时准确地获取灾害信息，并迅速传达给公众，以提高群众的防灾意识和自救能力。同时，这种即时反馈机制也有利于决策者更有效地部署资源，降低灾害损失。

最后，我们需要重视灾后应急设施的恢复工作。灾后应急设施的恢复不仅可以帮助灾区尽快恢复正常生活秩序，也是防止二次灾害的重要手段。

七　资源配置的优化

应急管理不仅需要充足的资源，还需要合理的配置。面对自然灾害，快速、准确的资源配置是缓解灾害影响的关键。未来，中国应急管理的一个重要方向就是运用现代技术手段优化资源配置，提高自然灾害应对效率。

首先，应急管理需实现精准化。借助 GIS、RS 等空间信息技术，我们可以实现灾害的精确定位和评估，从而更准确地判断灾害的类型、规模和影响范围。基于此，我们可以更精确地配置人力、物资等资源，避免资源的浪费。

其次，应急管理需实现实时化。通过互联网、物联网、大数据等技术,我们可以实时收集、处理、分析灾害信息,及时调整资源配置策略,以应对自然灾害的变化。

最后,应急管理需实现智能化。借助人工智能等技术,我们可以模拟灾害应对过程,预测可能出现的问题,提前做好准备。同时,借助机器学习等技术,可以从历史灾害中学习,不断优化我们的资源配置策略。

八 灾后恢复的长期性研究

除了应对自然灾害,灾后恢复也是应急管理的重要部分。我们需要研究如何在灾后尽快恢复正常生产生活,降低自然灾害对人们生活的影响。无论灾害的规模和影响如何,灾后恢复都是一个漫长的过程。因此,进行灾后恢复的长期性研究,将成为中国应急管理的未来发展方向之一。

首先,灾后恢复不仅包括硬件设施的重建,而且包括社会心理的康复。例如,在地震、洪灾等灾害后,人们可能需要面对家园被毁、亲人被夺的巨大痛苦。如何帮助他们走出心理阴影,重建对生活的信心,是灾后恢复的重要一环。

其次,灾后恢复还需考虑到环境的修复。例如,自然灾害可能会导致土壤污染、水源破坏等环境问题。在进行灾后恢复时,我们不仅要重建人类居住的环境,也要尽可能修复自然环境,保证生态平衡。

最后,灾后恢复还需要持续的投入和监督。例如,我们需要建立长效机制,保证灾后重建工作的持续进行。同时,我们也需要建立监督机制,防止灾后重建资金被挪用、滥用等问题。

九 长期可持续的发展

长期可持续发展是21世纪全球关注的重大议题,当然,对中国的应急管理领域也有着深远影响。在这个框架下，我们不仅要面对自然灾害带来的直接影响，还需要考虑经济、社会和环境之间的相互关系。我们需要从长期和可持续的角度来看待应急管理，考虑地球的自然环境和气候变化。在规划和执行应急管理措施时，我们需要尽可能地考虑到这些因素，以确保我们的行动不仅能应对当前的灾害，也能对未来的挑战做出准备。

首先，我们需要以更全面的方式理解和处理风险。传统的应急管理策略通常是基于短期的需求而制定，比如灾后重建和救援行动等。但在可持续发展的视角下，我们必须把风险作为一个系统性的问题考虑，完善灾害预防、减灾、应急、恢复等各个环节的制度设计和实践操作。例如，采用更加科学的城市规划方法，以降低因自然灾害如洪水、地震等引发的潜在风险；改进建筑设计和施工标准，以提高对自然灾害的耐受性。

其次，我们需要加强对公众教育和参与的投资。在可持续发展的观念中，每一个人都是行动的主体，具有改变未来的能力。通过提高公众的灾害意识，可以使他们在自然灾害发生时做出更为明智的决策，从而减少人员伤亡和财产损失。

总的来说，中国的应急管理未来需要向更加全面、系统、参与式的方向发展。这需要我们在政策制定、科研投入、教育培训等多个层面进行深入的思考和探索。

十 国际合作的深化

自然灾害是全人类共同的挑战，我们需要加强与国际社会的合作，共享信息，共同研发新的应急技术和方法，以应对日益复杂的自然灾害。作为全球最大的发展中国家，中国在应急管理方面拥有巨大的经验和知识储备。然而，在全球化的背景下，我们也需要承认，没有任何一个国家可以单独应对自然灾害所带来的挑战。因此，深化国际合作成为一个必然的趋势。

首先，我们需要加强与其他国家和地区的信息交流和共享。例如，建立更加开放、透明的灾害信息发布平台，以便在灾害发生时能够及时向全世界发布准确的信息，并获取全球的援助资源。

其次，我们需要加强与国际组织的联系和合作。例如，积极参与联合国等国际组织的各类活动，分享中国的成功经验，同时也借鉴其他国家的先进做法。

最后，我们需要加强科技领域的国际合作。例如，与其他国家共同研发新的灾害防治技术，或者在数据分析、模型构建等方面进行深度合作。

总的来说，深化国际合作将有助于中国构建一个更加有效、包容、可持续的应急管理体系，为应对全球自然灾害带来的挑战提供强大的支持。

以上只是对中国未来应急管理的初步展望，随着科技和社会的发展，应急管理将会有更多的可能性和挑战，需要我们持续探索和研究。

参考文献

中文文献

韩大元、莫于川主编：《应急法制论——突发事件应对机制的法律问题研究》，法律出版社2005年版。

李湖生：《应急准备体系规划建设理论与方法》，科学出版社2016年版。

李宁、吴吉东编著：《自然灾害应急管理导论》，北京大学出版社2011年版。

李学举主编：《灾害应急管理》，中国社会出版社2005年版。

李燕芳：《自然灾害与应急管理研究》，经济日报出版社2017年版。

马宗晋主编：《自然灾害与减灾600问》，地震出版社1990年版。

莫纪宏：《应急法律体系》，中国人民大学出版社2005年版。

闪淳昌、薛澜主编：《应急管理概论：理论与实践》（第二版），高等教育出版社2020年版。

尚志海主编：《自然灾害学》，冶金工业出版社2021年版。

唐桂娟、王绍玉：《城市自然灾害应急能力综合评价研究》，上海财经大学出版社2011年版。

王宏伟：《新时代应急管理通论》，应急管理出版社2019年版。

王宏伟：《应急管理理论与实践》，社会科学文献出版社2010年版。

[荷兰]乌里尔·罗森塔尔、[美国]迈克尔·查尔斯、[荷兰]保罗·特哈特编：《应对危机：灾难、暴乱和恐怖行为管理》，赵凤萍译，河南人民出版社2014年版。

薛澜等：《危机管理——转型期中国面临的挑战》，清华大学出版社2003年版。

张欢：《应急管理评估》，中国劳动社会保障出版社2010年版。

张乃平、夏东海编著：《自然灾害应急管理》，中国经济出版社2009年版。

[德]马尔里希·贝克：《世界风险社会》，吴英姿、孙淑敏译，南京大学出版社2004年版。

包笑：《新中国成立以来我国灾害应急管理的发展及其成效研究》，《中国管理信息化》2020年第4期。

曹海峰：《基于全灾种风险分析的基层应急预案优化方法研究》，《中国公共安全》（学术版）2017年第1期。

曹康泰：《为确立紧急状态制度提供宪法依据》，《中国人大》2004年第12期。

陈安等：《现代应急管理体制设计研究》，《中国行政管理》2008年第8期。

陈安等：《现代应急管理体制设计研究》，《中国行政管理》2008年第8期。

陈彪等：《地方政府对地质灾害防治投资的经济学分析》，《中国软科学》2008年第9期。

陈立旭：《习近平系列重要讲话理论体系初探》，《党政研究》2014年第5期。

陈书笋：《论行政主体防灾减灾义务的法律构建》，《河北法学》2011年第12期。

陈向阳：《总体国家安全观是维护中国和全球安全的强大理论武器》，《当代中国与世界》2021 年第 3 期。

程琦、云俊：《论自然灾害应急物流管理体系的构建》，《武汉理工大学学报》（社会科学版）2009 年第 1 期。

楚问：《应急管理大部制改革一周年：历史与成果》，《中国减灾》2019 年第 9 期。

邓芳、刘吉夫：《玉树地震中政府的应急准备研究》，《北京师范大学学报》（自然科学版）2011 年第 5 期。

董杰等：《全球海啸预警系统发展及其对我国的启示》，《海洋通报》2019 年第 4 期。

范维澄：《国家突发公共事件应急管理中科学问题的思考和建议》，《中国科学基金》2007 年第 2 期。

范维澄等：《我国安全科学与工程学科"十四五"发展战略研究》，《中国科学基金》2021 年第 6 期。

冯灵芝、唐诗源：《习近平"多难兴邦"论述的理论内涵和现实意义》，《江西社会科学》2021 年第 3 期。

付瑞平等：《恪守"两个坚持"推进"三个转变"——贯彻落实习近平总书记关于应急管理重要论述精神报道之二》，《中国应急管理》2022 年第 5 期。

高小平：《中国特色应急管理体系建设的成就和发展》，《中国行政管理》2008 年第 11 期。

高小平：《综合化：政府应急管理体制改革的方向》，《行政论坛》2007 年第 2 期。

郭桂祯等：《我国自然灾害风险监测预警现状概述》，《中国减灾》2022 年第 3 期。

郭太生：《美国公共安全危机事件应急管理研究》，《中国人民公安大学学报》2003 年第 6 期。

国务院发展研究中心课题组等：《我国应急管理行政体制存在的问题和完善思路》，《中国发展观察》2008 年第 3 期。

何秉顺：《浅谈自然灾害预警》，《中国减灾》2019 年第 23 期。

贺银凤：《中国应急管理体系建设历程及完善思路》，《河北学刊》2010 年第 30 期。

胡鞍钢：《正确认识我国自然灾害基本国情》，《中国减灾》2017 年第 1 期。

黄崇福：《自然灾害基本定义的探讨》，《自然灾害学报》2009 年第 5 期。

黄会平：《1949—2005 年全国干旱灾害若干统计特征》，《气象科技》2008 年第 5 期。

黄纪心、郭雪松：《基于应急任务驱动的灾害应对组织网络适应性机制研究——以河南郑州"7·20"特大暴雨应对为例》，《公共管理学报》2022 年第 4 期。

黄明：《以习近平新时代中国特色社会主义思想为指导，全面提升自然灾害综合防治能力》，《时事报告（党委中心组学习）》2018 年第 4 期。

黄毅宇、李响：《基于情景分析的突发事件应急预案编制方法初探》，《安全与环境工程》2011 年第 2 期。

霍治国等：《主要农业气象灾害风险评估技术及其应用研究》，《自然资源学报》2003 年第 6 期。

蒋新宇等：《基于 GIS 的松花江干流暴雨洪涝灾害风险评估》，《灾害学》2009 年第 3 期。

寇正卫、商真平：《政府职能变化下的河南省地质灾害防治工作应对分析》，《决策探索（中）》2020 年第 3 期。

黎健：《美国的灾害应急管理及其对我国相关工作的启示》，《自然灾害学报》2006 年第 4 期。

李湖生：《非常规突发事件应急准备体系的构成及其评估理论与方法研究》，《中国应急管理》2013 年第 8 期。

李湖生：《关于自然灾害问责追责问题的探讨与建议》，《中国应急管理科学》2021 年第 9 期。

李华强等：《突发性灾害中的公众风险感知与应急管理——以 5·12 汶川地震为例》，《管理世界》2009 年第 6 期。

李宁等：《中国自然灾害应急法律体系的数量差异分析》，《自然灾害学报》2012 年第 4 期。

李生才、安莹：《2021 年 11—12 月国内环境事件》，《安全与环境学报》2022 年第 1 期。

李希腾、王保庆：《我国应急管理法律体系建设问题研究》，《黑龙江省政法管理干部学院学报》2021 年第 1 期。

李扬译：《联合国秘书长在第 54 届联合国大会上关于国际减灾十年后续安排的报告（A/54/497 报告）》，《中国减灾》2000 年第 1 期。

林鸿潮、孔梁成：《论我国紧急状态法制的重构——从反思〈突发事件应对法〉切入》，《上海大学学报》（社会科学版）2020 年第 5 期。

林鸿潮、赵艺绚：《制定〈自然灾害防治法〉的几个基本问题》，《中国安全生产》2019 年第 10 期。

林鸿潮：《应急行政行为的司法认定难题及其化解》，《政治与法律》2021 年第 8 期。

林闽钢、战建华：《灾害救助中的 NGO 参与及其管理——以汶川地震和台湾 9·21 大地震为例》，《中国行政管理》2010 年第 3 期。

刘杰：《灾后恢复重建的多元参与机制研究》，《中国公共安全》（学术类）2017 年第 4 期。

刘茂、王炜：《应急资源优化管理研究的主要问题》，《中国应急管理》2007 年第 7 期。

刘铁民：《突发公共事件应急预案编制与管理》，《中国应急管理》2007年第1期。

刘铁民：《应急预案重大突发事件情景构建——基于"情景—任务—能力"应急预案编制技术研究之一》，《中国安全生产科学技术》2012年第4期。

刘万振、邹积亮：《推进应急预案持续改进与优化——评〈中国应急预案体系：结构与功能〉》，《公共管理学报》2013年第2期。

刘小冰：《论国家紧急权力的逻辑特征》，《唯实》2007年第Z1期。

刘洋等：《我国海洋环境污染突发事件应急处置法律体系的构建》，《海洋开发与管理》2022年第4期。

刘智勇等：《新中国成立以来我国灾害应急管理的发展及其成效》，《党政研究》2019年第3期。

路欣：《大数据时代应急管理决策新趋势》，《佳木斯大学社会科学学报》2017年第6期。

罗凌云：《试论我国自然灾害危机管理之完善路径——基于汶川地震以来我国特大自然灾害危机管理的分析》，《四川师范大学学报》（社会科学版）2011年第3期。

罗依平：《深化我国政府决策机制改革的若干思考》，《政治学研究》2011年第4期。

吕志奎：《构建适应国家治理现代化的应急管理新体制》，《人民论坛·学术前沿》2019年第5期。

马宝成：《坚持总体国家安全观全面推进新时代应急管理体系建设》，《国家行政学院学报》2018年第6期。

马奔、毛庆铎：《数据在应急管理中的应用》，《中国行政管理》2015年第3期。

马健：《自然灾害中我国政府危机管理的处置机制》，《党政干部论坛》

2011 年第 4 期。

马志毅：《中国应急管理：体制、机制与法制》，《行政管理改革》2010 年第 10 期。

莫家乐：《突发环境事件信息报告经验与建议》，《四川环境》2022 年第 3 期。

莫于川、莫菲：《行政应急法治理念分析与制度创新——以新冠肺炎疫情防控中的行政应急行为争议为例》，《四川大学学报》（哲学社会科学版）2020 年第 4 期。

莫于川：《应急法制于建设法治政府》，《检察日报》2004 年第 3 期。

彭珂珊：《水土流失对洪涝灾害和经济发展的影响再探》，《南水北调与水利科技》2000 年第 4 期。

浦天龙：《社会力量参与应急管理：角色、功能与路径》，《江淮论坛》2020 年第 4 期。

戚建刚：《非常规突发事件与我国行政应急管理体制之创新》，《华东政法大学学报》2010 年第 5 期。

戚建刚：《行政应急管理体制的内涵辨析》，《行政法学研究》2007 年第 1 期。

齐瑜：《对减灾社区建设的思考》，《中国减灾》2005 年第 4 期。

秦云等：《IPCC 第六次评估报告关于气候变化适应措施的解读》，《气候变化研究进展》2005 年第 4 期。

塞缪尔·亨廷顿等：《文明的冲突与世界秩序的重塑》，《国外社会科学》1992 年第 6 期。

闪淳昌等：《对我国应急管理机制建设的总体思考》，《国家行政学院学报》2011 年第 1 期。

闪淳昌：《提高城市应对危机和风险的能力》，《中国应急管理》2010 年第 1 期。

闪淳昌等：《对我国应急管理机制建设的总体思考》，《国家行政学院学报》2010年第1期。

闪淳昌等：《美国应急管理机制建设的发展过程及对我国的启示》，《中国行政管理》2010年第8期。

尚志海、刘希林：《自然灾害风险管理关键问题探讨》，《灾害学》2014年第2期。

沈金瑞：《预防和应对我国自然灾害的思考与建议》，《赤峰学院学报》（自然科学版）2008年第12期。

师青伟：《我国灾害应急管理体系存在问题及对策》，《行政事业资产与财务》2011年第2期。

时训先：《强化应急准备保障供电安全》，《中国电力企业管理》2014年第14期。

史培军：《三论灾害研究的理论与实践》，《自然灾害学报》2002年第3期。

史培军：《四论灾害系统研究的理论与实践》，《自然灾害学报》2005年第6期。

史培军等：《论自然灾害风险的综合行政管理》，《北京师范大学学报》（社会科学版）2006年第5期。

宋英华等：《基于D–S证据理论的地震应急救援群决策》，《中国安全科学学报》2020年第5期。

谭维勇、朱轲冰：《非专业应急队伍国内外概况及发展对策刍议》，《中国应急管理》2009年第3期。

唐乾敬、孙婷婷：《习近平关于抗御自然灾害的重要论述研究》，《重庆交通大学学报》（社会科学版）2022年第1期。

陶振：《突发事件应急预案：体系、编制与优化》，《行政论坛》2013年第5期。

田芳毓等：《2005—2020 年我国自然灾害救助应急响应时空分布特征及变化》，《灾害学》2022 年第 2 期。

田华：《我国应急管理体系的建设历程与完善思路》，《云南行政学院学报》2017 年第 5 期。

田义祥：《军队在应急管理中的重要作用及其发挥》，《中国应急管理》2007 年第 2 期。

铁永波等：《政府部门的应急响应能力在城市防灾减灾中的作用》，《灾害学》2005 年第 20 期。

童星、陶鹏：《论我国应急管理机制的创新——基于源头治理、动态管理、应急处置相结合的理念》，《江海学刊》2013 年第 2 期。

童星：《中国应急管理的演化历程与当前趋势》，《公共管理与政策评论》2018 年第 6 期。

万群志：《1998 年洪涝灾情报告》，《防汛与抗旱》1998 年第 4 期。

汪明：《全面认识第一次全国自然灾害综合风险普查的重要价值》，《中国减灾》2021 年第 11 期。

王宏伟：《试析应急社会动员的基本问题》，《中国应急管理》2011 年第 8 期。

王宏伟：《中美军队参与应急管理的比较分析》，《北京行政学院学报》2019 年第 3 期。

王宏伟：《自然灾害预警怎样才有效》，《环球时报》2018 年 7 月 13 日第 15 期。

王军：《重大自然灾害社会援助机制研究——以汶川大地震灾后恢复重建为例》，《湖南科技大学学报》（社会科学版）2013 年第 6 期。

王俊胜：《习近平关于公共安全重要论述的现实背景、主要内容及指导意义》，《厦门特区党校学报》2019 年第 4 期。

王学栋：《论我国政府对自然灾害的应急管理》，《软科学》2004 年第 3 期。

魏际刚：《加快发展应急产业的重大意义》，《经济研究参考》2012 年第 18 期。

吴吉东等：《灾害恢复度量框架——Katrina 飓风灾后恢复应用案例》，《自然灾害学报》2013 年第 4 期。

吴吉东等：《自然灾害损失分类及评估研究评述》，《灾害学》2018 年第 4 期。

项俊波：《从战略层面重视发挥商业保险的功能作用》，《行政管理改革》2012 年第 10 期。

肖来朋、郑小荣：《分类分层培训 整合培育资源——看陕西省西安市如何推动应急管理教育培训体系建设》，《中国应急管理》2021 年第 12 期。

谢家智：《我国自然灾害损失补偿机制研究》，《自然灾害学报》2004 年第 4 期。

熊贵彬、崔洁：《中日灾害救济制度比较——以近年中日两国大地震为例》，《江西师范大学学报》（哲学社会科学版）2009 年第 3 期。

许厚德：《联合国对国际减灾十年后的国际减灾战略安排》，《劳动安全与健康》2000 年第 3 期。

薛宝仪：《国防动员与应急管理体系的比较与衔接研究》，《中国应急管理科学》2021 年第 2 期。

薛澜、钟开斌：《突发公共事件分类、分级与分期：应急体制的管理基础》，《中国行政管理》2005 年第 2 期。

薛澜：《从更基础的层面推动应急管理——将应急管理体系融入和谐的公共治理框架》，《中国应急管理》2007 年第 1 期。

薛澜等：《风险治理：完善与提升国家公共安全管理的基石》，《江苏社会科学》2008 年第 6 期。

薛莹莹：《突发事件中的应急社会动员机制研究》，《现代商贸工业》2018年第30期。

闫章荟：《中国自然灾害应急管理自适应系统研究》，《公共行政评论》2012年第4期。

杨青：《美国国家应急预案体系结构、内容及演化》，《行政科学论坛》2021年第2期。

杨伟伟等：《多元主体参与我国自然灾害应急管理的困境及对策研究——以山东省抵御台风"利奇马"为例》，《广州社会主义学院学报》2020年第3期。

姚延婷等：《中美日应急救灾体系比较研究及启示》，《山东社会科学》2014年第8期。

尹占娥等：《基于GIS的上海浦东暴雨内涝灾害脆弱性研究》，《自然灾害学报》2011年第2期。

游志斌：《发达国家突发事件风险防治的政策趋向——基于"准备"的视角》，《中国行政管理》2015年第4期。

游志斌：《国际应急管理法律体系建设借鉴》，《中国应急管理》2021年第7期。

于德君、吉林：《持续推进自然灾害监测预警制度建设 着力提升综合防灾减灾能力》，《中国减灾》2020年第23期。

于魏华：《中外应急管理模式的比较与借鉴》，《中国管理信息化》2015年第9期。

余瀚等：《面向区划的台风灾害综合风险评价——以广东省台风灾害人口与经济风险为例》，《中山大学学报》（自然科学版）2023年第1期。

詹承豫、顾林生：《转危为安：应急预案的作用逻辑》，《中国行政管理》2007年第5期。

詹承豫：《动态情景下突发事件应急预案的完善路径研究》，《行政法学研究》2011 年第 1 期。

詹美蓉等：《突发公共卫生事件应急预案评价指标体系构建初探》，《预防医学论坛》2019 年第 3 期。

张春艳：《我国事故灾难应急处置对策研析》，《行政与法》2012 年第 11 期。

张广泉：《风险交织叠加 防范刻不容缓——近年我国自然灾害特点及其影响分析》，《中国应急管理》2020 年第 7 期。

张海波、童星：《当前中国社会矛盾的内涵、结构与形式———一种跨学科的分析视野》，《中州学刊》2012 年第 5 期。

张海波、童星：《中国应急管理结构变化及其理论概化》，《中国社会科学》2015 年第 3 期。

张海波：《新时代国家应急管理体制机制的创新发展》，《人民论坛·学术前沿》2019 年第 5 期。

张红萍等：《中国和意大利防灾减灾体系的对比研究》，《中国水利》2014 年第 23 期。

张欢、陈学靖：《应急管理调查评估的要素分析与分类》，《中国应急管理》2008 年第 12 期。

张欢、吴苏锦：《突发事件恢复重建机制浅析》，《城市与减灾》2011 年第 S1 期。

张军伟：《国外灾害教育的经验与启示》，《中国防汛抗旱》2022 年第 5 期。

张俊、许建华：《突发事件应对中地方政府的处置原则研究》，《灾害学》2014 年第 1 期。

张磊、周洪建：《防灾减灾救灾体制机制改革的政策分析》，《风险灾害危机研究》2019 年第 1 期。

张鹏等：《基于投入产出模型的区域洪涝灾害间接经济损失评估》，《长江流域资源与环境》2012年第6期。

张晓宁等：《自然灾害评估工作现状及展望》，《中国减灾》2022年第5期。

张旭：《总体国家安全观大事记》，《国家安全研究》2022年第1期。

张铮、李政华：《中国特色应急管理制度体系构建：现实基础、存在问题与发展策略》，《管理世界》2022年第1期。

赵璐：《自然灾害预警与防控体系建设问题研究》，《长春市委党校学报》2021年第6期。

郑国光：《开展全国自然灾害综合风险普查 摸清灾害风险隐患底数 筑牢自然灾害防治工作基础》，《城市与减灾》2021年第2期。

中国人民大学宪政与行政法治研究中心课题组：《突发事件应对机制的法律问题研究报告》，《宪政与行政法治评论》2005年第2期。

钟开斌、张佳：《论应急预案的编制与管理》，《甘肃社会科学》2006年第3期。

钟开斌：《"一案三制"：中国应急管理体系建设的基本框架》，《南京社会科学》2009年第11期。

钟开斌：《风险管理：从被动反应到主动保障》，《中国行政管理》2007年第11期。

钟开斌：《国家应急管理体系：框架构建、演进历程与完善策略》，《改革》2020年第6期。

钟开斌：《回顾与前瞻：中国应急管理体系建设》，《政治学研究》2009年第1期。

钟开斌：《统筹发展和安全：理论框架与核心思想》，《行政管理改革》2021年第7期。

钟开斌：《应急管理"机制"辨析》，《中国减灾》2008年第4期。

钟开斌：《中国应急管理体制的演化轨迹：一个分析框架》，《新疆师范大学学报》（哲学社会科学版）2020年第6期。

钟开斌：《组建应急管理部的现实意义》，《紫光阁》2018年第4期。

周洪建：《我国灾害评估系统建设框架与发展思路——基于尼泊尔实地调查的分析》，《灾害学》2017年第1期。

周利敏、龙智光：《大数据时代的灾害预警创新——以阳江市突发事件预警信息发布中心为案例》，《武汉大学学报》（哲学社会科学版）2017年第3期。

周利敏、童星：《灾害响应2.0：大数据时代的灾害治理——基于"阳江经验"的个案研究》，《中国软科学》2019年第10期。

周姝天等：《城市自然灾害风险评估研究综述》，《灾害学》2020年第4期。

周孜予、杨鑫：《"1＋4"全过程：我国应急管理法律体系的构建》，《行政论坛》2021年第3期。

高孟潭：《提高我国重大自然灾害防治能力》，《中国应急管理报》2022年3月28日第3版。

郝静：《第三届世界减灾大会通过新减灾框架》，《中国气象报》2015年3月20日第1版。

黄明：《坚决贯彻落实总体国家安全观 推进应急管理体系和能力现代化》，《人民日报》2020年4月24日第11版。

王建刚：《过去二十年气候灾害数量增长"令人震惊"》，《新华每日电讯》2020年10月14日第8版。

习近平：《牢固树立切实落实安全发展理念 确保广大人民群众生命财产安全》，《人民日报》2015年5月31日第1版。

徐姚：《强化科技资源部署 提升自然灾害防范能力》，《中国应急管理报》2022年3月6日第4版。

姚亚奇：《国家综合应急能力水平不断提升》，《光明日报》2021年11月9日第14版。

张小明：《健全国家应急管理体系 切实维护公共安全》，《光明日报》2020年2月27日第6版。

英文文献

Aldrich D. P., Meyer M. A., "Social Capital and Community Resilience", *American Behavioral Scientist*, Vol. 59, No. 2, 2015.

Barton Laurence, "Crisis Management: Preparing for and Managing Disasters", *Cornell Hotel and Restaurant Administration Quarterly*, Vol. 35, No. 2, 1994.

Berke P., Cooper J., Aminto M., et al., "Adaptive Planning for Disaster Recovery and Resiliency: An Evaluation of 87 Local Recovery Plans in Eight States", *Journal of the American Planning Association*, Vol. 80, No. 4, 2014.

Berke P., et al., "Evaluation of Networks of Plans and Vulnerability to Hazards and Climate Change", *Journal of the American Planning Association*, Vol. 81, No. 4, 2015.

Cutter S. L., Finch C., "Temporal and Spatial Changes in Social Vulnerability to Natural Hazards", *Proceedings of the National Academy of Sciences of the United States of America*, Vol. 105, No. 4, 2008.

Kapucu N., "Collaborative Emergency Management: Better Community Organising, Better Public Preparedness and Response", *Disasters*, Vol. 32, No. 2, 2008.

Kontokosta C. E., Malik A., "The Resilience to Emergencies and Disasters Index: Applying Big Data to Benchmark and Validate Neighborhood Resilience Capacity", *Sustainable Cities and Society*, Vol. 36, No. 1, 2018.

Longstaff P. H., Yang S. U., Streib G., "Communication Management and Trust: Their Role in Building Resilience to 'Surprises' Such As Natural Disasters, Pandemic Flu, and Terrorism", *Ecology and Society*, Vol. 13, No. 1, 2008.

Olshansky R. B., Johnson L. A., "The Evolution of the Federal Role in Supporting Community Recovery After U. S. Disasters", *Journal of the American Planning Association*, Vol. 80, No. 4, 2014.

Otsuyama K., Maki N., "A Comparative Analysis and Identification of Issues on Legislative Systems for Pre – Disaster Recovery Planning in Japan and U. S. ", *Journal of the City Planning Institute of Japan*, Vol. 53, No. 20, 2018.

O'Neill S. J., Handmer J., "Responding to Bshfire Risk: the Need for Trans – Formative Adaptation", *Environmental Research Letters*, Vol. 7, No. 1, 2012.

Parsons M., et al., "Top – Down Assessment of Disaster a Conceptual Framework Using Coping and Adaptive Capacities", *International Journal of Disaster Risk Reduction*, Vol. 19, No. 1, 2016.

Pourebrahim N., et al., "Understanding Communication Dynamics on Twitter during Natural Disasters: A Case Study of Hurricane Sandy", *International Journal of Disaster Risk Reduction*, Vol. 37, No. 1, 2019.

Ragini J. R., et al., "Big Data Analytic for Disaster Response and Recovery through Sentiment Analysis", *International Journal of Information Management*, Vol. 42, No. 1, 2018.

Robert Bertrand, and Chris Lajtha. "A New Approach to Crisis Management", *Journal of Contingencies and Cnsis Management*, Vol. 90,

No. 4, 2002.

Saunders W., Becker J. S., "A Discussion of Resilience and Sustainability: Land use Planning Recovery from the Canterbury Earthquake Sequence, New Zealand", *International Journal of Disaster Risk Reduction*, Vol. 1, No. 14, 2015.

Wang L., Zhang Z. X., Wang Y. M., "A Prospect Theory – Based Iinterval Dynamic Reference Point Method for Emergency Decision Making", *Expert Systems With Applications*, Vol. 42, No. 23, 2015.

Waugh W. L., Streib G., "Collaboration and Leadership for Effective Emergency Management", *Public Administration Aeview*, Vol. 66, No. S1, 2006.

Zhou Q., Huang W. L., Zhang Y., "Identifying Critical Success Factors in Emergency Management Using a Fuzzy DEMATEL Method", *Safety Science*, Vol. 48, No. 2, 2011.

网络文献

应急管理部：《应急管理部发布2021年全国自然灾害基本情况》，http://www.scdzj.gov.cn/xwzx/xydt/202201/t20220131_51339.html。

后　　记

　　我们生活在一个充满不确定性的世界中，自然灾害有时会毫无预警地降临在我们身上。这就是为什么我们需要提前采取行动，通过科学的理论和切实的实践来应对可能的风险，并减轻其带来的损失。本书试图通过结合理论研究和实践应用，为灾害应急管理专业人员、决策者和公众提供一个全面而深入的视角。

　　本书得到自然资源部法治研究重点实验室开放基金项目"自然灾害应急管理体制机制和法制研究"（CUGFZ—2103）、中央高校基本科研业务费交叉学科创新团队项目"自然灾害与应急管理"（CUG2642022006）、国家自然科学基金项目"大数据驱动下自然资源生态安全预测预警预案研究"（72074198）、国家社会科学基金重点项目"新时代公共安全应急框架体系研究"（23AZD072）的资助。在研究和出版过程中，本书还得到了湖北省自然灾害应急技术中心委托项目"应急避难场所现状研究与分析"（2022290037）的支持。

　　本书共七章，第一章由李世祥、李先敏主笔，万方文婷参与编写；第二章由李世祥、刘思琦主笔，康契瀛、赛娜、谢泽宇、张未妮、何健瑄参与编写；第三章由史见汝主笔，汤玉洁、张婷、李尚蔚参与编写；第四章由刘梦茹、李先敏主笔，朝鲁门、饶思雨、仵钰、徐静怡参与编写；第五章由李世祥、蒙柏琳主笔，王雨薇、边永捷、伍永妍参与编写；第六章由李世祥、闫浩然主笔，唐月、肖潇、罗静丹、李翊政参与编写；第七章由郭海湘、李先敏主笔，何康、张智劼、王长骥、谭璐子参与编写。全书由李世祥统稿。

  写作这本书的过程对我们来说是富有挑战性的，也是非常有价值的。我们有幸与许多杰出的同事、学生和专业人士共享他们的见解和经验。这种交流帮助我们更深入地理解了应急管理的复杂性，以及我们如何有效地应对自然灾害。非常感谢每一位参与此书编写的人，他们的贡献使这部作品真实反映了自然灾害应急管理的广泛影响和重要性。

  本书在写作过程中，我们查阅了大量的文献资料，并从中借鉴了许多有价值的观点和思想，在此对这些文献的作者表示衷心的感谢。在本书的末尾列出了所借鉴的参考文献，但由于资料来源较广，难免有所疏忽，如有遗漏，深表歉意，并盼谅解。

  我们希望本书可以激发读者进一步了解和探索自然灾害应急管理的理论和实践，并积极参与其中。因为只有我们共同努力，才能赋予我们所知所学以实际的力量，以更好地保护我们的社区和世界。

  最后，愿我们共同倾力构建一个更安全、更健康、更具韧性的未来。

李世祥
2023 年 6 月 18 日